고급 열역학

문제연습

유주식 · 고형종 지음

교육과학사

머리말

이 책에서는 5급(기술) 국가 공무원 공채 제2차 시험(2002~2019년도)에 출제된 문제를 중심으로 하여 다양한 열역학 문제들을 소개하고 풀이 과정을 기술하였다.

5급(기술) 공무원 시험은 예전에는 행정고등고시(기술직)라고 하였으며, 아주 어려운 시험 중의 하나이다. 여기에 출제된 문제들도 어려운 문제들이 많은데, 이 문제들 중에 열역학적 개념을 익히는 데 도움이 되는 좋은 문제들이 많이 보여서 이 책을 만들게 되었다. 좋은 문제는 개념을 이해하게 하고 문제해결 능력을 향상시켜 주는 법이다. 그러나 어려운 문제들이 많지만 기초 개념 파악을 목적으로 기본적인 문제들도 함께 수록하였다. 그리고 모든 문제에 대한 풀이 과정을 상세히 기술하였으므로 어렵지 않게 이해할 수 있으리라 생각한다.

아무쪼록 이 책에 소개된 문제들을 통해 열역학 실력이 한층 더 향상되길 바라는 바이다. 끝으로 책의 출판에 도움을 주신 교육과학사 관계자분들께 감사드린다.

2020년 3월

유주식 · 고형종

차 례

제1장 이상기체의 상태변화

[문제 1.1] **다음 그림과 같이 2kmol의 단원자 기체가 $P-T$ 선도에서 사이클 과정을 겪는다. $T_1 = 300$K, $P_1 = 200$kPa, $T_3 = 1800$K, $P_3 = 400$kPa일 때, 사이클 당 발생 일을 구하시오. (단, 과정 4-1과 과정 2-3은 각각 정압과정이고 일반 기체상수 $\overline{R} = 8.3144\text{kJ/kmol}\cdot\text{K}$이다) (10점)**

[5급(기술) 공채 제2차시험(2013)]

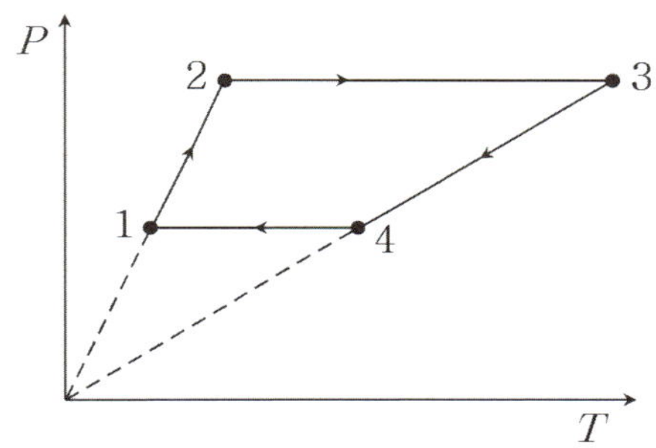

풀이 직선 1-2와 4-3이 모두 원점을 지나므로 압력 $P = aT$(기울기 a는 상수)의 관계식이 성립한다. 따라서 이상기체 상태방정식 $PV = n\overline{R}T$에서 압력과 온도가 비례하므로 과정 1→2와 3→4는 모두 부피(V)가 일정한 정적과정이다. 상태방정식으로부터 점 1과 3의 부피는 각각

$$V_1 = \frac{n\overline{R}T_1}{P_1} = \frac{2(8.3144)(300)}{200} = 24.94[\text{m}^3]$$

$$V_3 = \frac{n\overline{R}T_3}{P_3} = \frac{2(8.3144)(1800)}{400} = 74.83[\text{m}^3]$$

이고, $V_2 = V_1$, $V_4 = V_3$이며, 주어진 과정을 $P-V$ 선도로 나타내면 [그

림]과 같다.

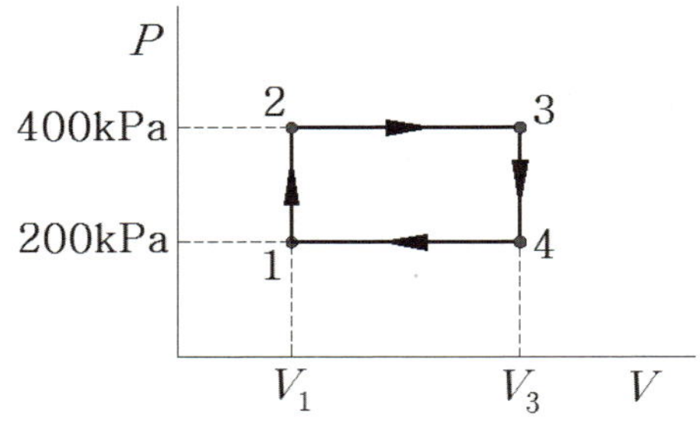

[그림] 사이클의 $P-V$ 선도

$P-V$ 선도에서 사이클 당 발생 일(W)은 사각형 1-2-3-4-1의 면적이고, 그 값은 다음과 같다.

$$W = (P_3 - P_1)(V_3 - V_1)[\text{kJ}]$$
$$= (400 - 200)(74.83 - 24.94) = 9978[\text{kJ}]$$

[문제 1.2] **실린더와 피스톤으로 구성된 장치 내에 이상기체 0.1kg이 들어 있다. 피스톤 위에는 일정 질량의 추가 놓여 있어서 기체의 압력은 0.2MPa로 일정하게 유지된다. 실린더와 피스톤의 벽을 통하여 서서히 열을 가하여 정압과정의 팽창실험을 실시하고 이 과정의 데이터를 분석하여 이 기체의 비열을 계산해 보려고 한다. 열전달 과정 전에 기체의 온도는 50℃ 였고, 체적은 0.01m^3 이었으며 10kJ의 열을 가한 후 기체의 체적은 2배로 증가하였고, 측정된 온도는 150℃ 였다. (총 20점)**

[기술고등고시 제2차시험(2003)]

(1) 정압비열은 얼마인가? (5점)

(2) 정적비열은 얼마인가? (5점)

(3) 기체상수는 얼마인가? (5점)

(4) 일반기체상수를 8.31kJ/kmol · K 라고 할 때 분자량은 얼마로 추정할 수 있는가? (5점)

풀이 처음 상태 $T_1 = 50℃$, $V_1 = 0.01\text{m}^3$, 최종 상태 $T_2 = 150℃$, $V_2 = 0.02\text{m}^3$ 이고 일정 압력 $P = 0.2\text{MPa} = 200\text{kPa}$, 질량 $m = 0.1\text{kg}$, 기체에 가한 열량(기체가 받은 열량) $Q = 10\text{kJ}$이다.

(1) 정압과정에서 기체가 받은 열량 $Q = mC_p \Delta T$로부터

$$C_p = \frac{Q}{m\Delta T} = \frac{Q}{m(T_2 - T_1)} = \frac{10}{0.1(150-50)}$$
$$= 1[\text{kJ/kg}\cdot\text{K}]$$

(2) 정압과정에서 기체가 한 일은

$$W = P(V_2 - V_1) = 200(0.02 - 0.01) = 2[\text{kJ}]$$

이므로 열역학 제1법칙으로부터

$$Q = \Delta U + W = mC_v \Delta T + W$$
$$\therefore\ C_v = \frac{Q-W}{m\Delta T} = \frac{Q-W}{m(T_2 - T_1)} = \frac{10-2}{0.1(150-50)}$$
$$= 0.8[\text{kJ/kg}\cdot\text{K}]$$

(3) 기체상수 $R = C_p - C_v = 1 - 0.8 = 0.2[\text{kJ/kg}\cdot\text{K}]$

(4) $R = \dfrac{\overline{R}}{M}$

$$\therefore\ M = \frac{\overline{R}}{R} = \frac{8.31}{0.2} = 41.55[\text{kg/kmol}] = 41.55[\text{g/mol}]$$

[문제 1.3] 정압비열과 정적비열의 정의 식으로부터 이상기체에 대한 정압비열과 정적비열의 관계식을 유도하고, 정적비열과 정압비열을 비열비(k)를 이용하여 나타내시오. (20점) [기술고등고시 제2차시험(2002)]

풀이 이상기체의 상태방정식은 $Pv = RT$이므로 엔탈피는

$$h = u + Pv = u + RT \quad \cdots\cdots ①$$

이고, 식 ①의 양변을 미분하면

$$dh = du + RdT \quad \cdots\cdots ②$$

이다. 여기에서 정압비열(C_p)과 정적비열(C_v)의 정의 식으로부터 구해지는 $dh = C_p dT$, $du = C_v dT$를 식 ②에 대입하면

$$C_p dT = C_v dT + RdT$$

$$\therefore \; C_p - C_v = R \quad \cdots\cdots ③$$

의 관계식이 유도된다. 그리고 비열비(k)를

$$k = \frac{C_p}{C_v} \quad \cdots\cdots ④$$

로 정의하면 $C_p = kC_v$이다. 이 값을 식 ③에 대입하면 다음과 같이 정적비열과 정압비열이 비열비(k)의 함수로 표현된다.

$$kC_v - C_v = R$$

$$\therefore \; C_v = \frac{R}{k-1} \quad \cdots\cdots ⑤$$

$$C_p = kC_v = \frac{kR}{k-1} \quad \cdots\cdots ⑥$$

(† 식 ③으로부터 기체 상수 $R > 0$이므로 $C_p > C_v$라는 것을 알 수 있다. 따라서 비열비 $k = C_p / C_v$는 언제나 1보다 큰 값을 가진다.)

[문제 1.4] 그림은 어떤 열기관에 사용된 1 몰(mol)의 단원자 분자 이상기체의 상태가 A → B → C → D → A의 경로를 따라 변할 때, 기체의 압력 P와 부피 V의 관계를 나타낸 것이다. A → B, B → C, C → D, D → A는 각각 단열, 정압, 단열, 정적 과정이고, A, B, C, D에서의 온도는 각각 T_A, T_B, T_C, T_D이다. 이 기체의 정압비열은 $\frac{5}{2}R$이고, 정적 비열은 $\frac{3}{2}R$이다.

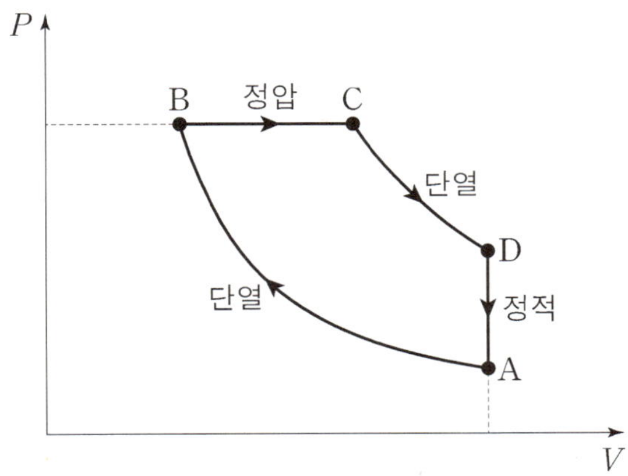

한 번의 순환 과정에서 기체가 한 일 W와 열기관의 열효율 η를 구하시오. (단, R는 기체 상수이다.) [중등교사 임용시험–물리(2019)]

풀이 주어진 사이클은 압축점화 내연기관의 이상적인 사이클인 디젤 사이클이다. 사이클은 정압과정 B → C에서 Q_H의 열을 흡수하여 정적과정 D → A에서 Q_L의 열을 방출하고 $W = Q_H - Q_L$의 일을 한다.

작업유체의 양 $n = 1$몰이므로 흡수된 열과 방출된 열 및 일(W)은 다음과 같다.

$$Q_H = C_p(T_C - T_B) = \frac{5}{2}R(T_C - T_B) \quad \cdots\cdots ①$$

$$Q_L = C_v(T_D - T_A) = \frac{3}{2}R(T_D - T_A) \quad \cdots\cdots ②$$

$$W = Q_H - Q_L = \frac{1}{2}R[5(T_C - T_B) - 3(T_D - T_A)] \quad \cdots\cdots\cdots\cdots ③$$

이상에서 기체의 정압비열 $C_p = \frac{5}{2}R$이고, 정적 비열 $C_v = \frac{3}{2}R$이다. 식 ①, ②, ③으로부터 다음과 같이 열기관의 열효율 η가 구해진다.

$$\eta = \frac{W}{Q_H} = \frac{Q_H - Q_L}{Q_H} = 1 - \frac{Q_L}{Q_H} = 1 - \frac{\frac{3}{2}R(T_D - T_A)}{\frac{5}{2}R(T_C - T_B)}$$

$$= 1 - \frac{3(T_D - T_A)}{5(T_C - T_B)} \quad \cdots\cdots\cdots\cdots\cdots\cdots\cdots\cdots ④$$

[문제 1.5] 그림은 1몰의 단원자 분자 이상 기체가 압력 P_0, 부피 V_0 인 상태에서 $a \to b \to c$의 경로를 따라 변할 때, 기체의 압력 P와 부피 V의 관계를 나타낸 그래프이다. $a \to b$는 정적 과정, $b \to c$ 는 단열 과정이다. $a \to b$ 과정에서 기체에 유입된 열에너지 Q_{ab}와 $b \to c$ 과정에서 기체가 한 일 W_{bc}를 각각 풀이 과정과 함께 구하시오.

(단, 단원자 분자 이상 기체의 비열비 $k = \frac{5}{3}$ 이다)

[중등교사임용시험 – 물리(2016)]

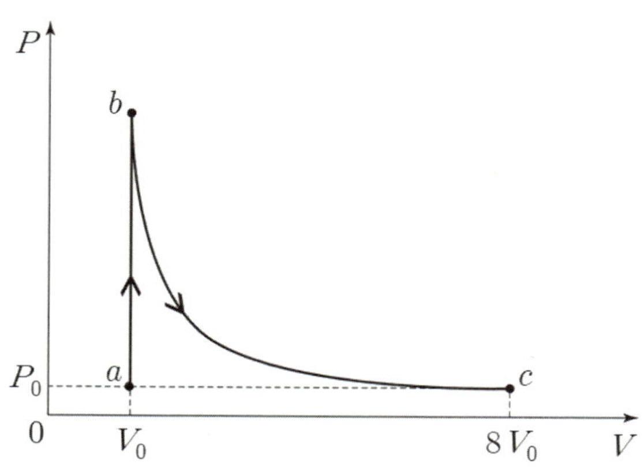

풀이 단원자 분자 이상 기체의 정적비열 $C_v = \frac{R}{k-1} = \frac{3}{2}R$이고, 1몰의 단원자 분자 이상 기체의 온도는 $T = \frac{PV}{R}$이다. 주어진 조건으로부터 점 a, b, c의 압력, 부피, 온도는 다음과 같다.

① (점 a) : 압력 $P_a = P_0$, 부피 $V_a = V_0$, 온도 $T_a = \frac{P_0 V_0}{R}$

② (점 b) : 부피 $V_b = V_0$

③ (점 c) : 압력 $P_c = P_0$, 부피 $V_c = 8V_0$, 온도 $T_c = \frac{8P_0 V_0}{R}$

점 b의 온도를 $b \to c$ 과정이 단열과정이라는 조건에서 구한다. 단열과정에서 $TV^{k-1} = C$(일정)이고 여기에서 비열비 $k = \frac{5}{3}$이므로 $b \to c$ 과정에서 $TV^{\frac{2}{3}} = C$이다. 따라서 점 b의 온도(T_b)는 다음과 같다.

$$T_b V_b^{\frac{2}{3}} = T_c V_c^{\frac{2}{3}}$$

$$\therefore \ T_b = \left(\frac{V_c}{V_b}\right)^{\frac{2}{3}} T_c = \left(\frac{8V_0}{V_0}\right)^{\frac{2}{3}} T_c = (8)^{\frac{2}{3}} T_c = 2^2 T_c = 4T_c$$

$$= 4\left(\frac{8P_0 V_0}{R}\right) = \frac{32P_0 V_0}{R}$$

(1) $a \to b$ 과정에서 기체에 유입된 열에너지 Q_{ab} :

기체의 일 $\delta W = PdV$이고 부피가 일정한 과정($dV = 0$)이므로 $a \to b$ 과정에서 기체가 한 일 $W_{ab} = 0$이다. 따라서 열역학 제1법칙($Q = \Delta U + W$)으로부터 기체에 유입된 열에너지는 다음과 같다.

$$Q_{ab} = \Delta U_{ab} = C_v(T_b - T_a)$$

$$= \frac{3R}{2}\left(\frac{32P_0 V_0}{R} - \frac{P_0 V_0}{R}\right)$$

$$= \frac{93}{2}P_0 V_0$$

(2) $b \rightarrow c$ 과정에서 기체가 한 일 W_{bc} :

단열과정이므로 $b \rightarrow c$ 과정에서 기체에 유입된 열량 $Q_{bc}=0$이다. 따라서 열역학 제1법칙($Q=\Delta U+W$)으로부터 기체가 한 일(W_{bc})은 다음과 같다.

$$\begin{aligned} W_{bc} &= -\Delta U_{bc} = -C_v(T_c - T_b) \\ &= -\frac{3R}{2}\left(\frac{8P_0V_0}{R} - \frac{32P_0V_0}{R}\right) \\ &= 36P_0V_0 \end{aligned}$$

[문제 1.6] **그림은 1몰의 단원자 이상기체로 작동하는 카르노 기관의 $P-V$ 선도이다. 기체는 단열 팽창 과정을 거쳐 상태 A(압력 P_1, 부피 V_1, 온도 T_H)에서 상태 B(압력 P_2, 부피 V_2, 온도 T_L)로 변화한다. 기체상수는 R, 내부에너지는 u로 표시하여라.**

[중등교사임용시험–물리(2002)]

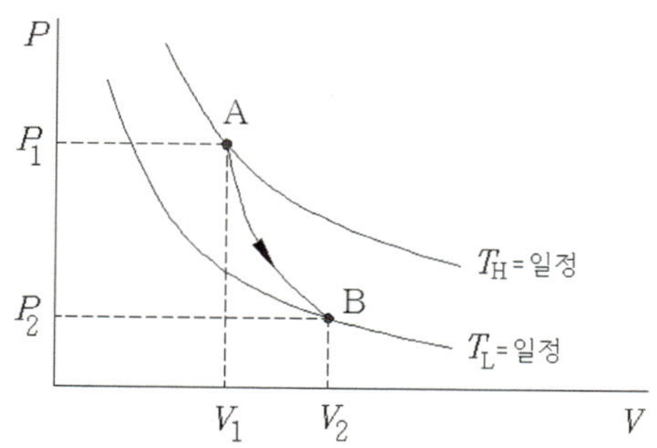

(1) 단열과정($\delta Q=0$)에서 열역학 제1법칙과 단원자 기체 1몰의 상태방정식을 수식으로 표현하시오.

(2) 상태 A에서 B로 단열 팽창하는 동안 1몰의 기체가 한 일을 구하여 온도 T_H, T_L로 나타내시오.

(3) (1)의 결과를 이용하여 $P_1V_1^{5/3}=P_2V_2^{5/3}$임을 증명하시오.

풀이 단원자 이상기체의 정압비열 $C_p = \frac{5}{2}R$, 정적비열 $C_v = \frac{3}{2}R$이다.

(1) 단열과정에서 $\delta Q = 0$이므로 열역학 제1법칙($\delta Q = dU + \delta W$)과 1몰의 이상기체의 상태 방정식은 다음과 같다.

- 열역학 제1법칙 : $du + \delta w = 0$ (또는 $du + Pdv = 0$ $\because$ $\delta w = Pdv$)
- 상태방정식 : $Pv = RT$

(2) (1)에서 $du + \delta w = 0$이므로 A에서 B까지 이 식을 적분하면 다음과 같이 1몰의 기체가 한 일(w_{AB})이 구해진다.

$$\int_A^B du + \int_A^B \delta w = 0$$

$$\int_A^B du + w_{AB} = 0$$

$$\therefore \ w_{AB} = -\int_A^B du = -\int_A^B C_v dT = -C_v(T_L - T_H)$$

$$= C_v(T_H - T_L) = \frac{3}{2}R(T_H - T_L)$$

여기에서 $T_A = T_H$, $T_B = T_L$이다.

(3) 열역학 제1법칙 $du + \delta w = 0$에서 $du = C_v dT$, $\delta w = Pdv$이므로

$$C_v dT + Pdv = 0 \quad \cdots\cdots \text{①}$$

이 된다. 식 ①에 $C_v = \frac{3}{2}R$, $P = \frac{RT}{v}$를 대입하면

$$\frac{3}{2}RdT + \frac{RT}{v}dv = 0$$

$$\therefore \ \frac{dT}{T} + \frac{2}{3}\frac{dv}{v} = 0 \quad \cdots\cdots \text{②}$$

이고, 식 ②를 적분하여 T와 v의 관계식을 구하면

$$\int \frac{dT}{T} + \frac{2}{3}\int \frac{dv}{v} = 0$$

$$\ln(T) + \frac{2}{3}\ln(v) = C' \quad (C'\text{은 상수})$$

$$\ln\left[Tv^{2/3}\right] = C'$$

$$\therefore \quad Tv^{2/3} = C'' \quad (C''\text{은 상수}) \cdots\cdots ③$$

이다. 여기에서 상태방정식으로부터 $T = \frac{Pv}{R}$를 구하여 ③에 대입하면 다음과 같이 P와 V의 관계식이 얻어진다.

$$\frac{Pv}{R} \cdot v^{2/3} = C''$$

$$Pv^{5/3} = C''' \quad (C'''\text{은 상수}) \cdots\cdots ④$$

$$\therefore \quad PV^{5/3} = C \quad (C\text{는 상수}) \cdots\cdots ⑤$$

따라서 두 점 1, 2 사이에서 $P_1V_1^{5/3} = P_2V_2^{5/3}$의 관계식이 성립한다.

[문제 1.7] **온도 500K, 압력 2MPa의 이상기체 0.4kg이 이상적인 폴리트로픽 과정으로 팽창하여 압력이 0.2MPa이 되었다. 기체의 최종 온도, 기체가 한 일, 열전달량을 구하여라. 단, 기체상수 $R = 0.3\text{kJ/kg}\cdot\text{K}$, 정적비열 $C_v = 0.7\text{kJ/kg}\cdot\text{K}$, 폴리트로픽 지수 $n = 1.2$이다.**

풀이 초기상태 온도 $T_1 = 500\text{K}$, 압력 $P_1 = 2\text{MPa}$이고, 질량 $m = 0.4\text{kg}$, 최종상태 압력 $P_2 = 0.2\text{MPa}$이다.

(1) 기체의 최종 온도 T_2 :

$$T_2 = T_1\left(\frac{P_1}{P_2}\right)^{(1-n)/n} = 500 \times \left(\frac{2}{0.2}\right)^{(1-1.2)/1.2}$$

$$= 340.6\,(\text{K})$$

(2) 기체가 한 일 W :

$$W = \frac{mR(T_2 - T_1)}{1-n} = \frac{0.4 \times 0.3}{1-1.2} \times (340.6 - 500)$$
$$= 95.64\,(\text{kJ})$$

(3) 열전달량 Q :

$$Q = \Delta U + W = mC_v(T_2 - T_1) + W$$
$$= 0.4 \times 0.7 \times (340.6 - 500) + 95.64$$
$$= 51.01\,(\text{kJ})$$

또는, 정압비열과 비열비가

$$C_p = C_v + R = 1\text{kJ/kg} \cdot \text{K}$$
$$k = \frac{C_p}{C_v} = \frac{10}{7}$$

이고, 폴리트로픽 비열(C_n)을 이용하면

$$Q = mC_n(T_2 - T_1) = mC_v\frac{n-k}{n-1}(T_2 - T_1)$$
$$= 0.4 \times (0.7) \times \left(\frac{1.2 - 10/7}{1.2 - 1}\right) \times (340.6 - 500)[\text{kJ}]$$
$$= 51.01[\text{kJ}]$$

[문제 1.8] 외부와 단열된 실린더에서 같은 종류의 이상기체가 얇은 벽으로 나누어져 있다. 초기에 왼쪽 부분의 압력, 부피, 온도는 각각 $2P$, $2V$, T_1이고, 오른쪽은 P, V, T_2이다. 얇은 벽을 제거한 후에 열평형 상태에 도달하였을 때 온도와 압력을 구하여 T_1, T_2, P로 나타내어라.

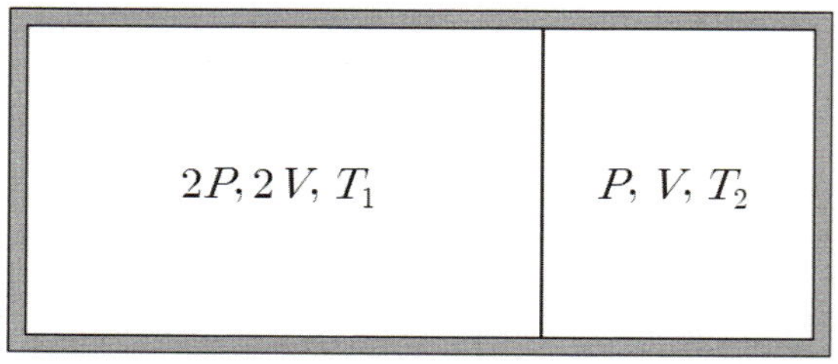

풀이 이상기체의 상태방정식으로부터 왼쪽과 오른쪽 부분의 질량은 각각

$$m_1 = \frac{(2P)\cdot(2V)}{RT_1} = \frac{4PV}{RT_1}$$

$$m_2 = \frac{PV}{RT_2}$$

이다. 기체의 정적비열을 C, 평형상태 온도를 T_f라 하면 $\delta Q = \delta W = 0$이므로 에너지 보존 법칙으로부터 다음과 같이 T_f가 구해진다.

$$m_1 C(T_f - T_1) + m_2 C(T_f - T_2) = 0$$

$$\frac{4PV}{RT_1}\cdot C(T_f - T_1) + \frac{PV}{RT_2}\cdot C(T_f - T_2) = 0$$

($\leftarrow \dfrac{PV}{R}\cdot C$로 양변을 나누어준다.)

$$\frac{4}{T_1}(T_f - T_1) + \frac{1}{T_2}(T_f - T_2) = 0$$

$$T_f\left(\frac{4}{T_1} + \frac{1}{T_2}\right) = 5 \quad \cdots\cdots ①$$

$$\therefore \quad T_f = \frac{5T_1T_2}{T_1 + 4T_2} \quad \cdots\cdots \text{②}$$

평형상태 압력을 P_f라 하면 기체의 전체 부피는 $3V$이므로 전체 질량

$$m = \frac{P_f(3V)}{RT_f} = \frac{3P_fV}{RT_f}$$

이고, 이것은 초기 두 부분의 질량의 합과 같다.

$$m = m_1 + m_2$$

$$\frac{3P_fV}{RT_f} = \frac{4PV}{RT_1} + \frac{PV}{RT_2}$$

$(\leftarrow \ \frac{V}{R}$ 로 양변을 나누어준다.)

$$\frac{3P_f}{T_f} = \frac{4P}{T_1} + \frac{P}{T_2}$$

$$\therefore \quad \frac{3P_f}{T_f} = P\left(\frac{4}{T_1} + \frac{1}{T_2}\right) \quad \cdots\cdots \text{③}$$

식 ③을 식 ①과 결합하면 평형상태 압력(P_f)은

$$P_f = \frac{1}{3}P \cdot T_f\left(\frac{4}{T_1} + \frac{1}{T_2}\right) = \frac{5}{3}P \quad \cdots\cdots \text{④}$$

이다.

[문제 1.9] **마찰이 없는 피스톤–실린더 기구 내의 이상기체가 팽창하여 체적이 처음의 2배가 되었다. 이때 정압과정으로 발생한 일(W_1)과 등온과정으로 발생한 일(W_2)의 비(W_1/W_2)를 구하여라.**

[중등교사임용시험 –기계 · 금속(2012)]

풀이 처음 체적 V_1, 압력 P_1, 온도 T_1, 나중 체적 $V_2 = 2V_1$이다.

(1) 정압과정 일 : 압력 $P = P_1$(일정)

$$W_1 = \int P dV = P_1(V_2 - V_1) = P_1(2V_1 - V_1) = P_1 V_1 \cdots ①$$

(2) 등온과정 일 : 등온과정이므로 $PV = (\text{일정}) = mRT_1$이다.

$$W_2 = \int P dV = mRT_1 \int \frac{1}{V} dV = mRT_1 \ln\left(\frac{V_2}{V_1}\right) = mRT_1 \ln 2$$

상태방정식에서

$$P_1 V_1 = mRT_1$$

$$\therefore \quad W_2 = mRT_1 \ln 2 = P_1 V_1 \ln 2 \cdots\cdots ②$$

(3) 두 과정의 일의 비 $\frac{W_1}{W_2}$: 식 ①, ②로부터

$$\frac{W_1}{W_2} = \frac{1}{\ln 2} \cdots\cdots ③$$

[문제 1.10] 그림 (가)와 같이 피스톤-실린더 용기의 내부 기체를 가열하였다. 그림 (나)와 같이 기체 체적은 $V_1 = 0.1(\mathrm{m}^3)$에서 $V_2 = 0.3(\mathrm{m}^3)$으로 증가하였고, 압력은 $P_1 = 2$(MPa)에서 $P_2 = 1$(MPa)로 감소하였다고 가정할 때, 기체가 피스톤에 행한 일(kJ)의 값을 구하시오. (단, 마찰과 중력의 에너지 손실은 무시한다.)

[중등교사 임용시험-기계 · 금속(2017)]

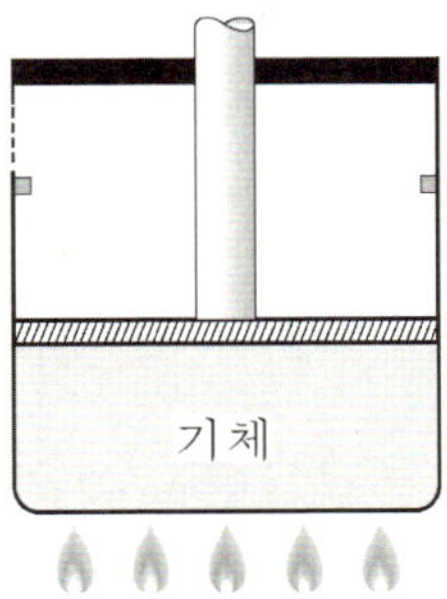

(가)

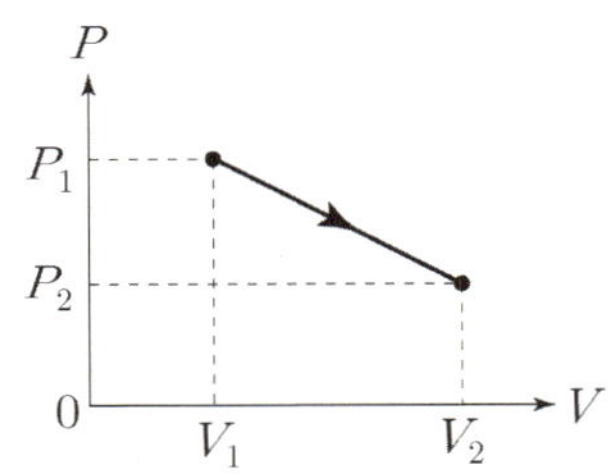

(나)

풀이 상태 1과 2 사이에서 기체가 한 일 $W = \int_1^2 P\,dV$는 $P-V$ 선도에서 경로 곡선 아래의 면적과 같다.

$$W = \int_1^2 P\,dV = \frac{1}{2}(P_1 + P_2)(V_2 - V_1)$$

$$= \frac{1}{2}(2+1)(0.3-0.1) \times 10^3\,(\mathrm{kJ}) = 300\,(\mathrm{kJ})$$

이상에서

$$\mathrm{MPa} \cdot \mathrm{m}^3 = 10^3\mathrm{kPa} \cdot \mathrm{m}^3 = 10^3 \frac{\mathrm{kN}}{\mathrm{m}^2} \cdot \mathrm{m}^3 = 10^3\mathrm{kN} \cdot \mathrm{m} = 10^3\,\mathrm{kJ}$$

[문제 1.11] 그림 (가)는 온도 T_1이 27(℃)이고 압력 P_1이 300(kPa)인 공기가 들어 있는 철제 용기를 나타낸 것이다. 그림 (나)와 같이 이 용기가 가열된 후, 용기 내부의 압력 P_2는 330(kPa)이다. 〈조건〉을 고려하여 가열된 후 용기 내부의 온도 T_2(℃)를 구하는 식과 계산 값을 쓰시오.

[중등교사 임용시험-기계 · 금속(2018)]

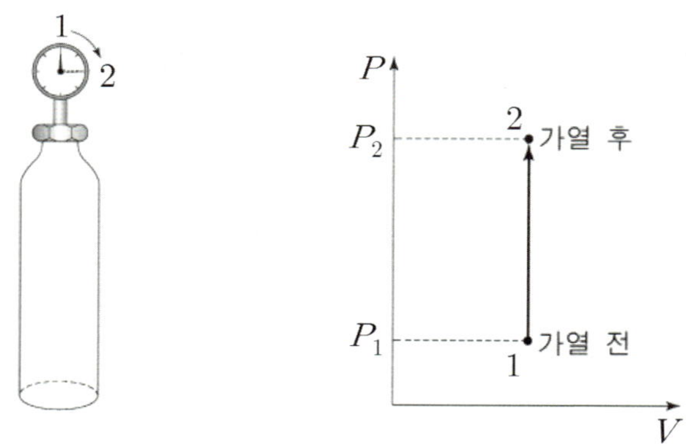

(가) (나)

〈조건〉

- 용기 내부는 체적 V가 변하지 않는 밀폐계이다.
- 용기 내부의 공기는 이상기체이다.
- 압력은 절대압력으로 측정된 값이다.
- 온도 0(℃)는 273(K)이다.

풀이 밀폐된 철제용기이므로 부피(V)와 질량(m)이 일정한 정적과정이다. 따라서 이상기체 상태방정식 $PV=mRT$로부터 $\frac{T}{P}=(\text{일정})$이므로

$$\frac{T_1}{P_1}=\frac{T_2}{P_2}$$

$$\therefore\ T_2=\frac{P_2}{P_1}\times T_1=\frac{330}{300}\times(273+27)\text{K}=330\text{K}=57℃$$

여기에서 온도 0(℃)는 273(K)이므로 절대온도 K = 273 + ℃ 이다. 열역학 상태방정식에서 온도는 절대온도(K)라는 사실에 주의한다.

[문제 1.12] 그림과 같이 내부 반지름 $R_1=0.1$(m)인 밀폐된 구에 압력 $P_1=100$(kPa)인 이상 기체가 들어 있다. 이 기체가 가열되어 내부 반지름 $R_2=0.2$(m)가 될 때까지 등온 과정으로 팽창하였다. 〈조건〉을 고려하여 팽창 후의 기체 압력 P_2(kPa)와 이 과정에 의해 기체가 행한 일 W(J)를 각각 구하고, 풀이 과정과 함께 쓰시오.

[중등교사 임용시험–기계 · 금속(2019)]

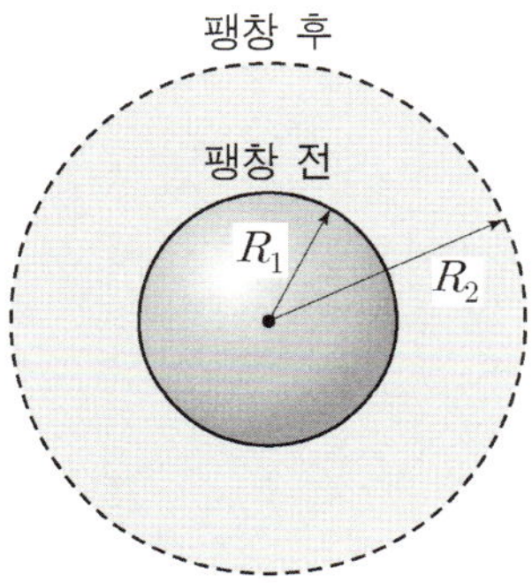

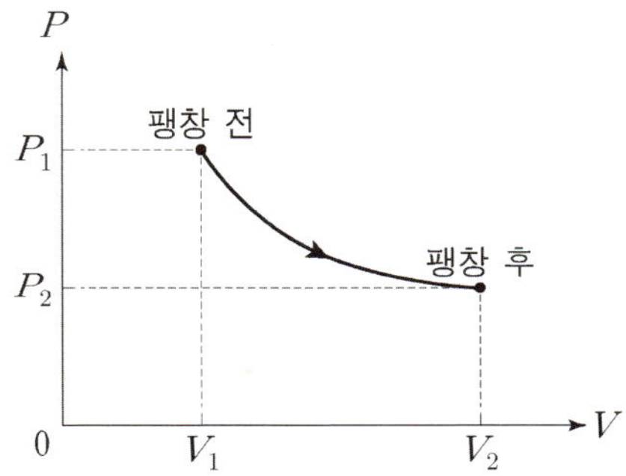

〈조건〉

- 기체는 준평형 과정(quasi-equilibrium process)으로 팽창하며, 과정 중에 구 모양을 유지한다.
- 압력은 절대 압력 값이다.
- $\pi=3$, $\ln 8=2$로 계산하며, 제시된 조건 이외에는 고려하지 않는다.

풀이 등온과정이므로 $PV=mRT=$ 일정이다.

(1) 팽창 후의 기체 압력 P_2(kPa) : $PV=$ 일정이므로

$$P_1V_1=P_2V_2$$

$$\therefore\ P_2=P_1\times\frac{V_1}{V_2}=P_1\times\frac{(4\pi R_1^3/3)}{(4\pi R_2^3/3)}=P_1\times\left(\frac{R_1}{R_2}\right)^3$$

$$=100\times\left(\frac{0.1}{0.2}\right)^3=100\times\frac{1}{8}=12.5\,(\text{kPa})$$

(2) 이 과정에 의해 기체가 행한 일 $W(\mathrm{J})$: $PV = P_1 V_1$에서

$P = P_1 V_1 \times \dfrac{1}{V}$이므로

$$W = \int_1^2 P\,dV = P_1 V_1 \int_1^2 \frac{1}{V} dV = P_1 V_1 \ln\left(\frac{V_2}{V_1}\right)$$

$$= (100 \times 10^3) \times \left[\frac{4\pi}{3} \times (0.1)^3\right] \times \ln 8\,(\mathrm{J})$$

$$= (100 \times 10^3) \times \left[\frac{4 \times 3}{3} \times 10^{-3}\right] \times 2\,(\mathrm{J}) = 800\,(\mathrm{J})$$

이상에서 부피비 $\dfrac{V_2}{V_1} = \left(\dfrac{R_2}{R_1}\right)^3 = \left(\dfrac{0.2}{0.1}\right)^3 = 2^3 = 8$이다.

제2장 열역학 제1법칙

[문제 2.1] 그림과 같이 피스톤-실린더로 구성된 장치의 내부에 300°C, 500 kPa의 공기가 들어 있고, 이때 체적은 1.2m^3이다. 실린더의 상부 한쪽은 밸브와 연결되어 있으며, 밸브의 다른 쪽은 150°C, 600kPa의 공기를 공급하는 관과 연결되어 있다. 처음에 밸브는 닫혀 있었고 밸브를 서서히 열었다가 체적이 처음의 2배가 될 때 밸브를 닫는다. 이 과정 동안 실린더 내부의 압력은 피스톤과 밸브의 작용으로 일정하게 500kPa로 유지된다. 장치는 외부와 단열되어 있고 공기는 이상기체라고 가정할 때, 다음 물음에 답하시오. (단, 공기의 기체상수는 $0.287\text{kJ/kg}\cdot\text{K}$이며, 피스톤과 실린더 벽사이의 마찰은 무시한다. 또한, 공기의 정압비열과 정적비열은 상수이다) (총 10점)

[국가공무원 5급(기술) 제2차시험(2019)]

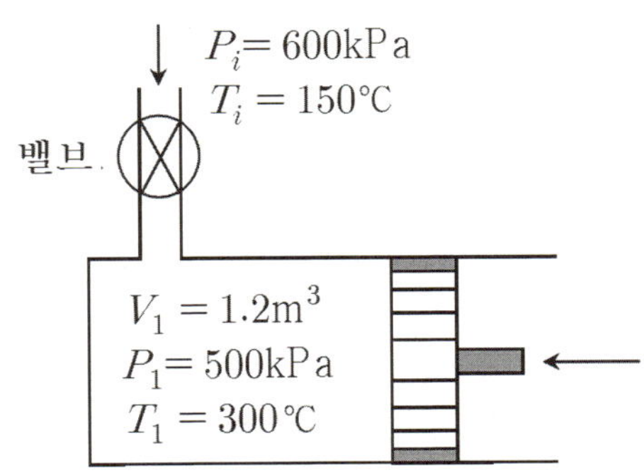

(1) 실린더 내 공기의 최종온도(K)를 구하시오. (6점)

(2) 밸브를 통해 공급된 공기의 질량(kg)을 구하시오. (4점)

풀이 실린더 내 기체의 처음상태를 1, 최종상태를 2, 밸브로 유입되는 기체를 i로 표시한다. 각 상태에 대해 주어진 값은 다음과 같다.

- $T_1 = 300℃ = 573\text{K}$, $V_1 = V = 1.2\text{m}^3$, $P_1 = P = 500\text{kPa}$
- $T_2 = (\text{미지수})$, $V_2 = 2V = 2.4\text{m}^3$, $P_2 = P = 500\text{kPa}$
- $T_i = 150℃ = 423\text{K}$, $P_i = 600\text{kPa}$

(1) 실린더 내 공기의 최종온도 T_2(K) : 밸브를 통해 유입되는 기체의 질량 $m_i = m_2 - m_1$이므로 에너지 보존식은 다음과 같다.

$$(m_2 - m_1)h_i = m_2 u_2 - m_1 u_1 + W$$

$$\therefore \; m_2(h_i - u_2) = m_1(h_i - u_1) + W \quad \cdots\cdots ①$$

여기에서 경계일 $W = P(V_2 - V_1) = PV$, $m_1 = \dfrac{PV}{RT_1}$, $m_2 = \dfrac{P(2V)}{RT_2}$를 식 ①에 대입하면

$$\frac{2PV}{RT_2}(C_p T_i - C_v T_2) = \frac{PV}{RT_1}(C_p T_i - C_v T_1) + PV$$

이고, 이 식에 $\dfrac{R}{PV}$를 곱하여 정리하면

$$\frac{2}{T_2}(C_p T_i - C_v T_2) = \frac{1}{T_1}(C_p T_i - C_v T_1) + R$$

$$\frac{2C_p T_i}{T_2} - 2C_v = \frac{C_p T_i}{T_1} - C_v + R$$

$$\therefore \; \frac{2C_p T_i}{T_2} = \frac{C_p T_i}{T_1} + (C_v + R) \quad \cdots\cdots ②$$

이다. 여기에서 $C_v + R = C_p$이므로 식 ②를 C_p로 나누어 주면 다음과 같이 실린더 내 공기의 최종온도 T_2가 구해진다.

$$\frac{2T_i}{T_2} = \frac{T_i}{T_1} + 1$$

$$\therefore \; T_2 = \frac{2T_i}{T_i / T_1 + 1} = \frac{2(423)}{423/573 + 1} = 487[\text{K}]$$

(2) 밸브를 통해 공급된 공기의 질량 m_i(kg) :

$$m_i = m_2 - m_1 = \frac{P(2V)}{RT_2} - \frac{PV}{RT_1} = \frac{PV}{R}\left(\frac{2}{T_2} - \frac{1}{T_1}\right)$$
$$= \frac{500(1.2)}{0.287}\left(\frac{2}{487} - \frac{1}{573}\right)\ [\mathrm{kg}]\ = 4.937[\mathrm{kg}]$$

[Note] 상태방정식 $Pv = RT$를 따르는 이상기체에서

$$h = u + Pv = u + RT, \quad \Delta u = C_v \Delta T, \quad C_p = C_v + R$$

이므로

$$h_i - u_n = (u_i + RT_i) - u_n = (u_i - u_n) + RT_i$$
$$= C_v(T_i - T_n) + RT_i$$
$$= (C_v + R)T_i - C_v T_n$$
$$= C_p T_i - C_v T_n$$

으로 표현된다.

[문제 2.2] **체적이 $1\mathrm{m}^3$인 강체 단열탱크에 압력과 온도가 20kPa과 20°C인 공기가 들어 있다. 탱크에 부착되어 있는 밸브를 열어 탱크의 압력이 외부공기압력과 같아질 때 밸브를 닫았다. 외부공기의 압력과 온도는 101.3kPa과 20°C이다. 공기의 기체상수는 0.287kJ/kg · K이고, 정적비열은 0.716kJ/kg · K일 때, 탱크 내 공기의 최종온도를 구하시오. (단, 공기는 이상기체이며, 충전 중 밸브를 통한 열손실과 운동에너지, 위치에너지는 무시한다) (10점)**

[5급(기술) 공채 제2차시험(2012)]

풀이 실린더 내 기체의 처음상태를 1, 최종상태를 2, 밸브로 유입되는 기체(외부공기)를 i로 표시한다. 각 상태에 대해 주어진 값은 다음과 같다.

- $T_1 = 20℃ = 293\mathrm{K},\ V_1 = V = 1\mathrm{m}^3,\ P_1 = 20\mathrm{kPa}$

- $T_2 =$ (미지수), $V_2 = V = 1\text{m}^3$, $P_2 = P_i = 101.3\text{kPa}$
- $T_i = T_1 = 20℃ = 293\text{K}$, $P_i = 101.3\text{kPa}$

정압비열 $C_p = C_v + R = 0.716 + 0.287 = 1.003[\text{kJ/kg}\cdot\text{K}]$이다.
밸브를 통해 유입되는 기체의 질량 $m_i = m_2 - m_1$이고, 열전달과 경계일이 없으므로 에너지 보존식은 다음과 같다.

$$(m_2 - m_1)h_i = m_2 u_2 - m_1 u_1$$

$$\therefore\ m_2(h_i - u_2) = m_1(h_i - u_1) \quad \cdots\cdots ①$$

여기에서 $m_1 = \dfrac{P_1 V}{RT_1}$, $m_2 = \dfrac{P_2 V}{RT_2}$를 식 ①에 대입하면

$$\frac{P_2 V}{RT_2}(C_p T_i - C_v T_2) = \frac{P_1 V}{RT_1}(C_p T_i - C_v T_1) \quad \cdots\cdots ②$$

이고, 이 식에 $\dfrac{R}{V}$을 곱하면

$$\frac{P_2}{T_2}(C_p T_i - C_v T_2) = \frac{P_1}{T_1}(C_p T_i - C_v T_1) \quad \cdots\cdots ③$$

이다. 식 ③을 T_2에 대해 정리하여 최종온도(T_2)를 구한다.

$$\frac{C_p P_2 T_i}{T_2} - C_v P_2 = C_p P_1 - C_v P_1$$

$$\frac{C_p P_2 T_i}{T_2} = C_p P_1 + C_v(P_2 - P_1)$$

$$\therefore\ T_2 = \frac{C_p P_2 T_i}{C_p P_1 + C_v(P_2 - P_1)}$$

$$= \frac{1.003(101.3)(293)}{1.003(20) + 0.716(101.3 - 20)} = 380[\text{K}]$$

[문제 2.3] 공기 공급관과 공기 압축용 피스톤-실린더가 아래 그림과 같이 튜브와 밸브로 연결되어 있다. 피스톤 단면적은 $0.1m^2$이고, 스프링의 탄성계수는 300kN/m이다. 현재 스프링은 0.05m 수축된 상태이며, 이때 실린더 내부 공기의 부피는 $0.05m^3$이고, 온도는 300K이다. 밸브를 열어 1,000kPa, 300K의 공기를 공기 공급관에서 실린더로 천천히 주입하여 실린더 압력이 850kPa가 되었을 때 밸브를 닫는다. 다음 물음에 답하시오. (단, 주위의 압력은 100kPa이고, 스프링의 압축력은 스프링 탄성계수와 변위의 곱으로 표시되며, 밸브, 피스톤 및 실린더 주변을 통한 열출입은 없고, 마찰 손실은 무시한다) (총 15점)

[행정고등고시(기술직) 제2차시험(2010)]

(1) 실린더 내부의 초기압력을 구하시오. (6점)

(2) 실린더 내부의 최종부피를 구하시오. (4점)

(3) 공기 유입 과정에서 공기가 외부에 대하여 한 일을 구하시오. (5점)

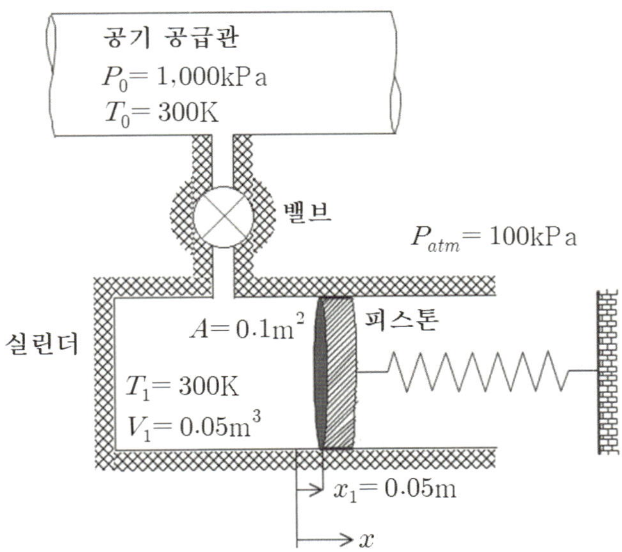

풀이 실린더 내 공기의 초기상태를 1, 최종상태를 2, 밸브로 유입되는 공기(공기 공급관 공기)를 0으로 표시한다. 주어진 값은 다음과 같다.

- $T_1 = 300\text{K}$, $V_1 = 0.05\text{m}^3$, $P_1 =$ (미지수)
- $T_2 =$ (미지수), $V_2 =$ (미지수), $P_2 = 850\text{kPa}$
- $T_0 = 300\text{K}$, $P_0 = 1{,}000\text{kPa}$
- 주위 압력 $P_{atm} = 100\text{kPa}$
- 피스톤 단면적 $A = 0.1\text{m}^2$, 스프링상수 $k = 300\text{kN/m}$
- 초기 스프링 변위 $x_1 = 0.05\text{m}$

(1) 실린더 내부의 초기압력 P_1 : 초기 스프링 압축력 $F_1 = kx_1$이므로

$$P_1 = P_{atm} + \frac{F_1}{A} = P_{atm} + \frac{kx_1}{A} = 100 + \frac{300(0.05)}{0.1} = 250[\text{kPa}]$$

(2) 실린더 내부의 최종부피 V_2 : 최종상태 스프링의 변위를 x_2라 하면

$$P_2 = P_{atm} + \frac{kx_2}{A}$$

$$\therefore\ x_2 = \frac{A(P_2 - P_{atm})}{k} = \frac{0.1(850-100)}{300} = 0.25[\text{m}]$$

이고, 늘어난 부피(ΔV)는

$$\Delta V = A(x_2 - x_1) = 0.1(0.25 - 0.05) = 0.02[\text{m}^3]$$

이다. 따라서 최종부피(V_2)는 다음과 같다.

$$V_2 = V_1 + \Delta V = 0.05 + 0.02 = 0.07[\text{m}^3]$$

(3) 공기 유입 과정에서 공기가 외부에 대하여 한 일 W : 선형스프링이므로 [그림]과 같이 압력이 선형적으로 변화한다. 여기에서 공기가 한 일은 그래프 아래 면적(1−2−V_2−V_1−1)과 같다.

$$W = \frac{1}{2}(P_2 + P_1)(V_2 - V_1) = \frac{1}{2}(850 + 250)(0.02) = 11\,[\text{kJ}]$$

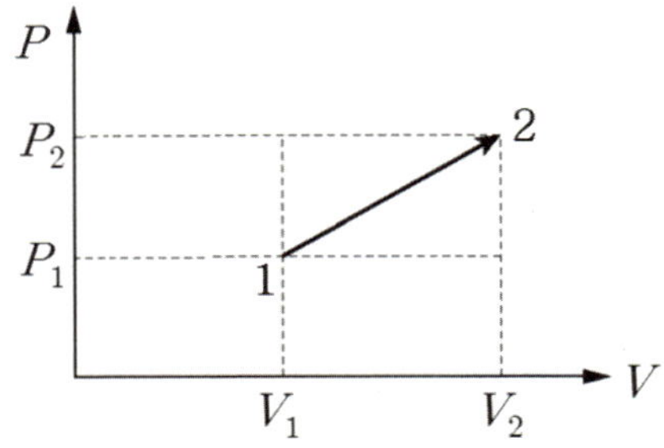

[그림] $P-V$ **선도**

[Note] 피스톤의 왼쪽 면에 작용하는 압력 힘 $PA(\rightarrow)$와 오른쪽 면에 작용하는 힘 $P_{atm}A + kx(\leftarrow)$가 평형을 이룬다.

$$PA = P_{atm}A + kx$$

$$\therefore \quad P = P_{atm} + \frac{kx}{A}$$

공기가 외부에 대하여 한 일(W)은 스프링의 탄성변형에너지 차이와 대기압에 대해 저항하여 한 일의 합과 같다.

$$\begin{aligned} W &= \frac{1}{2}k\left(x_2^2 - x_1^2\right) + (P_{atm}A)\Delta x \\ &= \frac{1}{2}(300)\left(0.25^2 - 0.05^2\right) + (100)(0.1)(0.2) = 11\,[\text{kJ}] \end{aligned}$$

얼핏 보면 한 일이 스프링의 탄성변형에너지 차이와 같아 보이지만 대기압에 저항하여 한 일도 있다는 것에 주의한다.

[문제 2.4] 다음 그림과 같이 피스톤과 실린더로 구성된 장치에 온도 300K, 부피 $1\mathrm{m}^3$의 공기가 들어있다. 피스톤의 질량과 대기압에 의해 장치 내부 압력은 항상 110kPa로 유지된다. 어느 순간 장치 하부에 연결된 밸브를 얼마동안 개방하여 공기의 부피가 반으로 줄어들었다고 할 때, 다음 물음에 답하시오.
(단, 공기는 기체상수 $R = 0.287\mathrm{kJ/kg \cdot K}$인 이상기체이고, 장치 내부의 온도는 항상 일정하며, 운동에너지와 위치에너지는 무시한다) (총 10점) [행정고등고시(기술직) 제2차시험(2008)]

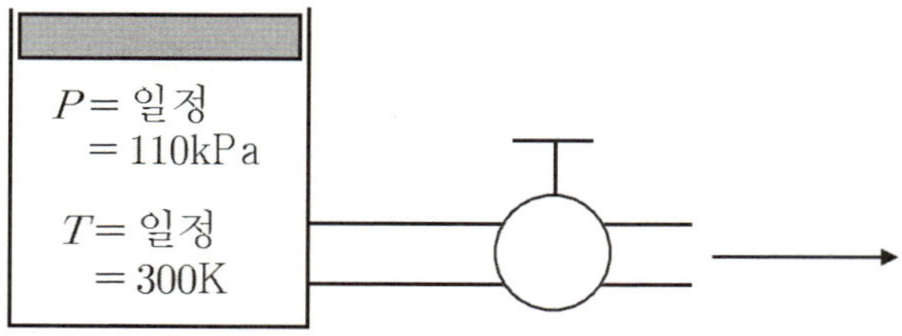

(1) 장치로부터 빠져나간 공기의 질량을 구하시오. (3점)
(2) 주위가 장치 내부의 공기에 하여준 일의 양을 구하시오. (2점)
(3) 장치 내부의 공기와 주위와의 열교환량을 구하시오. (5점)

풀이 주어진 초기상태(1)와 최종상태(2) 값은 다음과 같다.

- $T_1 = T = 300\mathrm{K}$(일정), $P_1 = P = 110\mathrm{kPa}$(일정), $V_1 = 1\mathrm{m}^3$
- $T_2 = T = 300\mathrm{K}$(일정), $P_2 = P = 110\mathrm{kPa}$(일정), $V_2 = 0.5\mathrm{m}^3$

(1) 장치로부터 빠져나간 공기의 질량 m_{out} : 초기상태와 최종상태 질량의 차이이다.

$$m_{out} = m_1 - m_2 = \frac{PV_1}{RT} - \frac{PV_1}{RT} = \frac{P}{RT}(V_1 - V_2)$$

$$= \frac{110}{0.287(300)} \times (1 - 0.5) = 0.639[\mathrm{kg}]$$

(2) 주위가 장치 내부의 공기에 하여준 일의 양 : 압력이 일정한 과정에서 기체가 한 일(W)은

$$W = \int P dV = P(V_2 - V_1) = 110(0.5-1) = -55[\text{kJ}]$$

이다. 여기에서 $W<0$이므로 기체는 주위로부터 일을 받았다. 즉, 주위가 장치 내부의 공기에 하여준 일의 양은 55kJ이다.

(3) 장치 내부의 공기와 주위와의 열교환량 : 외부로부터 장치 내부로 유입된 열량을 Q라 하면 열역학 제1법칙에서

$$m_1u_1 + Q = m_2u_2 + (m_1 - m_2)h_{out} + W$$

$$\therefore \quad Q = m_1(h_{out} - u_1) + m_2(u_2 - h_{out}) + W \cdots\cdots\cdots\cdots (\star)$$

이다. 여기에서 온도(T)가 일정하므로

$$u_1 = u_2 = u_{out} = u_0$$

$$h_{out} = u_{out} + RT = u_0 + RT$$

이다. 따라서 식 ($\star$)에서

$$h_{out} - u_1 = (u_0 + RT) - u_0 = RT$$

$$u_2 - h_{out} = u_0 - (u_0 + RT) = -RT$$

이고, 이 식을 ($\star$)에 대입하면

$$\begin{aligned} Q &= m_1(h_{out} - u_1) + m_2(u_2 - h_{out}) + W \\ &= m_1RT - m_2RT + W \\ &= (m_1 - m_2)RT + W \\ &= m_{out}RT + W \\ &= P(V_1 - V_2) + P(V_2 - V_1) = 0[\text{kJ}] \end{aligned}$$

이다. 즉, 공기가 받은 열은 없다.

[문제 2.5] **다음 그림은 빌딩 난방을 위한 태양열 난방 시스템이다. 이 난방 시스템은 겨울에 1MW의 열을 공급할 수 있도록 설계되어야 한다. 정상상태로 작동되는 태양열 난방시스템은 작동유체로 물을 사용한다. 온도** $80℃$ **의 물이 빌딩으로 유입되고 열교환기를 통과하면서 빌딩 내의 공기와 열교환이 이루어진 후, 온도** $30℃$ **로 빌딩을 빠져나간다. 물의 밀도는** 1000kg/m^3**이고, 비열은** $4187\text{J/kg}\cdot\text{K}$ **이며, 관에서 물의 속도는** 3m/s **이다. 대부분의 압력강하는 태양열집열판에서 발생되며, 그 크기는** $3\times10^4\text{N/m}^2$**이다. 다음 물음에 답하시오. (총 15점)**

[행정고등고시(기술직) 제2차시험(2008)]

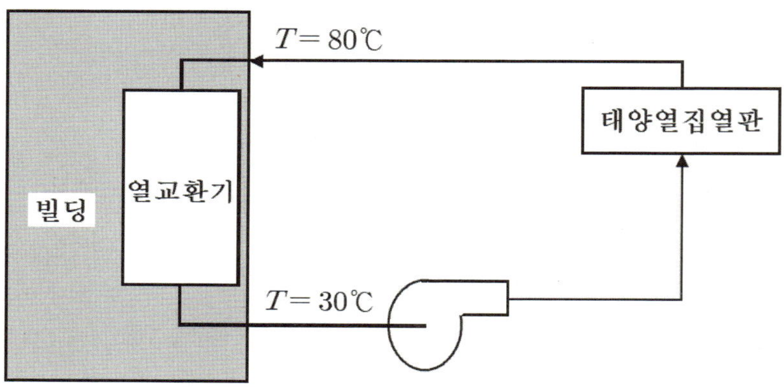

(1) 이 난방시스템에서의 물의 질량유량을 구하시오. (5점)

(2) 물이 통과하는 관의 직경을 구하시오. (3점)

(3) 태양으로부터의 열유속이 800W/m^2 인 경우, 집열판의 면적을 구하시오. (7점)

풀이 공급열량 $\dot{Q}_H = 1\text{MW} = 10^6\text{W}$, 열교환기 입구에서 물의 온도 $T_1 = 80℃$, 출구에서 물의 온도 $T_2 = 30℃$, 관에서 물의 속도 $v = 3\text{m/s}$, 압력강하 $\Delta p = 3\times10^4\text{N/m}^2$ 이다.

(1) 물의 질량유량($\dot{m}$) : 공급열량($\dot{Q}_H$)은 열교환기를 통과하면서 물이 잃은 열량과 같다. 물의 비열 $c = 4187\text{J/kg}\cdot\text{K}$ 이다.

$$\dot{Q}_H = \dot{m}c\Delta T = \dot{m}c(T_1 - T_2)$$

$$\therefore \ \dot{m} = \frac{\dot{Q}_H}{c(T_1 - T_2)} = \frac{10^6}{4187(80-30)} = 4.777[\text{kg/s}]$$

(2) 관의 직경(d) : 물의 밀도 $\rho = 1000\text{kg/m}^3$이다.

$$\dot{m} = \rho A v = \rho\left(\frac{\pi d^2}{4}\right)v$$

$$\therefore \ d = \sqrt{\frac{4\dot{m}}{\pi\rho v}} = \sqrt{\frac{4(4.777)}{\pi(1000)(3)}} = 0.045[\text{m}] = 4.5[\text{cm}]$$

(3) 집열판의 면적(A_p) : 먼저 물의 체적유량(Q)을 구하면

$$\dot{m} = \rho Q$$

$$\therefore \ Q = \frac{\dot{m}}{\rho} = \frac{4.777}{1000} = 4.777\times10^{-3}[\text{m}^3/\text{s}]$$

이고, 압력강하 $\Delta p = 3\times10^4\text{N/m}^2$에 의해 ΔpQ의 손실이 발생한다. 따라서 태양열집열판이 공급해야 할 총 열량은 $(\dot{Q}_H + \Delta p\, Q)$이다. 여기에서 태양으로부터의 열유속이 800W/m^2이면 집열판의 면적은

$$\dot{Q}_H + \Delta p\, Q = 800A_p$$

$$\therefore \ A_p = \frac{\dot{Q}_H + \Delta p\, Q}{800}$$

$$= \frac{10^6 + (3\times10^4)(4.777\times10^{-3})}{800} = 1250.18[\text{m}^2]$$

이다. 소수점 이하는 압력 손실의 기여분으로 매우 작다.

[문제 2.6] **체적 1m^3인 큰 탱크 A가 0.3m^3의 작은 탱크 B에 연결되어 있다. 탱크 A는 최초에 압력 700kPa, 온도 20°C의 공기로 충전되어 있고, 탱크 B는 진공상태이다. 두 탱크를 연결하는 밸브가 갑자기 열렸다가 두 탱크가 압력 평형을 이룬 후 닫힌다. 탱크 A에 있는 공기는 가역과정을 겪고, 전체 과정은 단열이며, 공기의 비열비 $k=1.286$으로 가정한다. (총 10점)** [행정고등고시(기술직) 제2차시험(2006)]

(1) 최종 평형 압력을 구하시오. (5점)

(2) 탱크 B에 있는 공기의 최종 질량을 구하시오. (5점)

풀이 탱크의 초기상태를 1, 최종상태를 2로 하여 탱크 A, B의 상태를 나타내면 다음과 같다.

- $V_{A,1}=V_0=1\text{m}^3$, $P_{A,1}=P_0=700\text{kPa}$, $T_{A,1}=T_0=20℃=293\text{K}$
- $V_{A,2}=V_0=1\text{m}^3$, $P_{A,2}=P_2=$(미지수), $T_{A,2}=$(미지수)
- $V_{B,1}=0.3\text{m}^3=0.3V_0$, $P_{B,1}=0$, $T_{B,1}=0\text{K}$
- $V_{B,2}=0.3\text{m}^3=0.3V_0$, $P_{B,2}=P_2=$(미지수), $T_{B,2}=$(미지수)

밸브에서 손실은 없다고 가정한다.

(1) **최종 평형 압력 P_2** : 전체 과정이 단열이므로 열역학 제 1법칙에서 내부에너지(u)가 보존된다. 초기상태 공기의 질량을 m_0, 최종상태에서 탱크 A에 남아있는 공기의 질량을 m_A, 탱크 B에 있는 공기의 질량을 m_B라고 하면

$$m_0u_{A,1}=m_Au_{A,2}+m_Bu_{B,2} \quad \cdots\cdots ①$$

이다. 식 ①에 이상기체 상태방정식 $m=PV/RT$를 적용하면

$$\left(\frac{P_0\times V_0}{RT_0}\right)C_vT_0=\left(\frac{P_2\times V_0}{RT_{A,2}}\right)C_vT_{A,2}+\left(\frac{P_2\times 0.3V_0}{RT_{B,2}}\right)C_vT_{B,2}$$

$$\left(\frac{P_0\times V_0}{R}\right)C_v=\left(\frac{P_2\times V_0}{R}\right)C_v+\left(\frac{P_2\times 0.3V_0}{R}\right)C_v \quad \cdots\cdots ②$$

가 성립한다. 식 ②에서 $\dfrac{V_0 C_v}{R}$를 소거하고 최종 평형 압력 P_2를 구한다.

$$P_0 = P_2 + 0.3P_2$$

$$\therefore \ P_2 = \frac{P_0}{1+0.3} = \frac{700}{1.3} = 538[\text{kPa}]$$

(2) **탱크 B에 있는 공기의 최종 질량** m_B : 여기에서 전 과정이 단열이고 탱크 A에 있는 공기가 가역과정을 겪는다고 가정하므로 탱크 A의 공기에서는 가역단열과정의 식 $TP^{\frac{1-k}{k}} = C$의 관계식이 성립한다. 따라서 최종상태에서 탱크 A의 공기 온도($T_{A,2}$)는

$$T_{A,2} = T_0\left(\frac{P_2}{P_0}\right)^{\frac{k-1}{k}} = 293\left(\frac{1}{1.3}\right)^{\frac{1.286-1}{1.286}} = 276[\text{K}]$$

이고, 탱크 B에 있는 공기의 최종 질량 m_B는 다음과 같이 구해진다.

$$m_B = m_0 - m_A = \frac{P_0 V_0}{RT_0} - \frac{P_2 V_0}{RT_{A,2}}$$

$$= \frac{V_0}{R}\left(\frac{P_0}{T_0} - \frac{P_2}{T_{A,2}}\right)$$

$$= \frac{1}{0.287}\left(\frac{700}{293} - \frac{538}{276}\right) = 1.53[\text{kg}]$$

이상에서 공기의 기체상수 $R = 0.287\text{kJ/kg} \cdot \text{K}$으로 가정하였다.

† 이 문제에서 '탱크 A에 있는 공기가 어떻게 가역과정을 겪을 수 있을까?'하는 의문이 든다. 기체 유출과 확산 등은 대표적인 비가역과정의 예이다. 체적이 일정한 용기로부터 온도와 압력이 변하면서 이상기체가 유출될 때의 해석은 [문제 2.7]에 나온다.

[문제 2.7] **부피 1m^3의 용기 안에 이상기체 공기가 압력 500kPa, 온도 200℃로 들어있다. 단열된 상태에서 용기 위의 구멍을 통해 공기가 빠져나가기 시작하였다. 용기 내의 압력이 100kPa가 될 때에 다시 구멍을 막았다. 공기의 기체상수는 $0.287\text{kJ/kg}\cdot\text{K}$이며, 정압비열은 $1.004\text{kJ/kg}\cdot\text{K}$로 일정하다. (총 5점)**

[행정고등고시(기술직) 제2차시험(2005)]

(1) 초기에 용기 안에 들어있는 공기의 질량을 구하시오. (2점)

(2) 용기 안에 남아있는 공기의 온도를 구하시오. (3점)

풀이 초기상태에서 공기의 온도 $T_1 = 200℃ = 473\text{K}$, 압력 $P_1 = 500\text{kPa}$, 부피 $V_1 = 1\text{m}^3$, 기체상수 $R = 0.287\text{kJ/kg}\cdot\text{K}$, 정압비열 $C_p = 1.004\text{kJ/kg}\cdot\text{K}$이고, 정적비열($C_v$)과 비열비($k$)는 다음과 같다.

$$C_v = C_p - R = 1.004 - 0.287 = 0.717[\text{kJ/kg}\cdot\text{K}]$$

$$k = \frac{C_p}{C_v} = \frac{1.004}{0.717} = 1.4$$

(1) 이상기체 상태방정식 $PV = mRT$로부터 초기에 용기 안에 들어있는 공기의 질량(m_1)은 다음과 같다.

$$m_1 = \frac{P_1 V_1}{RT_1} = \frac{500 \times 1}{0.287 \times 473} = 3.68[\text{kg}]$$

(2) 온도가 T인 상태에서의 질량이 m, 유출질량이 dm, 온도변화가 dT, 내부에너지 변화가 du라 하면, 제1법칙에 의해 단열이고 경계일이 0이므로

$$mu = (m - dm)(u - du) + h_e dm \quad \cdots\cdots ①$$

이다. 이 식에서 $dmdu = 0$로 하고 정리하면

$$(h_e - u)dm = mdu \quad \cdots\cdots ②$$

이다. 이상기체에서 $h_e - u = RT$, $du = C_v dT = \frac{R}{k-1} dT$이므로 식 ②는

$$\frac{dm}{m} = \frac{1}{k-1} \times \frac{dT}{T} \quad \cdots\cdots ③$$

가 된다. 초기상태 1과 최종상태 2 사이에서 식 ③을 적분하면

$$\ln\left(\frac{m_2}{m_1}\right) = \frac{1}{k-1} \ln\left(\frac{T_2}{T_1}\right)$$

$$\therefore \frac{m_2}{m_1} = \left(\frac{T_2}{T_1}\right)^{\frac{1}{k-1}} \quad \cdots\cdots ④$$

이고, 여기에서 $V_1 = V_2$이므로 이상기체 상태방정식을 적용하면

$$\frac{m_2}{m_1} = \frac{P_2 V_2 / R T_2}{P_1 V_1 / R T_1} = \frac{P_2}{P_1} \times \frac{T_1}{T_2} \quad \cdots\cdots ⑤$$

이다. 식 ④와 ⑤를 결합하면

$$\frac{P_2}{P_1} = \left(\frac{T_2}{T_1}\right)^{\frac{k}{k-1}} \quad \cdots\cdots ⑥$$

이 얻어진다. 따라서 용기 안에 남아있는 공기의 온도(최종온도 T_2)는 다음과 같다.

$$T_2 = T_1 \left(\frac{P_2}{P_1}\right)^{\frac{k-1}{k}} = 473 \left(\frac{100}{500}\right)^{\frac{1.4-1}{1.4}} = 299\,[\mathrm{K}]$$

† 식 ⑥은 가역단열과정에서의 식과 일치한다.

[문제 2.8] **피스톤과 실린더로 이루어진 밀폐시스템 내에 이상기체가 채워져 있으며 다음 그림과 같이 3개의 과정으로 사이클을 구성한다. 그림에서 A→B 는 반지름 1인 원의 식으로 표시되는 과정, B→C 는 정적과정, C→A 는 정압과정이다. 다음에 답하시오. (총 25점)**

[기술고등고시 제2차시험(2002)]

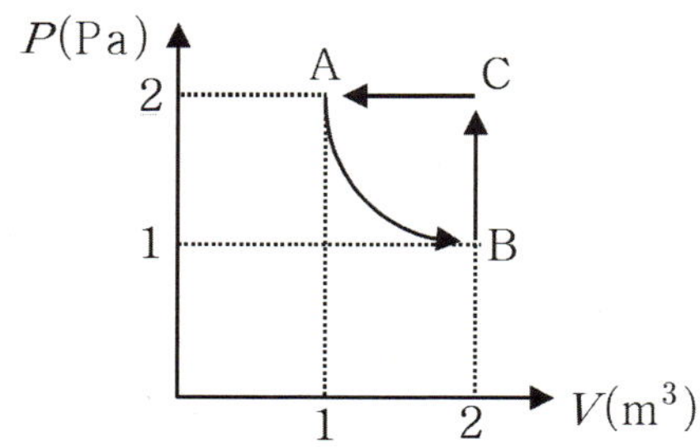

(1) 각각의 과정에 대한 일(Joule)을 계산하시오. (15점)

(2) 이 사이클 과정의 순일(net work)을 계산하여 이 시스템이 외부에 대하여 일을 하는지 또는 일을 받는지 설명하시오. (5점)

(3) 이 사이클 과정에서 시스템을 통하여 출입한 열량을 구하시오. (5점)

풀이 $W = \int P dV$는 그래프 아래 면적과 같다.

(1) • A→B : $\overline{AB}$ 아래 면적은 $\overline{AC}$ 아래 직사각형 면적에서 반지름 1인 1/4원의 면적을 뺀 값과 같다.

$$W_{AB} = 2 \times 1 - \frac{1}{4} \times (\pi \times 1^2) = 2 - \frac{\pi}{4} [\text{J}]$$

• B→C : 정적과정($dV = 0$)에서 $W_{BC} = 0$

• C→A : 정압과정($P =$ 일정)에서

$$W_{CA} = P(V_A - V_C) = 2 \times (1 - 2) = -2 [\text{J}]$$

이상에서 $\mathrm{Pa} \times \mathrm{m}^3 = \dfrac{\mathrm{N}}{\mathrm{m}^2} \times \mathrm{m}^3 = \mathrm{N} \cdot \mathrm{m} = \mathrm{J}$ 이다.

(2) 이 사이클 과정의 순일(W_{net})은

$$W_{net} = W_{AB} + W_{BC} + W_{CA} = -\frac{\pi}{4}[\mathrm{J}]$$

이고, 순일의 부호가 음(−)이므로 이 시스템은 외부로부터 일을 받았다.

(3) 사이클 과정에서 다시 처음 상태로 되돌아왔으므로 내부에너지 변화 $\Delta U = 0$ 이다. 따라서 열역학 제1법칙에서

$$Q = \Delta U + W = W = -\frac{\pi}{4}[\mathrm{J}]$$

이다. Q의 부호가 음(−)이므로 시스템으로부터 $\pi/4$[J]의 열이 외부로 방출되었다.

[문제 2.9] **단원자 이상기체 1몰이 그림과 같은 순환과정을 거친다. $1 \to 2$와 $2 \to 3$의 경로에서 한 일과 기체로 유입 또는 방출되는 열량을 각각 V_0와 P_0로 나타내시오.** [중등교사임용시험 – 물리(2004)]

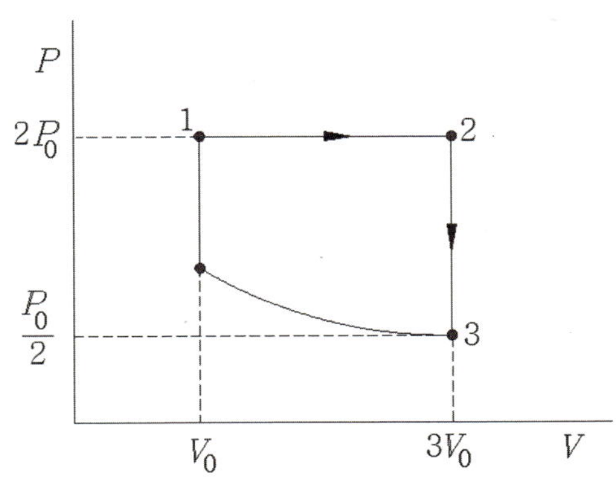

풀이 점 1의 압력 $P_1 = 2P_0$, 부피 $V_1 = V_0$, 점 2의 압력 $P_2 = 2P_0$, 부피 $V_2 = 3V_0$, 점 3의 압력 $P_3 = P_0/2$, 부피 $V_3 = 3V_0$이다. 상태 방정식 $PV = RT$에서 각 점의 온도를 구하면

$$T_1 = \frac{P_1 V_1}{R} = \frac{2P_0 V_0}{R}$$

$$T_2 = \frac{P_2 V_2}{R} = \frac{(2P_0) \times (3V_0)}{R} = \frac{6P_0 V_0}{R}$$

$$T_3 = \frac{P_3 V_3}{R} = \frac{(P_0/2) \times (3V_0)}{R} = \frac{3P_0 V_0}{2R}$$

(1) $1 \to 2$: 압력 $P = 2P_0$인 정압과정이다.

① 기체가 한 일 : $W = P(V_2 - V_1) = (2P_0)(3V_0 - V_0) = 4P_0 V_0$

② 기체로 유입 또는 방출되는 열량 : 정압비열 $C_p = \frac{5}{2}R$

$$Q = \Delta H = C_p(T_2 - T_1) = \frac{5R}{2}\left(\frac{6P_0 V_0}{R} - \frac{2P_0 V_0}{R}\right) = 10P_0 V_0$$

$Q > 0$이므로 $10P_0 V_0$의 열이 기체로 유입되었다.

(2) $2 \to 3$: $V = 3V_0$인 정적과정($dV = 0$)이다.

① 기체가 한 일 : $dW = PdV = 0 \quad \therefore \quad W = 0$

② 기체로 유입 또는 방출되는 열량 : 정적비열 $C_v = \frac{3}{2}R$이고 $W = 0$ 이므로 열역학 제1법칙 $Q = \Delta U + W$에서

$$Q = \Delta U = C_v(T_3 - T_2) = \frac{3R}{2}\left(\frac{3P_0 V_0}{2R} - \frac{6P_0 V_0}{R}\right) = -\frac{27}{4}P_0 V_0$$

$Q < 0$이므로 기체는 $\frac{27}{4}P_0 V_0$의 열을 외부로 방출하였다.

[문제 2.10] 1kg의 이상기체가 그림과 같이 A→B→C→D→A로 상태변화하고 있다. 기체의 정적비열 $C_v = \frac{3}{2}R$, R은 기체상수이고 A점의 온도가 T_0일 때 다음을 구하여 R과 T_0로 나타내어라.

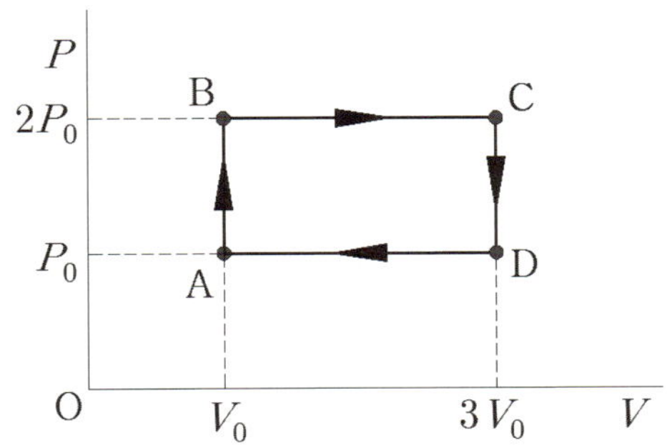

(1) 점 B, C, D의 온도(T)
(2) A→B 과정에서 기체가 받은 열량(Q)
(3) B→C 과정에서 기체가 한 일(W)과 받은 열량(Q)
(4) C→D 과정에서 기체가 방출한 열량(Q)
(5) D→A 과정에서 기체가 받은 일(W)과 방출한 열량(Q)

풀이 상태방정식 $PV = mRT = RT$에서 온도 T는 PV에 비례한다.

(1) 점 A에서 $P_0 V_0 = RT_0$이다.

- 점 B : $(2P_0)V_0 = RT_B \quad \therefore \; T_B = 2T_0$
- 점 C : $(2P_0)(3V_0) = RT_C \quad \therefore \; T_C = 6T_0$
- 점 D : $P_0(3V_0) = RT_D \quad \therefore \; T_D = 3T_0$

(2) A→B 과정 : 정적과정이므로 $W = 0$

$$Q = \Delta U + W = \Delta U = C_v \Delta T = \frac{3}{2}R(2T_0 - T_0) = \frac{3}{2}RT_0$$

$Q > 0$이므로 기체가 받은 열량(기체로 유입된 열량)은 $3RT_0/2$이다.

(3) B→C 과정 : 정압과정

$$W = P\Delta V = 2P_0(3V_0 - V_0) = 4P_0V_0 = 4RT_0$$

$W > 0$이므로 기체가 한 일은 $4RT_0$.

$$Q = \Delta U + W = C_v\Delta T + W = \frac{3}{2}R(6T_0 - 2T_0) + 4RT_0 = 10RT_0$$

$Q > 0$이므로 기체가 받은 열량은 $10RT_0$이다.

(4) C→D 과정 : 정적과정이므로 $W = 0$

$$Q = \Delta U + W = \Delta U = C_v\Delta T = \frac{3}{2}R(3T_0 - 6T_0) = -\frac{9}{2}RT_0$$

$Q < 0$이므로 기체가 방출한 열량은 $9RT_0/2$이다.

(5) D→A 과정 : 정압과정

$$W = P\Delta V = P_0(V_0 - 3V_0) = -2P_0V_0 = -2RT_0$$

$W < 0$이므로 기체가 받은 일은 $2RT_0$.

$$Q = \Delta U + W = C_v\Delta T + W = \frac{3}{2}R(T_0 - 3T_0) - 2RT_0 = -5RT_0$$

$Q < 0$이므로 기체가 방출한 열량은 $5RT_0$이다.

† A→B→C에서 열을 받고, C→D→A에서 열을 방출한다.

[문제 2.11] 그림과 같이 밀폐계인 실린더 내부에서 기체의 압력 P는 일정하게 유지되면서, 실린더의 체적은 $V_1 = 0.3(\text{m}^3)$에서 $V_2 = 0.6(\text{m}^3)$으로 팽창하였다. 실린더 안의 내부에너지가 $40(\text{kJ})$만큼 증가하였다면, 이 과정 동안에 한 일(kJ)과 가해진 총 열량(kJ)을 각각 구하고, 풀이 과정과 함께 쓰시오. (단, 기체의 압력 $P = 2(\text{MPa})$이며, 기체는 비유동과정의 정압변화이며, 모든 마찰과 중력은 무시한다.)

[중등교사임용시험 –기계 · 금속(2016)]

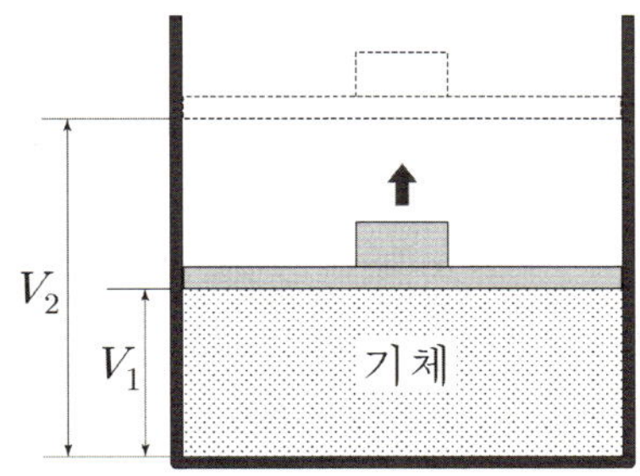

풀이 압력 $P = 2\text{MPa} = 2{,}000\text{kPa}$로 일정하며, 처음 체적 $V_1 = 0.3\text{m}^3$, 나중 최적 $V_2 = 0.6\text{m}^3$, 내부에너지 변화 $\Delta U = 40\text{kJ}$이다.

(1) 팽창과정 동안 한 일(W) : 압력이 일정한 과정이므로 일은 다음과 같다.

$$W = \int_1^2 P\,dV = P(V_2 - V_1) = (2{,}000) \times (0.6 - 0.3) = 600(\text{kJ})$$

(2) 가해진 총 열량(Q) : 열역학 제1법칙으로부터 열량을 구한다.

$$Q = \Delta U + W = 40 + 600 = 640(\text{kJ})$$

[문제 2.12] 다음 그림은 닫힌계에 존재하는 공기의 $P-v$ 선도이다. 공기가 2단계의 가역공정을 통하여 상태가 변할 때, 공정에 필요한 열과 엔탈피 변화를 〈자료〉를 이용하여 〈작성 방법〉에 따라 서술하시오.

[중등교사 임용시험–화공 · 섬유(2019)]

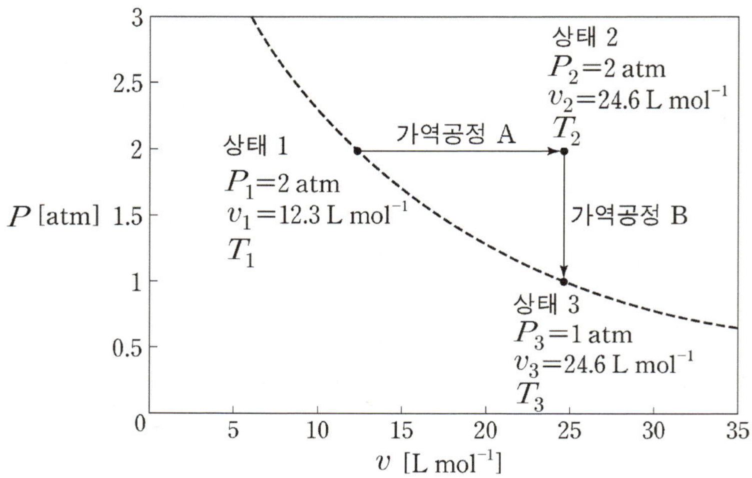

〈자료〉

- 기체상수(R)는 0.082 atm L mol^{-1}K^{-1}로 한다.
- 일정압력열용량(C_P)은 29.1 J mol^{-1}K^{-1}로 한다.
- 일정부피열용량(C_V)은 20.8 J mol^{-1}K^{-1}로 한다.
- C_P와 C_V는 온도(T)에 관계없이 일정하다고 가정한다.
- 공기는 이상기체로 가정한다.

〈작성 방법〉

- 가역공정 A에 필요한 열(Q_A)을 나타내는 식을 제시할 것.
- 가역공정 B에 필요한 열(Q_B)을 나타내는 식을 제시할 것.
- Q_A 및 Q_B를 나타내는 식을 제시할 때 C_P, C_V 및 T를 이용할 것.
- 전체 공정의 엔탈피 변화[J mol^{-1}]와 전체 공정에 필요한 열량[J mol^{-1}]을 각각 제시할 것.

풀이 먼저 이상기체 상태방정식 $Pv = RT$ 로부터 각 점의 온도를 구한다.

$$T_1 = \frac{P_1 v_1}{R} = \frac{2 \times 12.3}{0.082} = 300[\text{K}]$$

$$T_2 = \frac{P_2 v_2}{R} = \frac{2 \times 24.6}{0.082} = 600[\text{K}]$$

$$T_3 = \frac{P_3 v_3}{R} = \frac{1 \times 24.6}{0.082} = 300[\text{K}]$$

(1) 가역공정 A에 필요한 열(Q_A) : 과정 A(1→2)는 정압과정이므로

$$Q_A = \Delta H = nC_p(T_2 - T_1)$$

이다. 여기에서 n은 몰수이고 단위 몰당 필요한 열(q_A)은 다음과 같다.

$$q_A = \frac{Q_A}{n} = C_p(T_2 - T_1)$$
$$= 29.1(600 - 300) = 8730[\text{J mol}^{-1}]$$

(2) 가역공정 B에 필요한 열(Q_B) : 과정 B(2→3)은 정적과정이므로

$$Q_B = \Delta U = nC_v(T_3 - T_2)$$

이고, 단위 몰당 필요한 열(q_B)은 다음과 같다.

$$q_B = \frac{Q_B}{n} = C_v(T_3 - T_2)$$
$$= 20.8(300 - 600) = -6240[\text{J mol}^{-1}]$$

(3) 전체 공정의 엔탈피 변화 $\Delta h_{total}[\text{J mol}^{-1}]$:

$$\Delta h_{total} = \Delta h_A + \Delta h_B = C_p(T_2 - T_1) + C_p(T_3 - T_2)$$
$$= C_p(T_3 - T_1)$$
$$= 29.1 \times (300 - 300)\ [\text{J mol}^{-1}]$$
$$= 0\ [\text{J mol}^{-1}]$$

† 엔탈피는 상태량이고 이상기체에서 엔탈피는 온도만의 함수 $h(T)$이다. 따라서 $1 \to 3$의 등온과정에서 엔탈피 변화 $\Delta h = 0$이다. 또한 정압비열의 정의에서 $dh = C_p dT$이다.

(4) 전체 공정에 필요한 열량 q_{total}[J mol^{-1}] :

$$\begin{aligned} q_{total} &= q_A + q_B = C_p(T_2 - T_1) + C_v(T_3 - T_2) \\ &= 29.1 \times (600 - 300) + 20.8 \times (300 - 600) \ \text{[J mol}^{-1}\text{]} \\ &= 300 \times (29.1 - 20.8) \ \text{[J mol}^{-1}\text{]} \\ &= 2490 \ \text{[J mol}^{-1}\text{]} \end{aligned}$$

[Note] 일반적으로 열역학에서 전체 물리량은 대문자, 단위질량당(단위몰당) 물리량은 소문자로 나타낸다. 문제에서 주어진 단위[J mol^{-1}]를 보면 여기에서 Q_A, Q_B는 각각 q_A, q_B를 나타내는 게 아닌가 한다. 아마도 이 문제의 답은 $Q_A = C_p(T_2 - T_1)$, $Q_B = C_v(T_3 - T_2)$로 되어 있을 것이다.

제3장 열역학 제2법칙과 엔트로피

[문제 3.1] **단원자 이상기체($\overline{C_v}=\frac{3}{2}\overline{R}$) 1몰로 이루어진 계가 초기 온도 25°C (주위 온도)와 초기 부피 10L 상태에서 최종 부피 8L로 단열 압축된다. 다음 물음에 답하시오. (단, 일반기체상수는 $\overline{R}=8.314\text{J/mol}\cdot\text{K}$ 이다) (총 10점)** [국가공무원 5급(기술) 제2차시험(2018)]

(1) 단열 압축이 가역적으로 일어나는 경우에 계의 최종 온도와 계의 내부에너지 변화량 ΔU를 구하시오. (2점)

(2) (1)의 경우에 계와 주위, 그리고 전체 엔트로피 변화량인 ΔS_{sys}, ΔS_{surr}, ΔS_{net}를 각각 구하시오. (3점)

(3) 단열 압축이 비가역적으로, 1MPa의 일정한 외부 압력에 의해 일어나는 경우에 계의 내부에너지 변화량 ΔU와 최종 온도를 구하시오. (2점)

(4) (3)의 경우에 계와 주위, 그리고 전체 엔트로피 변화량인 ΔS_{sys}, ΔS_{surr}, ΔS_{net}를 각각 구하시오. (3점)

풀이 정압비열 $\overline{C_p}=\overline{C_v}+\overline{R}=\frac{5}{2}\overline{R}$ 이고, 비열비 $k=\overline{C_p}/\overline{C_v}=\frac{5}{3}$ 이다.

(1) 초기 온도 $T_1=25℃=298\text{K}$이고, 가역단열과정에서 $TV^{k-1}=C$이다.

$$\therefore\ T_2=T_1\left(\frac{V_1}{V_2}\right)^{k-1}=(298)\times\left(\frac{10}{8}\right)^{\frac{5}{3}-1}=346[\text{K}]=73℃$$

$$\Delta U=nC_v\Delta T=1\left(\frac{3}{2}\times 8.314\right)(73-25)=599[\text{J}]$$

(2) 엔트로피 $dS = \left(\frac{\delta Q}{T}\right)_{rev}$ 로 정의된다. 단열과정에서 $\delta Q = 0$이고 가역과정이므로 엔트로피 변화량 ΔS_{sys}, ΔS_{surr}, ΔS_{net}은 모두 0이다.

(3) $1\text{L} = 10^3\text{cm}^3 = 10^{-3}\text{m}^3$이다. 일정압력 $P = 1\text{MPa} = 10^6\text{Pa}$의 압력에 의해 계가 한 일($W$)은

$$W = P(V_2 - V_1) = 10^6(8-10)\times 10^{-3} = -2000[\text{J}]$$

이다. 제1법칙에 의해 내부에너지 변화량(ΔU)은

$$Q = \Delta U + W = 0$$
$$\therefore\ \Delta U = -W = 2000[\text{J}]$$

이고, 최종온도(T_2)는 다음과 같다.

$$\Delta U = n\overline{C_v}(T_2 - T_1) = 1\left(\frac{3}{2}\overline{R}\right)(T_2 - T_1)$$
$$\therefore\ T_2 = \frac{2\Delta U}{3\overline{R}} + T_1$$
$$= \frac{2(2000)}{3(8.314)} + 25 = 185[℃] = 458[\text{K}]$$

(4) 엔트로피 관계식 $Tds = du + Pdv$로부터 계의 엔트로피 변화량 ΔS_{sys}는 다음과 같다.

$$\Delta S_{sys} = n\overline{C_v}\ln\left(\frac{T_2}{T_1}\right) + n\overline{R}\ln\left(\frac{V_2}{V_1}\right)$$
$$= \frac{3}{2}(8.314)\ln\left(\frac{458}{298}\right) + 8.314\ln\left(\frac{8}{10}\right) = 3.5[\text{J/K}]$$

여기에서 계가 단열되었으므로 주위로의 열전달이 0이다. 따라서 주위의 엔트로피 변화 $\Delta S_{surr} = 0$이고, 전체 엔트로피 변화량 $\Delta S_{net} = \Delta S_{sys} = 3.5[\text{J/K}]$이다.

[문제 3.2] **샤워 물의 온도는 온수와 냉수의 혼합비에 의해 결정된다. 온수의 온도가 80°C, 냉수의 온도가 15°C일 때, 샤워기 출구에서 물의 온도가 40°C가 되기 위한 질량유량 혼합비(냉수유량/온수유량)를 구하고, 이 때, 샤워기 출구에서 물 1kg당 생성 엔트로피를 구하시오. (단, 물의 온도가 15°C, 40°C, 80°C일 때 포화상태의 엔탈피는 각각 62.98 kJ/kg, 167.53 kJ/kg, 335.02 kJ/kg이며, 샤워기와 주위 공기와의 열전달을 무시한다) (10점)** [5급 공채(기술) 제2차시험(2016)]

풀이 온수를 1, 냉수를 2, 출구 물을 3으로 하고, 편의상 질량유량을 m으로 나타낸다. 온수의 온도 $T_1 = 80°\text{C}$, 유량 m_1, 냉수의 온도 $T_2 = 15°\text{C}$, 유량 m_2, 샤워기 출구에서 물의 온도 $T_3 = 40°\text{C}$, 유량 $m_3 = m_1 + m_2$이다.

(1) 온수와 냉수 및 출구 물에 대해 질량과 에너지 보존을 고려하면

$$m_1 h_1 + m_2 h_2 = (m_1 + m_2) h_3$$

이고, 이 식을 m_1으로 나누면 다음과 같이 질량유량 혼합비 $k = \dfrac{m_2}{m_1}$이 구해진다.

$$h_1 + \frac{m_2}{m_1} h_2 = \left(1 + \frac{m_2}{m_1}\right) h_3$$

$$(h_3 - h_2) k = h_1 - h_3$$

$$\therefore \quad k = \frac{h_1 - h_3}{h_3 - h_2} = \frac{335.02 - 167.53}{167.53 - 62.98} = 1.602$$

(2) (1)에서 $m_2 = 1.602 m_1$이고, 출구에서 $m_1 + m_2 = 1$이다. 두 식에서 m_1과 m_2를 구하면

$$m_1 + 1.602 m_1 = 1$$

$$\therefore \quad m_1 = \frac{1}{2.602} = 0.3843$$

$$m_2 = 1.602 m_1 = 1.602(0.3843) = 0.6156$$

이다. 비압축성 물에서 $dP=0$이므로 $Tds=dh-vdP=dh=C_w dT$ 이다. 이 식에서 $\Delta s=C_w\int\frac{dT}{T}$이고, 다음과 같이 출구에서 물 1kg의 생성 엔트로피(S_{gen})가 구해진다.

$$
\begin{aligned}
S_{gen} &= (m_1+m_2)s_3 - m_1 s_1 - m_2 s_2 = m_1(s_3-s_1)+m_2(s_3-s_2) \\
&= m_1 C_w \ln\left(\frac{T_3}{T_1}\right) + m_2 C_w \ln\left(\frac{T_3}{T_2}\right) \\
&= 0.3843(4.2)\ln\left(\frac{40+273}{80+273}\right) + 0.6156(4.2)\ln\left(\frac{40+273}{15+273}\right) \\
&= 0.02111\,[\mathrm{kJ/K}]
\end{aligned}
$$

[문제 3.3] **스프링이 달린 피스톤-실린더 안에 500K, 2MPa 상태의 이산화탄소가 들어있다. 피스톤-실린더-스프링은 질량 5kg의 알루미늄이고 실린더 체적은 57리터이다. 초기에 피스톤-실린더-스프링과 이산화탄소 모두 500K였다가 온도 $T_0=270$K인 주위에 노출되면서 270K, 1.5MPa까지 냉각된다. (단, 알루미늄의 비열은 $C_{Al}=0.88\mathrm{kJ/kg\cdot K}$, 이산화탄소의 정적비열과 기체상수는 각각 $C_V=0.75\mathrm{kJ/kg\cdot K}$, $R=0.19\mathrm{kJ/kg\cdot K}$ 이라고 한다) 다음 물음에 답하시오. (총 15점)**

[5급 공채(기술) 제2차시험(2016)]

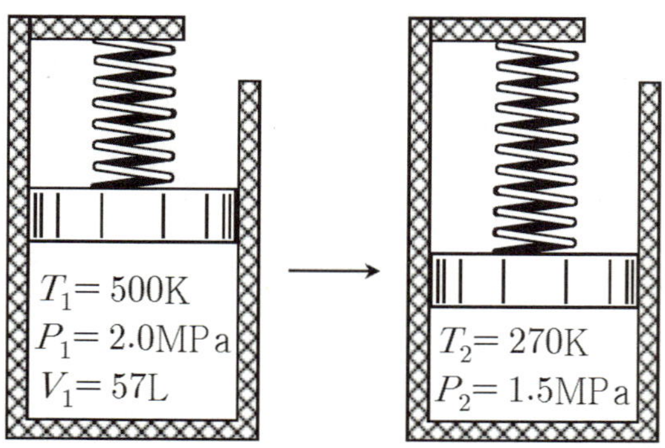

(처음 상태) (최종상태)

(1) 전체 시스템의 냉각 열량을 구하시오. (8점)

(2) 이 과정동안 전체 엔트로피 생성량을 구하시오. (7점)

풀이 $1\text{L} = 1000\text{cm}^3 = 10^{-3}\text{m}^3$, $1\text{MPa} \times \text{L} = 10^3\text{kPa} \times 10^{-3}\text{m}^3 = 1\text{kJ}$ 이다.

(1) 이산화탄소 기체의 질량(m)은

$$m = \frac{P_1 V_1}{RT_1} = \frac{2(57)}{0.19(500)} = 1.2[\text{kg}]$$

이고, 질량이 일정하므로 상태방정식 $PV = mRT$로부터 이산화탄소의 최종상태 부피(V_2)는 다음과 같다.

$$mR = \frac{P_1 V_1}{T_1} = \frac{P_2 V_2}{T_2}$$

$$\therefore \ V_2 = \left(\frac{T_2}{T_1} \times \frac{P_1}{P_2}\right) V_1 = \left(\frac{270}{500} \times \frac{2}{1.5}\right) \times 57 = 41.04[\text{L}]$$

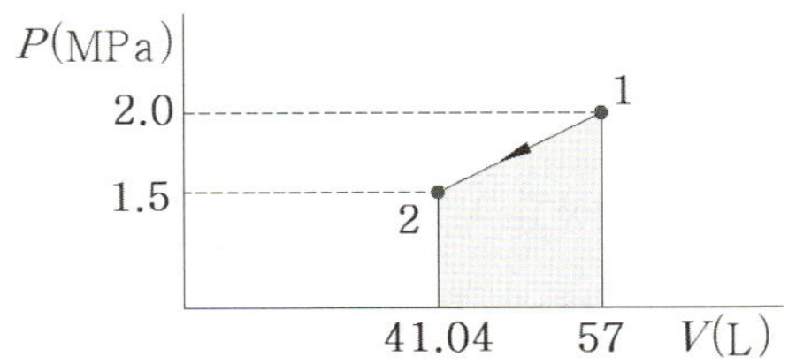

[그림] $P-V$ **선도**

처음상태에서 스프링에 작용하는 힘은 0이고, 스프링은 선형스프링이라고 가정한다. 이때 처음상태에서 피스톤의 무게 W_0와 압력 힘이 평형을 이루고 있으며, 스프링이 x만큼 늘어나면 스프링의 복원력(위 방향 힘 kx)에 의해 기체에 작용하는 아랫방향 힘은 $F = W_0 - kx$가 된다. 따라서 압력 $P = F/A$는 그림과 같이 선형적으로 감소한다. 여기에서 기체가 한 일의 크기는 그래프 아래 면적과 같고, 부피가 감소하므로 일의 부호는 음(−)이 된다. 따라서 기체가 한 일(W)은

$$W = -\frac{1}{2}(2 + 1.5) \times (57 - 41.04) = -27.93[\text{kJ}]$$

이고, 열역학 제1법칙으로부터 전체 시스템이 받은 열량(Q)은 다음과 같다.

$$\begin{aligned} Q &= \Delta U_{Al} + \Delta U_{기체} + W \\ &= m_{Al} C_{Al}(T_2 - T_1) + m C_V (T_2 - T_1) + W \\ &= 5(0.88)(270 - 500) + 1.2(0.75)(270 - 500) - 27.93 \\ &= -1247\,[\text{kJ}] \end{aligned}$$

이상에서 $Q < 0$이므로 열이 외부로 방출되었다. 즉, 전체 시스템의 냉각 열량은 $Q_0 = 1247\,[\text{kJ}]$이다.

(2) 엔트로피 관계식 $Tds = du + Pdv$로부터 이산화탄소 기체의 엔트로피 변화($\Delta S_{기체}$)는

$$\begin{aligned} \Delta S_{기체} &= m C_v \ln\left(\frac{T_2}{T_1}\right) + mR \ln\left(\frac{V_2}{V_1}\right) \\ &= 1.2(0.75)\ln\left(\frac{270}{500}\right) + 1.2(0.19)\ln\left(\frac{41.04}{57}\right) \\ &= -0.6295\,[\text{kJ/K}] \end{aligned}$$

이고, 부피가 일정한 알루미늄($dv = 0$)인 피스톤-실린더-스프링의 엔트로피 변화(ΔS_{Al})는

$$\Delta S_{Al} = m_{Al} C_{Al} \ln\left(\frac{T_2}{T_1}\right) = 5(0.88)\ln\left(\frac{270}{500}\right) = -2.711\,[\text{kJ/K}]$$

이며, 온도($T_0 = 270\text{K}$)가 일정한 주위의 엔트로피 변화($\Delta S_{주위}$)는

$$\Delta S_{주위} = \frac{Q_0}{T_0} = \frac{1247}{270} = 4.619\,[\text{kJ/K}]$$

이다. 따라서 전체 엔트로피 생성량(ΔS_{total})은 다음과 같다.

$$\begin{aligned} \Delta S_{total} &= \Delta S_{기체} + \Delta S_{Al} + \Delta S_{주위} \\ &= -0.6295 - 2.711 + 4.619 = 1.279\,[\text{kJ/K}] \end{aligned}$$

이상에서 열을 방출한 피스톤-실린더-스프링과 이산화탄소 기체는 엔트로피가 감소하였고, 열이 유입된 주위는 엔트로피가 증가하였다.

[문제 3.4] **다음의 사이클은 일을 하지 않고 냉동 효과를 제공한다. 이 사이클은 고열원 T_H와 저열원 T_L로부터 Q_H와 Q_L을 각각 얻고 온도가 T_0인 주변 대기에 Q_0를 잃는다. 여기서 $T_H > T_0 > T_L$이고, 이 장치의 성능계수는 Q_L/Q_H로 정의된다. $T_H = 400$K, $T_0 = 293$K, $T_L = 270$K일 때, 최대 성능계수를 구하시오. (10점)**

[5급(기술) 공채 제2차시험(2015)]

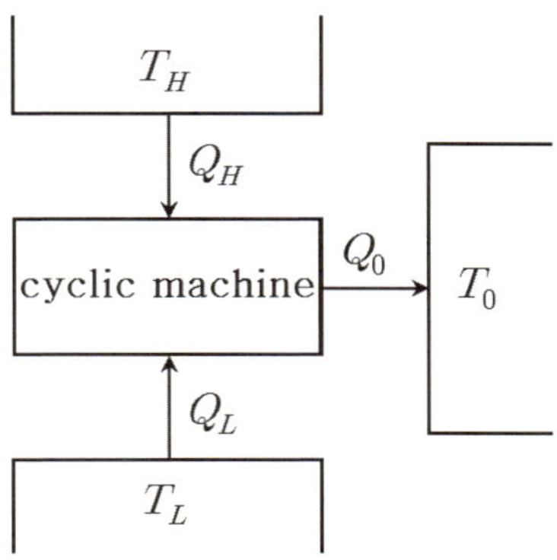

풀이 먼저 열역학 제1법칙으로부터

$$Q_H + Q_L = Q_0 \quad \cdots\cdots ①$$

이다. 최대 성능계수는 가역과정에서 일어나며 이때 계와 주위의 총 엔트로피 변화량은 0이다. 여기에서 고열원과 저열원은 열을 잃고, 주변대기는 열을 얻으므로

$$\Delta S_{total} = -\frac{Q_H}{T_H} - \frac{Q_L}{T_L} + \frac{Q_0}{T_0} = 0$$

$$\therefore \; T_L Q_H + T_H Q_L = \frac{T_L T_H}{T_0} Q_0 \quad \cdots\cdots ②$$

이다. 식 ①에서 $Q_H = Q_0 - Q_L$을 ②에 대입하면

$$T_L(Q_0 - Q_L) + T_H Q_L = \frac{T_L T_H}{T_0} Q_0$$

$$Q_L(T_H - T_L) = \frac{T_L T_H}{T_0} Q_0 - T_L Q_0 = \frac{T_L(T_H - T_0)}{T_0} Q_0$$

$$\therefore\ Q_L = \frac{T_L(T_H - T_0)}{T_0(T_H - T_L)} Q_0 \quad \cdots\cdots ③$$

$$Q_H = Q_0 - Q_L = Q_0 - \frac{T_L(T_H - T_0)}{T_0(T_H - T_L)} Q_0$$

$$= \frac{T_H(T_0 - T_L)}{T_0(T_H - T_L)} Q_0 \quad \cdots\cdots ④$$

이다. 식 ③, ④로부터 장치의 성능계수 Q_L/Q_H는 다음과 같다.

$$\frac{Q_L}{Q_H} = \frac{T_L(T_H - T_0)}{T_H(T_0 - T_L)} = \frac{270(400-293)}{400(293-270)} = \frac{2889}{920} = 3.14$$

[문제 3.5] 어떤 발명가가 지하 온천수를 이용하여 일을 하는 열기관을 설계했다. 온천수는 비 혼합형 열교환기 안에서 작동유체와 연속적으로 열 교환을 하면서 냉각되어 흐른다. 정상상태에서 열기관의 열교환기 입구와 출구에서 온천수의 온도는 각각 50°C와 30°C이다. 대기조건 25°C, 0.1MPa에서, 이 열기관은 온천수 유량 2L/s에서 12kW의 출력을 낸다고 한다. 발명가가 이 열기관의 실용화를 위한 연구비 지원을 신청했다. 연구비 지원 여부를 결정하고 그 근거를 제시하시오. (단, 온천수의 비열은 $c = 4.184\text{kJ/kg}\cdot\text{K}$ 이며, 밀도는 $\rho = 1000\text{kg/m}^3$ 이다) (10점) [5급(기술) 공채 제2차시험(2015)]

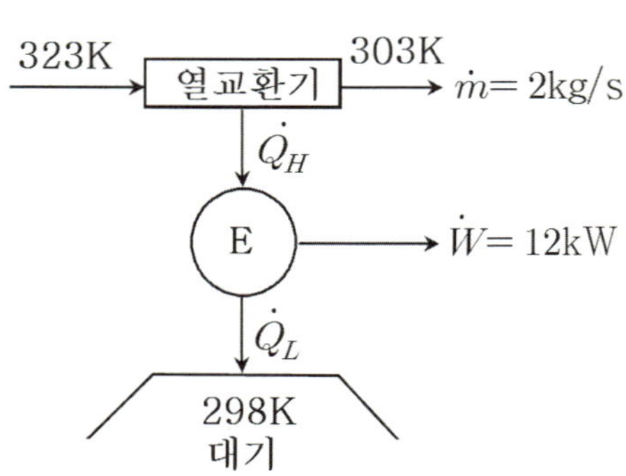

풀이 열교환기 입구 온도 $T_1 = 273 + 50 = 323\text{K}$, 출구온도 $T_2 = 273 + 30 = 303\text{K}$, 대기온도 $T_0 = 273 + 25 = 298\text{K}$이다. $1\text{L} = 10^{-3}\text{m}^3$이므로 온천수 유량 $(\dot{m})$은

$$\dot{m} = 2\text{L/s} = (2 \times 10^{-3}) \times 1000\text{kg/s} = 2\text{kg/s}$$

이다. 주어진 열기관을 도시하면 그림과 같다. 그림에서 열교환기와 열기관에 대해 제1법칙을 적용하면

$$\dot{Q}_H = \dot{m}c\Delta T = 2(4.184)(323 - 303) = 167.4[\text{kW}]$$
$$\dot{Q}_L = \dot{Q}_H - \dot{W} = 167.4 - 12 = 155.4[\text{kW}]$$

이다. 열교환기와 열기관을 결합한 계는 정상상태이므로 엔트로피 변화가 없고, 이 계에 엔트로피 평형을 적용하면

$$\dot{m}(s_1 - s_2) - \frac{\dot{Q}_L}{T_0} + \dot{S}_{gen} = \frac{dS_{sys}}{dt} = 0$$
$$\therefore \ \dot{S}_{gen} = \dot{m}(s_2 - s_1) + \frac{\dot{Q}_L}{T_0} = \dot{m}c\ln\left(\frac{T_2}{T_1}\right) + \frac{\dot{Q}_L}{T_0}$$
$$= 2(4.184)\ln\left(\frac{303}{323}\right) + \frac{155.4}{298}$$
$$= -0.0134[\text{kW/K}]$$

이다. 위 결과에서 엔트로피 생성률 $\dot{S}_{gen} < 0$이므로 이 열기관은 실현 불가능한 기관이다.

[문제 3.6] 단열된 원통형 실린더가 자유로이 움직일 수 있는 피스톤에 의해 좌우 두 부분으로 나뉘어 있다. 초기에 실린더 좌측은 체적이 3m^3이고 압력과 온도가 각각 500kPa, 127°C인 헬륨(He)으로 채워져 있고, 실린더 우측은 체적이 1m^3이고 압력과 온도가 각각 500kPa, 27°C인 질소(N_2)로 채워져 있다. 피스톤을 통한 열전달로 인해 열평형이 이루어진다고 가정할 경우, 다음을 구하시오. (단, 헬륨의 $R=$ 2.0769$\text{kJ/kg}\cdot\text{K}$, $C_v=$3.116$\text{kJ/kg}\cdot\text{K}$, $C_p=$5.193$\text{kJ/kg}\cdot\text{K}$이고, 질소의 $R=$0.2968$\text{kJ/kg}\cdot\text{K}$, $C_v=$0.743$\text{kJ/kg}\cdot\text{K}$, $C_p=$1.039$\text{kJ/kg}\cdot\text{K}$ 이다) (총 10점)

[5급(기술) 공채 제2차시험(2014)]

(1) 실린더의 최종 온도와 압력 (4점)
(2) 상태 변화 과정 동안 실린더 전체의 엔트로피 증가량 (3점)
(3) 피스톤이 고정 되어 있다고 가정할 경우 실린더 양측의 최종 압력과 전체 엔트로피 증가량 (3점)

풀이 헬륨을 1, 질소를 2로 나타낸다. 처음상태 값과 질량은 다음과 같다.

- $V_1=3\text{m}^3,\ P_1=500\text{kPa},\ T_1=127°\text{C}=400\text{K}$
- $V_2=1\text{m}^3,\ P_2=500\text{kPa},\ T_2=27°\text{C}=300\text{K}$
- $m_1=\dfrac{P_1V_1}{R_1T_1}=\dfrac{500(3)}{2.0769(400)}=1.806[\text{kg}]$
- $m_2=\dfrac{P_2V_2}{R_2T_2}=\dfrac{500(1)}{0.2968(300)}=5.615[\text{kg}]$

(1) 실린더의 최종 온도(T_f)와 압력(P_f) : 실린더 전체를 하나의 계로 보면 열전달과 경계일이 없으므로 제1법칙으로부터 다음과 같이 최종온도(열평형온도)가 구해진다.

$$\Delta U_1+\Delta U_2=0$$
$$m_1C_{v1}(T_f-T_1)+m_2C_{v2}(T_f-T_2)=0$$
$$\therefore\ T_f=\frac{m_1C_{v1}T_1+m_2C_{v2}T_2}{m_1C_{v1}+m_2C_{v2}}$$

$$= \frac{1.806(3.116)(400)+5.615(0.743)(300)}{1.806(3.116)+5.615(0.743)}$$

$$= 357[\text{K}]$$

실린더 전체의 체적 $V=1+3=4[\text{m}^3]$으로 일정하다. 따라서 헬륨(1)과 질소(2)의 최종상태 부피를 각각 V_{1f}, V_{2f}라 하면 최종압력(P_f)은 다음과 같다.

$$V_{1f}+V_{2f}=4$$

$$\frac{m_1R_1T_f}{P_f}+\frac{m_2R_2T_f}{P_f}=4$$

$$\therefore \quad P_f=\frac{1}{4}(m_1R_1+m_2R_2)T_f$$

$$=\frac{1}{4}(1.806\times 2.0769+5.615\times 0.2968)(357)$$

$$=484[\text{kPa}]$$

(2) 상태 변화 과정 동안 실린더 전체의 엔트로피 증가량(ΔS_{total}) : 엔트로피 관계식 $Tds=dh-vdP=C_pdT-vdP$로부터

$$\Delta S_{total}=\Delta S_1+\Delta S_2$$

$$=m_1\left[C_{p1}\ln\left(\frac{T_f}{T_1}\right)-R_1\ln\left(\frac{P_f}{P_1}\right)\right]$$

$$+m_2\left[C_{p2}\ln\left(\frac{T_f}{T_2}\right)-R_2\ln\left(\frac{P_f}{P_2}\right)\right]$$

$$=1.806\left[5.193\ln\left(\frac{357}{400}\right)-2.0769\ln\left(\frac{484}{500}\right)\right]$$

$$+5.615\left[1.039\ln\left(\frac{357}{300}\right)-0.2968\ln\left(\frac{484}{500}\right)\right]$$

$$=0.1244[\text{kJ/K}]$$

(3) 피스톤이 고정되어 있어도 열전달과 경계일이 없으므로 최종온도는 (1)과 같이 $T_f=357[\text{K}]$이다. 이때는 두 기체의 부피가 일정하고 다음과 실린더 양측의 최종 압력이 구해진다.

$$P_{f1} = \frac{m_1 R_1 T_f}{V_1} = \frac{1.806(2.0769)(357)}{3} = 446[\text{kPa}]$$

$$P_{f2} = \frac{m_2 R_2 T_f}{V_2} = \frac{5.615(0.2968)(357)}{1} = 595[\text{kPa}]$$

부피가 일정한 과정($dv=0$)이므로 $Tds = du + Pdv = du = C_v dT$로부터 전체 엔트로피 증가량($\Delta S_{total}$)은 다음과 같다.

$$\Delta S_{total} = \Delta S_1 + \Delta S_2 = m_1 C_{v1} \ln\left(\frac{T_f}{T_1}\right) + m_2 C_{v2} \ln\left(\frac{T_f}{T_2}\right)$$

$$= 1.806(3.116)\ln\left(\frac{357}{400}\right) + 5.615(0.743)\ln\left(\frac{357}{300}\right)$$

$$= 0.0857[\text{kJ/K}]$$

[문제 3.7] 마찰이 없는 피스톤이 장착된 실린더 안에 작동유체로 물이 채워져 있다. 피스톤 상부에 일정한 수력이 작용하여 실린더 압력은 10MPa로 유지된다. 초기상태의 온도는 700°C이고 실린더의 체적은 100L이다. 이때 실린더 내부의 물이 냉각되면서 포화액체로 응축되는 동안 Q_H의 열이 방출된다. 방출된 열은 사이클 열기관으로 공급되고 이 열기관은 300K의 온도를 가진 주위(T_L)로 Q_L의 열을 방출한다. 구성된 전체 과정들이 비가역과정이며 이에 따르는 총엔트로피의 증가분은 2kJ/K라고 할 때, 열기관의 출력일(W)을 구하시오.
(단, 과열증기 및 포화액체에 대한 물성 값은 아래 표와 같다) (10점)

[5급(기술) 공채 제2차시험(2014)]

과열증기(700°C와 10MPa)		포화액체(10MPa)	
엔탈피	3870.5kJ/kg	엔탈피	1407.5kJ/kg
엔트로피	7.17kJ/kg · K	엔트로피	3.36kJ/kg · K
비체적	$0.044\text{m}^3/\text{kg}$	비체적	$0.001\text{m}^3/\text{kg}$

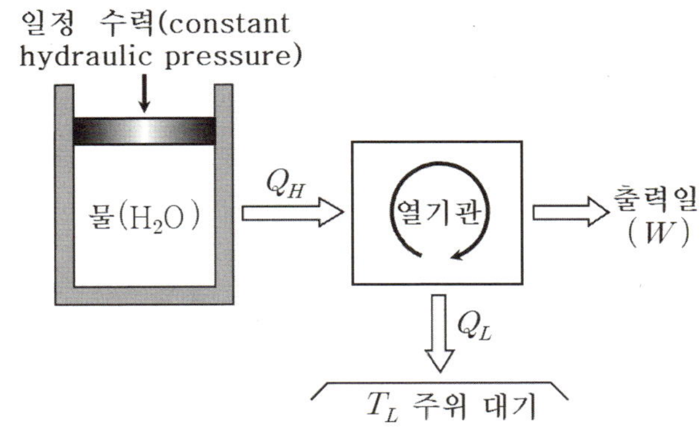

풀이 실린더 내 물의 초기상태와 최종상태를 각각 1, 2로 표시한다. 주어진 표로부터 두 상태의 필요한 값은 다음과 같다.

- $h_1 = 3870.5\text{kJ/kg}$, $s_1 = 7.17\text{kJ/kg}\cdot\text{K}$, $v_1 = 0.044\text{m}^3/\text{kg}$
  $V_1 = 100\text{L} = 100\times10^{-3}\text{m}^3 = 0.1\text{m}^3$
- $h_2 = 1407.5\text{kJ/kg}$, $s_2 = 3.36\text{kJ/kg}\cdot\text{K}$
- 주위 대기 온도 $T_L = 300\text{K}$
- 총엔트로피 증가분 $\Delta S_{total} = 2\text{kJ/K}$

초기상태로부터 실린더 내 물의 질량(m)을 구하면

$$m = \frac{V_1}{v_1} = \frac{0.1}{0.044} = 2.273[\text{kg}]$$

이고, 실린더에 열역학 제1법칙을 적용하면 응축되는 동안 방출되는 열량(Q_H)은

$$Q_H = m(h_1 - h_2) = 2.273(3870.5 - 1407.5) = 5598[\text{kJ}] \cdots ①$$

이다. 다음에 [그림]과 같이 실린더와 열기관 및 그 인접한 주위를 포함하여 경계면의 온도가 T_L이 되도록 계를 잡고 총엔트로피 변화를 구하면

$$\Delta S_{total} = \Delta S_{system} + \Delta S_{surr} = m(s_2 - s_1) + \frac{Q_L}{T_L}$$

이다. 이 식으로부터 주위로 방출되는 열량(Q_L)을 구한다.

$$\begin{aligned} Q_L &= T_L[\Delta S_{total} - m(s_2 - s_1)] \\ &= 300[2 - 2.273(3.36 - 7.17)] \\ &= 3198[\mathrm{kJ}] \cdots\cdots ② \end{aligned}$$

①, ②로부터 열기관에 열역학 제1법칙을 적용하면 다음과 같이 열기관의 출력일(W)이 구해진다.

$$Q_H = Q_L + W$$

$$\therefore \; W = Q_H - Q_L = 5598 - 3198 = 2400[\mathrm{kJ}] \cdots\cdots ③$$

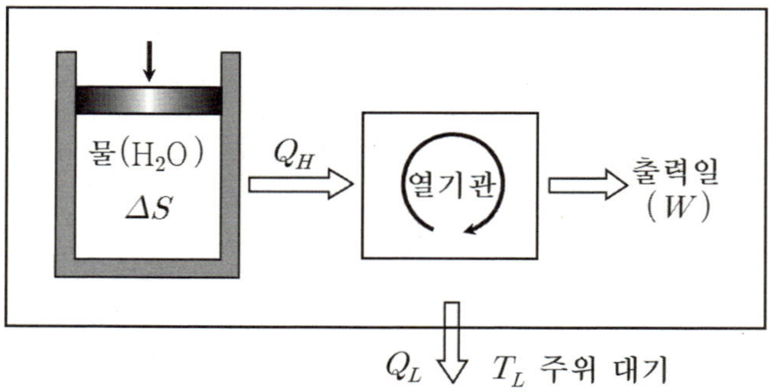

[그림] 총 엔트로피 증가를 구하기 위한 검사체적

[문제 3.8] **다음 그림에 있는 피스톤-실린더 장치는 얇고 단단한 분리막에 의해서 두 부분으로 분리되어 있고 각 부분의 체적은 $1\mathrm{m}^3$로 동일하다. 분리막의 아랫부분은 공기로 채워져 있으며 압력과 온도는 $P_1=$100kPa과 $T_1=$300K이고, 분리막의 윗부분은 진공상태이다(상태 1). 단열 상태의 피스톤 위에는 100kPa의 압력을 만들 수 있는 추가 올려져 있다. 초기 상태에서는 피스톤이 핀에 의하여 고정되어 있다. 다음 물음에 답하시오. (단, 공기의 기체상수는 $R=0.287\mathrm{kJ/kg\cdot K}$ 이고, 정적비열은 $C_v=0.716\mathrm{kJ/kg\cdot K}$ 이다) (총 15점)**

[5급(기술) 공채 제2차시험(2013)]

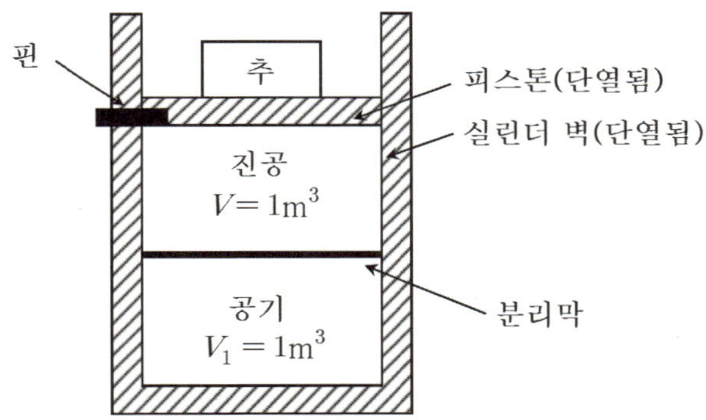

(1) 분리막이 파열되고 공기가 실린더 전체로 팽창된 후 평형 상태가 되었을 때(상태 2), 압력(P_2)과 온도(T_2)를 구하시오. (4점)

(2) 핀이 제거되고 피스톤이 자유롭게 움직일 수 있게 된 후 공기와 피스톤은 새로운 평형 상태를 이루게 된다(상태 3). 이때의 체적(V_3)과 온도(T_3)를 구하시오. (4점)

(3) 공기를 계(system)로 고려할 때, 과정 1-2 및 과정 2-3에서의 열전달과 일을 구하시오. 크기와 방향을 명확히 설명하시오. (3점)

(4) 공기를 계로 고려할 때, 과정 1-2와 과정 2-3에서의 엔트로피 변화를 구하시오. 또한 두 과정에 대한 가역성 여부에 대해 기술하시오. (4점)

풀이 상태 1($P_1 = 100$ kPa, $T_1 = 300$K, $V_1 = 1\text{m}^3$), 상태 2($V_2 = 2\text{m}^3$), 기체의 질량 $m = \dfrac{P_1 V_1}{RT_1} = \dfrac{100(1)}{0.287(300)} = 1.161[\text{kg}]$

(1) 실린더와 피스톤은 하나의 밀폐계를 구성한다. 여기에서 계를 통과하는 에너지 출입이 없으므로 내부에너지가 일정[$\Delta u = C_v(T_2 - T_1) = 0$]하고 온도가 일정하다. 따라서 온도 $T_2 = T_1 = 300$K이다. 이때 상태방정식으로부터 압력 $P_2 = \left(\dfrac{V_1}{V_2}\right)P_1 = \left(\dfrac{1}{2}\right)\times 100 = 50\text{kPa}$이다.

(2) 실린더 벽의 마찰을 무시하면 압력 $P_2 = P_3 = 100\text{kPa}$로 일정하고, 단열이므로 $Q = 0$이다. 열역학 제1법칙에서

$$Q = \Delta U + W = mC_v(T_3 - T_2) + P_3(V_3 - V_2) = 0$$

$$\therefore\ mC_v(T_3 - 300) + 100(V_3 - 2) = 0 \quad \cdots\cdots ①$$

이고, 질량이 일정하므로 상태 1과 비교하면 상태방정식 $PV = mRT$에서

$$100V_3 = mRT_3 \quad \cdots\cdots ②$$

$$100(1) = mR(300) \quad \cdots\cdots ③$$

이다. ②÷③을 하면 $T_3 = 300V_3$가 구해진다. 이 식을 식 ①에 대입하여 V_3와 T_3을 구한다.

$$mC_v(300V_3 - 300) + 100(V_3 - 2) = 0$$

$$(300mC_v + 100)V_3 = 300mC_v + 200$$

$$\therefore\ V_3 = \frac{300mC_v + 200}{300mC_v + 100} = \frac{300(1.161)(0.716) + 200}{300(1.161)(0.716) + 100}$$

$$= 1.286[\text{m}^3]$$

$$T_3 = 300V_3 = 300(1.286) = 385.8[\text{K}]$$

(3) • 과정 1-2 : $\Delta U_{12} = 0$, 단열이므로 $Q_{12} = \Delta U_{12} + W_{12} = W_{12} = 0$이다.

• 과정 2-3 : 단열이므로 $Q_{23} = 0$이다.

$$W_{23} = P_2(V_3 - V_2) = 100(1.286 - 2) = -71.4[\text{kJ}]$$

$W_{23} < 0$이므로 계는 일을 받았다. 즉, 71.4kJ의 일을 받고 압축되었다.

(4) • 과정 1-2 : $Tds = du + Pdv = Pdv$로부터

$$\Delta S_{12} = mR\ln\left(\frac{V_2}{V_1}\right) = 1.161(0.287)\ln\left(\frac{2}{1}\right) = 0.231[\text{kJ/K}]$$

• 과정 2-3 : $Tds = du + Pdv = C_v dT + Pdv$로부터

$$\begin{aligned}\Delta S_{23} &= mC_v\ln\left(\frac{T_3}{T_2}\right) + mR\ln\left(\frac{V_3}{V_2}\right)\\ &= 1.161(0.716)\ln\left(\frac{385.8}{300}\right) + 1.161(0.287)\ln\left(\frac{1.286}{2}\right)\\ &= 0.0619[\text{kJ/K}]\end{aligned}$$

두 과정 1-2와 2-3은 모두 단열과정인데 엔트로피 변화 $\Delta S > 0$이다. 즉, 엔트로피가 생성되었으므로 두 과정은 비가역과정이다.

[문제 3.9] 다음 그림과 같이 280K의 대기로부터 열펌프를 이용하여 온수를 공급하려고 한다. 물은 320K로 들어와 330K로 가열된다. 물은 비압축성이며 입구와 출구의 압력차는 무시한다. 열펌프에 투입되는 동력이 10kW인 경우, 그림의 점선에 해당하는 검사체적을 활용하여 공급 가능한 물의 최대 질량유량[kg/s]과 열펌프의 최대 성적계수(COP)를 구하시오. (단, 물의 비열은 $4.2\text{kJ/kg}\cdot\text{K}$로 일정하다고 가정한다) (15점)

[5급(기술) 공채 제2차시험(2011)]

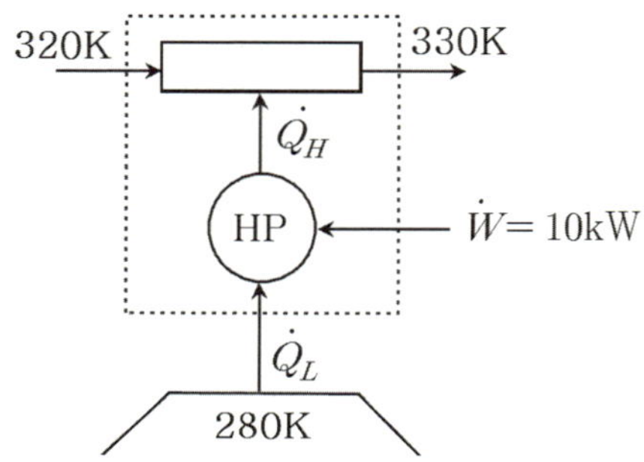

풀이 열교환기 입구 온도 $T_1 = 320\text{K}$, 출구온도 $T_2 = 330\text{K}$, 대기온도 $T_0 = 280\text{K}$, 물의 비열 $c = 4.2\text{kJ/kg}\cdot\text{K}$ 이고, 공급 가능한 물의 최대 질량유량은 $\dot{m}$로 나타낸다. 열교환기와 열펌프에서 제1법칙을 적용하면

$$\dot{Q}_H = \dot{m}c\Delta T = \dot{m}(4.2)(330-320) = 42\dot{m} \quad \cdots\cdots ①$$

$$\dot{Q}_H = \dot{Q}_L + \dot{W} = \dot{Q}_L + 10 \quad \cdots\cdots ②$$

이다. 그리고 검사체적에서 엔트로피 생성이 0인 가역과정에서 열효율이 최대가 되므로 이 조건을 적용하여 정상상태 계에 대한 엔트로피 평형식을 쓰면

$$\dot{m}(s_1 - s_2) + \frac{\dot{Q}_L}{T_0} = 0 \quad \cdots\cdots ③$$

$$\therefore \ \dot{Q}_L = T_0\dot{m}(s_2 - s_1) = \dot{m}c\,T_0 \ln\left(\frac{T_2}{T_1}\right)$$
$$= \dot{m}(4.2)(280)\ln\left(\frac{330}{320}\right)$$
$$= 36.2\dot{m} \ \cdots\cdots\cdots\cdots\cdots\cdots \text{④}$$

이다. 식 ①, ②에서 $\dot{Q}_L = \dot{Q}_H - 10 = 42\dot{m} - 10$을 ④에 대입하면

$$-36.2\dot{m} + (42\dot{m} - 10) = 0$$
$$\therefore \ \dot{m} = 1.72[\text{kg/s}]$$

이고,

$$\dot{Q}_H = 42\dot{m} = 42 \times 1.72 = 72.2[\text{kW}]$$
$$\dot{Q}_L = \dot{Q}_H - 10 = 62.2[\text{kW}]$$

이 구해진다. 따라서 공급 가능한 물의 최대 질량유량($\dot{m}$)은

$$\dot{m} = 1.72[\text{kg/s}]$$

이고, 열펌프의 최대 성적계수(COP_{max})는 다음과 같다.

$$COP_{max} = \frac{\dot{Q}_H}{\dot{W}} = \frac{72.2}{10} = 7.22$$

† 계와 주위의 총 엔트로피 변화율이 0인 가역과정에서 열효율이 최대가 된다.

$$\Delta\dot{S}_{total} = \Delta\dot{S}_{\text{열교환기}} + \Delta\dot{S}_{\text{주위}} = \dot{m}c\ln\left(\frac{T_2}{T_1}\right) - \frac{\dot{Q}_L}{T_0} = 0$$

이 조건은 식 ③과 같다.

• 이상과 같이 계산 과정 중에 수치를 대입하지 않고 문자변수로 표현되는 결과 식을 구한 다음 최종적으로 주어진 값을 대입하여 결과를 구하면 다음과 같다.

열교환기와 열펌프에서 제1법칙을 적용하면

$$\dot{Q}_H = \dot{m}c\Delta T = \dot{m}c(T_2 - T_1) \quad \cdots\cdots ①$$

$$\dot{Q}_H = \dot{Q}_L + \dot{W} \quad \cdots\cdots ②$$

계와 주위의 총 엔트로피 변화율이 0인 가역과정에서 열효율이 최대가 되므로 이 조건을 적용하면

$$\Delta\dot{S}_{total} = \Delta\dot{S}_{열교환기} + \Delta\dot{S}_{주위} = \dot{m}c\ln\left(\frac{T_2}{T_1}\right) - \frac{\dot{Q}_L}{T_0} = 0$$

$$\therefore \ \dot{Q}_L = \dot{m}c\,T_0\ln\left(\frac{T_2}{T_1}\right) \quad \cdots\cdots ③$$

식 ①, ②에서 $\dot{Q}_L = \dot{Q}_H - \dot{W} = \dot{m}c(T_2 - T_1) - \dot{W}$을 ③에 대입하면

$$\dot{m}c(T_2 - T_1) - \dot{W} = \dot{m}c\,T_0\ln\left(\frac{T_2}{T_1}\right)$$

$$\therefore \ \dot{m} = \frac{\dot{W}}{c\left[(T_2 - T_1) - T_0\ln\left(\frac{T_2}{T_1}\right)\right]}$$

$$= \frac{10}{4.2\left[(330 - 320) - 280\ln\left(\frac{330}{320}\right)\right]} = 1.72\,[\mathrm{kg/s}]$$

이고, 열펌프의 최대 성적계수(COP_{max})는 다음과 같다.

$$COP_{max} = \frac{\dot{Q}_H}{\dot{W}} = \frac{\dot{m}c(T_2 - T_1)}{\dot{W}} = \frac{1.72(4.2)(330 - 320)}{10} = 7.224$$

† 변수와 미지수가 많을 때는 주어진 수치를 대입하여 가능하면 식을 간단하게 나타내는 것이 계산하기 쉽다.

[문제 3.10] **입구상태** $400℃$**, 500kPa인 공기가 터빈을 통하여 단열과정으로 100kPa까지 팽창한다. 터빈을 통과하는 공기의 체적유량은** $1\text{m}^3/\text{s}$ **이며, 운동에너지는 무시할 수 있다. 다음 물음에 답하시오. (단, 공기는 이상기체로 가정하며, 정압비열** $C_p = 1.0\text{kJ/kg}\cdot\text{K}$**, 정적비열** $C_v = 0.717\text{kJ/kg}\cdot\text{K}$ **이다) (총 10점)**

[행정고등고시(기술직) 제2차시험(2010)]

(1) 터빈 출구에서의 최저온도를 구하시오. (3점)

(2) 최대 터빈 동력을 구하시오. (3점)

(3) 최대 엔트로피 생성률을 구하시오. (4점)

풀이 입구 상태(1) 온도 $T_1 = 400℃ = 673\text{K}$, 압력 $P_1 = 500\text{kPa}$이고, 출구상태(2) 압력 $P_2 = 100\text{kPa}$이며, 기체상수 $R = C_p - C_v = 0.283\text{kJ/kg}\cdot\text{K}$, 비열비 $k = \dfrac{C_p}{C_v} = 1.395$이다. 체적유량 $Q = 1\text{m}^3/\text{s}$이므로 입구상태 공기의 밀도로부터 질량유량($\dot{m}$)은 다음과 같다.

$$\dot{m} = \rho Q = \left(\frac{P_1}{RT_1}\right)Q = \frac{500}{0.283(673)} \times 1 = 2.625[\text{kg/s}]$$

단위 질량당 터빈 일을 w_t라 하면 에너지 보존 식에서

$$h_1 = h_2 + w_t$$

$$\therefore\ C_p(T_1 - T_2) = w_t \quad \cdots\cdots (\star)$$

이다. 가역과정(이상적인 등엔트로피 터빈)에서 w_t가 최대가 된다. 그리고 이때 이 식으로부터 터빈출구 온도(T_2)가 최소가 된다는 것을 알 수 있다.

(1) 터빈 출구에서의 최저온도($T_{2,\min}$**)** : 가역단열 과정(등엔트로피 과정) 일 때

$$T_{2,\min} = T_1\left(\frac{P_2}{P_1}\right)^{\frac{k-1}{k}} = 673\times\left(\frac{100}{500}\right)^{\frac{1.395-1}{1.395}} = 427\,[\mathrm{K}]$$

(2) 최대 터빈 동력($\dot{W}_{t,\max}$) : 등엔트로피 과정에서 식 (★)로부터

$$\begin{aligned}\dot{W}_{t,\max} &= \dot{m}w_t = \dot{m}C_p(T_1 - T_{2,\min})\\ &= 2.625(1)(673-427)\\ &= 645.8\,[\mathrm{kW}]\end{aligned}$$

(3) 최대 엔트로피 생성률($\dot{S}_{gen,\max}$) : $Tds = dh - vdP = C_p dT - vdP$ 로부터

$$\dot{S}_{gen} = \dot{m}(s_2 - s_1) = \dot{m}\left[C_p\ln\left(\frac{T_2}{T_1}\right) - R\ln\left(\frac{P_2}{P_1}\right)\right]$$

여기에서 $P_2 < P_1$이고, 단열과정으로 팽창하므로 $T_2 > T_1$이 될 수 없다. 즉, $T_2 \le T_1$이다. 따라서 $T_2 < T_1$이면 $\ln\left(\frac{T_2}{T_1}\right) < 0$이므로 $T_2 = T_1$(등온 팽창)일 때 엔트로피 생성률이 최대가 된다.

$$\begin{aligned}\therefore\ \dot{S}_{gen,\max} &= -\dot{m}R\ln\left(\frac{P_2}{P_1}\right)\\ &= -2.625(0.283)\ln\left(\frac{100}{500}\right)\\ &= 1.196\,[\mathrm{kW/K}]\end{aligned}$$

† 터빈 일이 0일 때 엔트로피 생성이 최대가 된다. 이때 식 (★)에서 $T_2 = T_1$이다.

[문제 3.11] 다음 그림과 같이 정상상태로 작동하는 축동력 변환장치가 있다. 입력축으로 200kW 동력이 들어와서 출력축에 180kW가 전달된다. 축동력 변환장치 외벽에서의 열전달이 $\dot{Q}=-hA(T_w-T_\infty)$라 할 때, 다음 물음에 답하시오. (총 15점) [행정고등고시(기술직) 제2차시험(2008)]
(단, 열전달계수 $h=0.2\mathrm{kW/m^2 \cdot K}$, 표면적 $A=2\mathrm{m^2}$, T_w는 축동력 변환장치 외벽 온도이고, 대기온도 $T_\infty=20℃$ 이다.)

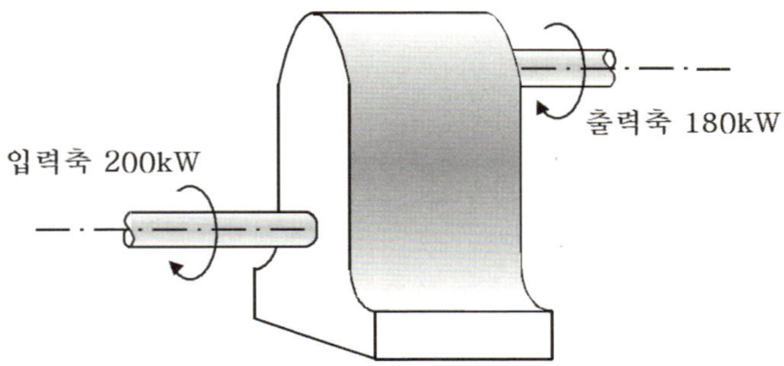

(1) 축동력 변환장치를 계로 취급하여 이 계 내에서의 엔트로피 생성률을 구하고, 엔트로피 생성의 원인을 설명하시오. (10점)
(2) 축동력 변환장치와 그 인접한 주위를 포함하여 경계면에서 온도가 T_∞가 되도록 계를 선택하였다. 이 계의 엔트로피 생성률을 구하고, 그 값이 (1)에서의 앤트로피 생성률과 다른 이유를 설명하시오. (5점)

풀이 입력축 유입 동력 $\dot{W}_1=200\mathrm{kW}$, 출력축 유출 동력 $\dot{W}_2=180\mathrm{kW}$이다.

(1) • **엔트로피 생성률** : 열역학 제1법칙으로부터 축동력 변환장치에서 외부로 방출되는 열량($\dot{Q}_{out}$)은

$$\dot{W}_1=\dot{Q}_{out}+\dot{W}_2$$

$$\therefore\ \dot{Q}_{out}=\dot{W}_1-\dot{W}_2=200-180=20[\mathrm{kW}]$$

이고, 외벽 온도(T_w)는

$$\dot{Q}_{out} = hA(T_w - T_\infty)$$

$$\therefore \quad T_w = \frac{\dot{Q}_{out}}{hA} + T_\infty = \frac{20}{0.2(2)} + 20 = 70[℃]$$

이다. 정상상태($d/dt = 0$)에서 시간에 따른 계의 엔트로피 변화는 0이다. 따라서 계의 엔트로피 생성률($\dot{S}_{gen,\,sys}$)은 다음과 같다.

$$\dot{S}_{gen,\,sys} - \frac{\dot{Q}_{out}}{T_w} = \frac{dS_{system}}{dt} = 0$$

$$\therefore \quad \dot{S}_{gen,\,sys} = \frac{\dot{Q}_{out}}{T_w} = \frac{20 \times 10^3}{273 + 70} = 58.31[\mathrm{W/K}]$$

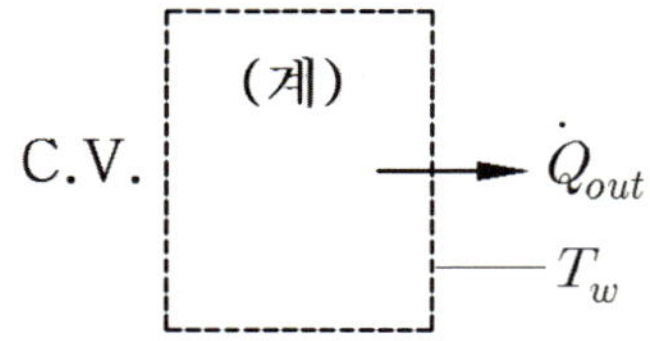

[그림 1] (1)의 계와 열 출입

- **엔트로피 생성의 원인** : 마찰 손실에 의해 발생하는 열과 유한한 온도 차이에 의해 일어나는 열전달은 비가역 현상이고, 이 비가역성에 의해 엔트로피가 생성된다.

(2) 계를 [그림 2]와 같이 선택할 때 경계면 온도 $T_\infty = 20℃ = 473\mathrm{K}$ 이고, 축동력 변환장치로부터 주위로의 열전달량은 $\dot{Q}_0 = \dot{Q}_{out} = 20[\mathrm{kW}]$이므로 이 계의 엔트로피 생성률($\dot{S}_{gen,\,total}$)은 다음과 같다.

$$\dot{S}_{gen,\,total} - \frac{\dot{Q}_0}{T_\infty} = \frac{dS_{system}}{dt} = 0$$

$$\therefore \ \dot{S}_{gen,\,total} = \frac{\dot{Q}_0}{T_\infty} = \frac{20 \times 10^3}{273+20} = 68.26\,[\mathrm{W/K}]$$

여기에서 구한 엔트로피 생성률($\dot{S}_{gen,\,total}$)은 장치에서 일어나는 열전달 현상과 관련된 총 엔트로피 생성률이다. 따라서 이 값은 축동력 변환장치의 엔트로피 생성률($\dot{S}_{gen,\,sys}$)과 다른 값을 가진다. 두 엔트로피 생성률의 차이($\Delta\dot{S}$)인

$$\Delta\dot{S} = \dot{S}_{gen,\,total} - \dot{S}_{gen,\,sys} = 68.26 - 58.31 = 9.95\,[\mathrm{W/K}]$$

는 장치 주위(공기)의 엔트로피 생성률이다.

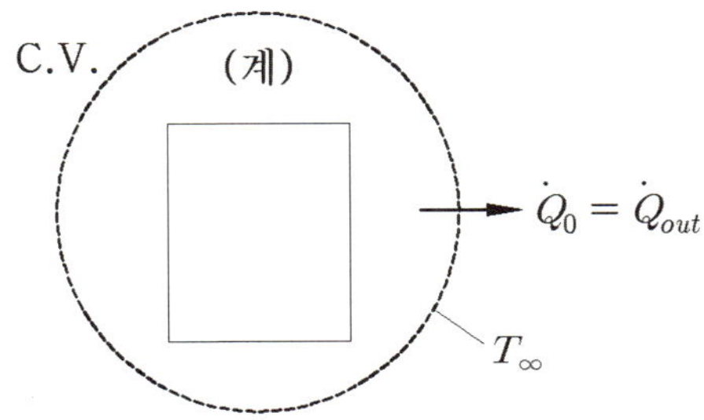

[그림 2] (2)의 계와 열 출입

[Note] 가역과정에서 엔트로피 생성이 0이고, 비가역과정에서 엔트로피가 생성된다. 비가역과정의 요인에는 마찰, 기체의 불구속 팽창(확산), 유한한 온도 차에 의한 열전달, 서로 다른 두 물질의 혼합, 전기회로에서 발생하는 줄(joule) 열(I^2Rt), 일반적인 연소 등이 있다.

[문제 3.12] **항온실의 온도를 일정하게 유지하기 위해 Carnot 사이클로 작동되는 냉동기(소모동력 $\dot{W}$=0.14kW)를 사용한다. 항온실 내부에 열원은 없으며, 항온실 벽을 통한 전도 열전달은 $\dot{Q}=-kA\frac{\Delta T}{L}$이다. 대류는 무시하고, 정상상태 운전을 가정할 때, 다음 물음에 답하시오. (총 10점)** [행정고등고시(기술직) 제2차시험(2008)]

(단, 항온실 벽의 열전도율 $k=0.035\mathrm{W/m\cdot K}$, 두께 L=35mm, 총 열전달 면적 $A=14\mathrm{m}^2$이고, 주위온도 T_∞ =300K로 일정하다)

(1) 항온실 내부의 온도가 균일하다고 할 때, 그 온도를 구하시오. (5점)

(2) 총 엔트로피 생성률을 구하고 결과를 정성적으로 설명하시오. (5점)

풀이 항온실 온도를 일정하게 유지하기 위해서는 항온실 벽을 통해 들어오는 열량만큼 냉동기가 항온실로부터 열을 흡수($\dot{Q}_L=\dot{Q}$)해야 한다.

(1) 고온열원 온도 $T_H=T_\infty$이고, 항온실 내부 온도를 $T_L(T_L<T_\infty)$로 놓는다. 냉동기가 흡수해야 할 열량($\dot{Q}_L$)은

$$\dot{Q}_L=kA\left(\frac{T_\infty-T_L}{L}\right)=0.035(14)\left(\frac{300-T_L}{35}\right)$$
$$=0.014(300-T_L)[\mathrm{kW}] \cdots\cdots ①$$

이고, $\dot{W}$=0.14kW이므로 냉동기의 성능계수로부터

$$COP_R=\frac{\dot{Q}_L}{\dot{W}}=\frac{T_L}{T_H-T_L} \cdots\cdots ②$$

$$\frac{0.014(300-T_L)}{0.14}=\frac{T_L}{300-T_L}$$

$$\therefore\ (300-T_L)^2=10T_L \cdots\cdots ③$$

의 관계식을 얻는다. 식 ③을 풀어서 T_L을 구한다.

$$T_L^2 - 600\,T_L + 300^2 = 10\,T_L$$

$$T_L^2 - 610\,T_L + 300^2 = 0$$

$$\therefore \quad T_L = 305 \pm \sqrt{305^2 - 300^2} = 305 \pm 55\,[\mathrm{K}]$$

여기에서 $T_L < T_\infty = 300\mathrm{K}$ 이므로 구하는 항온실 내부온도는 다음과 같다.

$$T_L = 305 - 55 = 250\,[\mathrm{K}]$$

(2) 항온실 내부온도 $T_L = 250\,[\mathrm{K}]$일 때, 식 ②와 열역학 제1법칙으로부터

$$\dot{Q}_L = \left(\frac{T_L}{T_H - T_L}\right)\dot{W} = \left(\frac{250}{300-250}\right)(0.14) = 0.7\,[\mathrm{kW}]$$

$$\dot{Q}_H = W + \dot{Q}_L = 0.14 + 0.7 = 0.84\,[\mathrm{kW}]$$

이고, 총 엔트로피 생성률($\dot{S}_{gen}$)은

$$\dot{S}_{gen} = \frac{\dot{Q}_L}{T_L} - \frac{\dot{Q}_H}{T_H} = \frac{0.7}{250} - \frac{0.84}{300} = 0$$

이다. 카르노 사이클은 가역과정으로 구성된 사이클이므로 총 엔트로피 생성률이 0이다.

[문제 3.13] 그림에 나타난 바와 같이 가역 엔진이 3개의 등온 열저장조와 열교환을 하며 일을 한다. 3개의 저장조는 각각 1000K, 300K, 500K로 유지된다. 엔진이 저장조 1로부터 400kJ의 열을 받아 100kJ의 일을 할 때, 다른 저장조와의 열전달량(Q_2, Q_3)과 열전달이 일어나는 방향을 구하시오. (7점) [행정고등고시(기술직) 제2차시험(2007)]

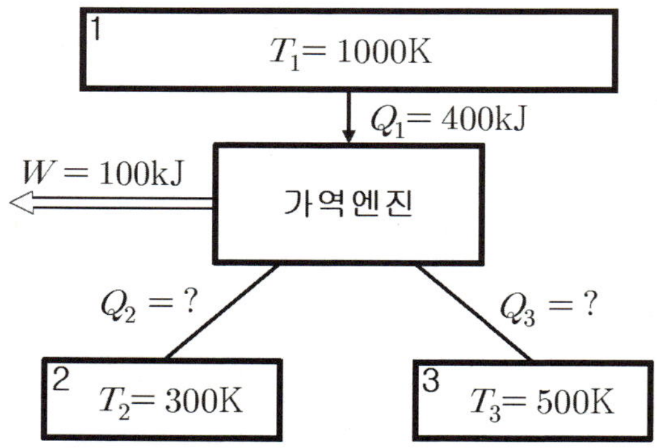

풀이 열저장조 2, 3으로 각각 Q_2, Q_3의 열이 유입된다고 가정한다. 먼저 제1법칙으로부터

$$Q_1 = W + Q_2 + Q_3$$

$$\therefore \quad Q_2 + Q_3 = Q_1 - W = 400 - 100 = 300\,[\text{kJ}] \quad \cdots\cdots\cdots ①$$

이고, 가역과정에서 총 엔트로피 변화가 0이므로

$$-\frac{Q_1}{T_1} + \frac{Q_2}{T_2} + \frac{Q_3}{T_3} = 0$$

$$-\frac{400}{1000} + \frac{Q_2}{300} + \frac{Q_3}{500} = 0$$

$$\therefore \quad 5Q_2 + 3Q_3 = 600 \quad \cdots\cdots\cdots ②$$

이다. ①, ②로부터 Q_2, Q_3를 구하면 $Q_2 = -150\,\text{kJ}$, $Q_3 = 450\,\text{kJ}$이다. 따라서 열저장조 2에서 150kJ의 열이 방출되고, 열저장조 3으로 450kJ의 열이 유입된다.

[문제 3.14] 입구와 출구가 각각 한 개씩 있는 검사체적(control volume)의 정상상태 정상 유동에 대하여 다음 물음에 답하시오. (총 13점)

[행정고등고시(기술직) 제2차시험(2006)]

(1) 가역 단열과정과 가역 등온과정에서의 일이 같음을 증명하시오. (10점)

(2) 일의 출입이 없는 가역 정상상태 정상유동 과정에서 유체가 비압축성이면 에너지 보존 방정식이 Bernoulli 방정식과 같아짐을 증명하시오. (3점)

풀이 입구와 출구를 각각 첨자 1, 2로 나타낸다.

(1) 입구와 출구가 각각 한 개씩 있는 검사체적의 정상상태 정상 유동에 대한 열역학 제1법칙은 다음과 같다.

$$q + h_1 + \frac{V_1^2}{2} + gz_1 = h_2 + \frac{V_2^2}{2} + gz_2 + w \quad \cdots\cdots ①$$

열역학 제2법칙으로부터 가역과정에서 생성엔트로피가 0일 때 열량(q)은

$$s_2 - s_1 = \frac{q}{T} + s_{gen} = \frac{q}{T}$$

$$\therefore \quad q = T(s_2 - s_1) \quad \cdots\cdots ②$$

로 표현된다.

- **가역단열과정에서 일(w_{ra})** : 가역단열과정($ds = 0$)에서 $s_2 = s_1$이고

$$q = 0 \quad \cdots\cdots ③$$

이다. 그리고 엔탈피와 엔트로피 관계식 $Tds = dh - vdP$로부터

$$Tds = dh - vdP = 0$$

$$dh = vdP$$

$$\therefore\ h_1 - h_2 = -\int_1^2 vdP \ \cdots\cdots\cdots ④$$

가 된다. 식 ③, ④를 식 ①에 대입하면 가역단열과정에서 일(w_{ra})은 다음과 같이 표현된다.

$$w_{ra} = (h_1 - h_2) + \frac{1}{2}\left(V_1^2 - V_2^2\right) + g(z_1 - z_2)$$
$$= -\int_1^2 vdP + \frac{1}{2}\left(V_1^2 - V_2^2\right) + g(z_1 - z_2) \ \cdots\cdots\cdots ⑤$$

- **가역등온과정에서 일(w_{is})** : 온도(T)가 일정할 때 엔탈피와 엔트로피 관계식 $Tds = dh - vdP$을 적분하면

$$T\int_1^2 ds = \int_1^2 dh - \int_1^2 vdP$$
$$T(s_2 - s_1) = (h_2 - h_1) - \int_1^2 vdP$$
$$\therefore\ q = T(s_2 - s_1) = -(h_1 - h_2) - \int_1^2 vdP \ \cdots\cdots\cdots ⑥$$

이다. 식 ⑥을 식 ①에 대입하면 가역등온과정에서 일(w_{is})은 다음과 같이 표현된다.

$$w_{is} = q + (h_1 - h_2) + \frac{1}{2}\left(V_1^2 - V_2^2\right) + g(z_1 - z_2)$$
$$= \left[-(h_1 - h_2) - \int_1^2 vdP\right] + (h_1 - h_2) + \frac{1}{2}\left(V_1^2 - V_2^2\right) + g(z_1 - z_2)$$
$$= -\int_1^2 vdP + \frac{1}{2}\left(V_1^2 - V_2^2\right) + g(z_1 - z_2) \ \cdots\cdots\cdots ⑦$$

식 ⑤와 ⑦을 비교하면 $w_{ra} = w_{is}$이다. 즉, 가역 단열과정과 가역 등온과정에서의 일이 같다.

(2) 유체에 가해진 열과 유체가 하는 일이 $0(q=0,\ w=0)$인 정상상태 정상유동에서 식 ⑤는

$$0=-\int_1^2 vdP+\frac{1}{2}\left(V_1^2-V_2^2\right)+g(z_1-z_2) \cdots\cdots ⑧$$

가 된다. 여기에서 유체가 비압축성이면 비체적 $v=$(일정)이므로

$$-\int_1^2 vdP=-v\int_1^2 dP=-v(P_2-P_1)=v(P_1-P_2)$$

이고, $v=1/\rho$을 대입하면 식 ⑧은 다음과 같이 표현된다.

$$0=\frac{1}{\rho}(P_1-P_2)+\frac{1}{2}\left(V_1^2-V_2^2\right)+g(z_1-z_2)$$

$$\therefore\ \frac{P_1}{\rho}+\frac{V_1^2}{2}+gz_1=\frac{P_2}{\rho}+\frac{V_2^2}{2}+gz_2 \cdots\cdots ⑨$$

$$\frac{P_1}{\gamma}+\frac{V_1^2}{2g}+z_1=\frac{P_2}{\gamma}+\frac{V_2^2}{2g}+z_2 \cdots\cdots ⑩$$

식 ⑨, ⑩은 Bernoulli 방정식으로 알려져 있다. 즉, 일의 출입이 없는 가역 정상상태 정상유동 과정에서 유체가 비압축성이면 에너지 보존 방정식이 Bernoulli 방정식과 같아진다. 식 ⑩에서 비중량 $\gamma=\rho g$이다.

[문제 3.15] **비열비 k인 이상기체를 이용하여 다음의 과정들로 구성된 열기관을 만들려고 한다. 먼저 일정 체적 하에서 열을 가하여 압력이 두 배가 되도록 한 후, 압력은 일정하게 유지한 상태에서 열을 가하여 체적이 두 배가 되도록 한다. 그 다음에는 일정 체적 하에서 냉각한 후 다시 압력을 일정하게 유지한 상태에서 냉각하여 초기 상태로 만든다. 비열이 일정하다고 가정하고, 다음 물음에 답하시오. (총 12점)**

[행정고등고시(기술직) 제2차시험(2006)]

(1) 이 사이클로 작동되는 열기관의 열효율을 k의 함수로 나타내시오. (7점)

(2) 위 과정들에 대한 엔트로피 변화량을 각각 구하고, 사이클에 대한 총 엔트로피 변화량을 구하시오. (5점)

풀이 주어진 과정을 $P-V$ 선도에 나타내면 그림과 같다. 단위질량($m = 1\text{kg}$)의 작업유체를 고려하고, 시작점 1에서 기체의 온도를 $T_1 = T_0$라 하면 상태방정식 $PV = RT$로부터 $P_0 V_0 = RT_0$이고 점 2, 3, 4의 온도는 각각 $T_2 = 2T_0$, $T_3 = 4T_0$, $T_4 = 2T_0$가 된다. 그리고 과정 1→2→3에서 사이클로 열이 공급되고 과정 3→4→1에서 외부로 열이 방출된다.

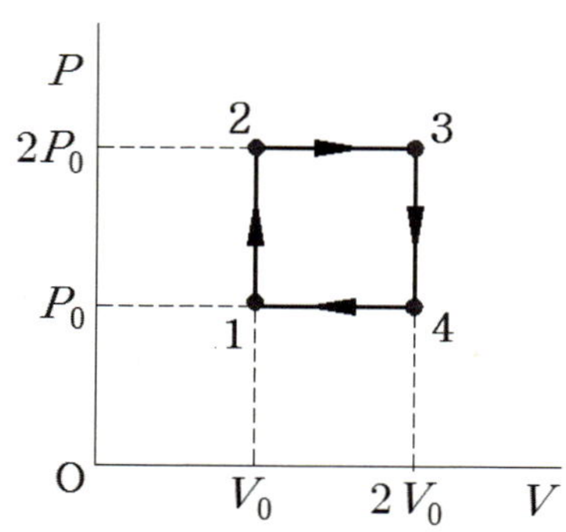

(1) **열기관의 열효율** : 과정 1→2는 정적과정, 2→3은 정압과정이므로 사이클로 공급되는 열량(Q_H)은

$$Q_H = Q_{12} + Q_{23} = C_v(T_2 - T_1) + C_p(T_3 - T_2)$$
$$= C_v(T_0) + kC_v(2T_0) = C_vT_0(1 + 2k)$$

이고, 사이클이 한 순 일(W)은 사각형 1-2-3-4-1의 면적과 같으므로

$$W = P_0 V_0 = RT_0$$

이다. 따라서 열효율(η)은 다음과 같다.

$$\eta = \frac{W}{Q_H} = \frac{RT_0}{C_v T_0(1+2k)} = \frac{R}{\left(\frac{R}{k-1}\right)(1+2k)} = \frac{k-1}{2k+1}$$

여기에서 정적비열 $C_v = \frac{R}{k-1}$이다.

(2) 각 과정들에 대한 엔트로피 변화량과 사이클에 대한 총 엔트로피 변화량 :

- 과정 1→2 : $\Delta s_{12} = C_v \ln\left(\frac{T_2}{T_1}\right) = C_v \ln\left(\frac{2T_0}{T_0}\right) = C_v \ln 2$
- 과정 2→3 : $\Delta s_{23} = C_p \ln\left(\frac{T_3}{T_2}\right) = C_p \ln\left(\frac{4T_0}{2T_0}\right) = C_p \ln 2 = kC_v \ln 2$
- 과정 3→4 : $\Delta s_{34} = C_v \ln\left(\frac{T_4}{T_3}\right) = C_v \ln\left(\frac{2T_0}{4T_0}\right) = -C_v \ln 2$
- 과정 4→1 : $\Delta s_{41} = C_p \ln\left(\frac{T_1}{T_4}\right) = C_p \ln\left(\frac{T_0}{2T_0}\right) = -C_p \ln 2 = -kC_v \ln 2$

따라서 사이클에 대한 총 엔트로피 변화량(Δs_{total})은

$$\Delta s_{total} = \Delta s_{12} + \Delta s_{23} + \Delta s_{34} + \Delta s_{41} = 0$$

이다. (엔트로피는 상태량이고 다시 같은 상태로 되돌아왔으므로 사이클의 총 엔트로피 변화량은 0이다.)

[문제 3.16] 어느 발명가가 다음과 같이 주장하였다. 피스톤-실린더 시스템 안에서 0.029kg의 공기가 상태 1(250℃, 300kPa)에서 상태 2(80℃, 100kPa)로 팽창한다. 이때 주위로 열이 전달되고, 총 2kJ의 일을 한다. 공기는 이상기체이고, 주위온도는 30℃ 이며, 정압비열(C_p)은 1.004kJ/kg · K, 기체상수는 0.287kJ/kg · K 이다. (총 15점)

[행정고등고시(기술직) 제2차시험(2005)]

(1) 주위로 전달된 열량을 구하시오. (5점)

(2) 시스템의 엔트로피 변화량을 구하시오. (5점)

(3) 주위의 엔트로피 변화량을 구하시오. (3점)

(4) 위 주장의 타당성을 판단하시오. (2점)

풀이 정적비열 $C_v = C_p - R = 1.004 - 0.287 = 0.717\text{kJ/kg}\cdot\text{K}$ 이다.

- $T_1 = 250℃$, $P_1 = 300\,\text{kPa}$
- $T_2 = 80℃$, $P_2 = 100\,\text{kPa}$
- 주위온도 $T_0 = 30℃$

(1) 주위로 전달된 열량 : 계가 한 일 $W = 2\text{kJ}$이므로, 제1법칙으로부터 계가 받은 열량(Q)은 다음과 같다.

$$\begin{aligned} Q &= \Delta U + W = mC_v\Delta T + W = mC_v(T_2 - T_1) + W \\ &= 0.029(0.717)(80 - 250) + 2 \\ &= -1.535[\text{kJ}] \end{aligned}$$

$Q < 0$이므로 1.535kJ의 열이 주위로 전달된다.

(2) 시스템의 엔트로피 변화량 ΔS_{system} : $Tds = dh - vdP = C_p dT - vdP$로부터

$$\begin{aligned} \Delta S_{system} &= mC_p \ln\left(\frac{T_2}{T_1}\right) - mR\ln\left(\frac{P_2}{P_1}\right) \\ &= 0.029(1.004)\ln\left(\frac{273+80}{273+250}\right) - 0.029(0.287)\ln\left(\frac{100}{300}\right) \end{aligned}$$

$$= -2.302 \times 10^{-3} [\mathrm{kJ/K}]$$

(3) 주위의 엔트로피 변화량 ΔS_0 : 주위온도 $T_0 = 30℃ = 303\mathrm{K}$ 로 일정하다고 가정한다. 이때 주위로 $\Delta Q = 1.535\mathrm{kJ}$의 열이 유입되었으므로

$$\Delta S_0 = \frac{\Delta Q}{T_0} = \frac{1.535}{303} = 5.066 \times 10^{-3} [\mathrm{kJ/k}]$$

(4) 주장의 타당성 : (2), (3)으로부터 시스템과 주위의 총 엔트로피 변화량 (ΔS_{total})은 다음과 같다.

$$\Delta S_{total} = \Delta S_{system} + \Delta S_0 = -2.302 \times 10^{-3} + 5.066 \times 10^{-3}$$
$$= 2.764 \times 10^{-3} [\mathrm{kJ/K}]$$

여기에서 총 엔트로피 변화량 $\Delta S_{total} > 0$이므로 주장은 타당성이 있다.

[문제 3.17] **질량 10kg, 비열 $0.4\mathrm{kJ/kg \cdot K}$인 두 개의 금속막대 온도가 40℃이다. 가역 냉동기는 한 금속막대로부터 열을 받아 나머지 다른 금속막대에 열을 방출한다. 두 금속막대의 온도 차를 100℃로 만들기 위해 요구되는 일의 양을 계산하시오. (25점)**

[행정고등고시(기술직) 제2차시험(2004)]

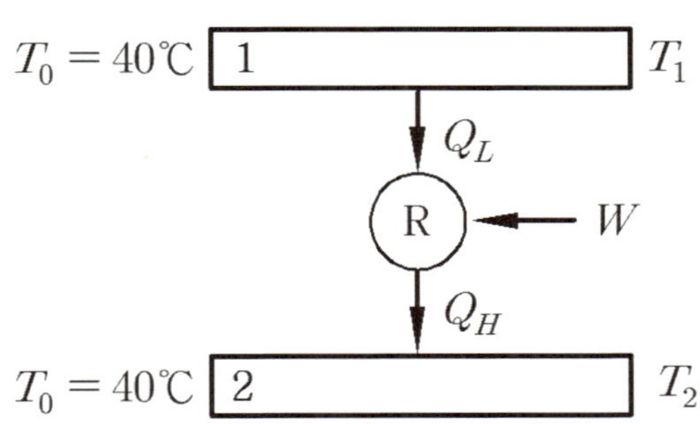

풀이 주어진 냉동기의 작동 구조는 그림과 같다. 냉동기는 1번 금속막대로부터 Q_L의 열을 흡수하여 온도를 T_1으로 낮추고, 2번 금속막대로 Q_H의 열을 방출하여 온도를 T_2로 높인다. 초기온도 $T_0 = 40℃ = 313\text{K}$이다. 이때 전달 열량은 각각

$$Q_H = mc(T_2 - T_0) \cdots\cdots ①$$

$$Q_L = mc(T_0 - T_1) \cdots\cdots ②$$

이고, 제1법칙으로부터

$$Q_H = Q_L + W \cdots\cdots ③$$

이다. 주어진 조건에서

$$T_2 - T_1 = 100 \cdots\cdots ④$$

이고, 가역과정에서 총엔트로피 변화량이 0이라는 조건을 적용하면

$$\Delta S_{total} = \Delta S_1 + \Delta S_2 = mc\ln\left(\frac{T_1}{T_0}\right) + mc\ln\left(\frac{T_2}{T_0}\right) = 0$$

$$\therefore \quad T_1 T_2 = T_0^2$$

이다. 식 ④에서 $T_2 = T_1 + 100$을 ⑤에 대입하여 온도를 구하면

$$T_1(T_1 + 100) = 313^2$$

$$T_1^2 + 100T_1 - 313^2 = 0$$

$$\therefore \quad T_1 = -50 + \sqrt{50^2 + 313^2} = 267[\text{K}], \quad T_2 = 367[\text{K}]$$

이다. 식 ①, ②, ③으로부터 요구되는 일(W)의 양은 다음과 같다.

$$W = Q_H - Q_L = mc(T_1 + T_2 - 2T_0)$$

$$= 10(0.4)(267 + 367 - 2 \times 313) = 32[\text{kJ}]$$

[문제 3.18] 열역학 시스템의 해석에서 사용되는 일의 표현에서 $\int Pdv$와 $\int vdP$의 각각에 대해 그 의미와 활용 예를 기술하시오. (10점)

[기술고등고시 제2차시험(2003)]

풀이 (1) $\int Pdv$: 준평형(quasi-equilibrium) 과정 하에 있는 단순압축성 시스템의 경계가 이동할 때 시스템이 한 단위 질량당 일을 나타낸다. [그림(1)]과 같이 공기가 들어있는 피스톤-실린더 장치에서 공기를 압축할 때 시스템의 경계(피스톤)는 1에서 2로 이동한다. 이때 압축과정동안 단위 질량의 공기(계)가 한 일은 $\int_1^2 Pdv$가 된다.

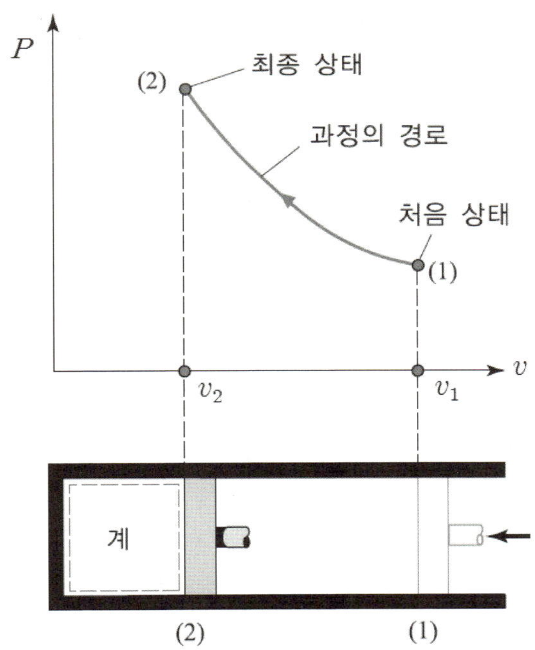

[그림(1)] 압축과정동안 단위 질량의 계(공기)가 한 일$=\int_1^2 Pdv$

(2) $\int vdP$: 검사체적으로 질량(δm)의 유입과 유출이 있을 때 유동일

(flow work, $Pv\delta m$)이 발생하고 이로 인해 내부에너지($u\delta m$)와 유동일의 합인 엔탈피 $h = u + Pv$가 유입되고 유출된다. 입구(1)와 출구(2)가 각각 한 개씩 있는 검사체적의 정상상태 정상유동에서 가역단열과정일 때

$$Tds = dh - vdP = 0$$

로부터 입구와 출구의 엔탈피 차이는

$$dh = vdP$$

$$\therefore \ h_2 - h_1 = \int_1^2 vdP$$

가 된다. 이 식을 사용하여 동력 및 냉동시스템에서 터빈과 압축기 일을 쉽게 구할 수 있다. 예를 들어 [그림(2)]의 압축기에서 일어나는 과정이 가역단열과정이면 열역학 제1법칙으로부터 다음과 같이 단위질량당 압축기 일(w_c)이 구해진다.

$$h_1 + w_c = h_2$$

$$\therefore \ w_c = h_2 - h_1 = \int_1^2 vdP$$

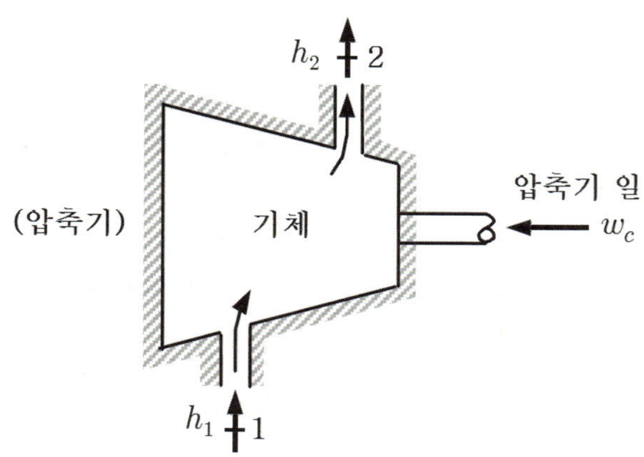

[그림(2)] 압축기 일

[문제 3.19] 압력 2,000kPa, 온도 60℃, 유량 0.2kg/s 상태의 액체 냉매 R-134a가 단열된 대향류 열교환기로 들어가서 30℃ 상태로 나오고, 같은 열교환기로 온도 10℃의 냉각수가 들어가서 40℃로 나오는 경우 다음 물음에 답하시오. (단, 정상상태 정상유동이고, R-134a의 비열은 1.43kJ/kg℃, 물의 비열은 4.18kJ/kg℃ 이다)

(1) 냉각수의 질량 유량을 구하시오.

(2) 열교환기의 시간에 따른 엔트로피 변화율(시간 변화율)을 구하시오.

(3) 열교환기 내의 엔트로피 생성률을 구하시오.

(4) 열역학 제2법칙에 근거하여 이 열 교환이 가능한지 여부를 판단하시오.

풀이 주어진 값은 다음과 같다. 첨자 R와 C는 각각 액체 냉매 R-134a와 냉각수를 나타내고, 1과 2는 각각 입구와 출구를 나타낸다.

- $\dot{m}_R = 0.2\text{kg/s}$, $T_{R,1} = 60℃$, $T_{R,2} = 30℃$, $C_R = 1.43\text{kJ/kg} \cdot \text{K}$
- $\dot{m}_C = (\text{미지수})$, $T_{C,1} = 10℃$, $T_{C,2} = 40℃$, $C_C = 4.18\text{kJ/kg} \cdot \text{K}$

(1) 냉각수의 질량 유량 $\dot{m}_C$[kg/s] : 냉각수는 액체 냉매로부터 열을 받아서 출구에서 온도가 상승하였고, 냉각수가 받은 열량은 액체 냉매가 잃은 열량과 같다.

$$\dot{Q} = \dot{m}_C C_C (T_{C,2} - T_{C,1}) = \dot{m}_R C_R (T_{R,1} - T_{R,2})$$

$$\therefore \ \dot{m}_C = \frac{\dot{m}_R C_R (T_{R,1} - T_{R,2})}{C_C (T_{C,2} - T_{C,1})}$$

$$= \frac{0.2(1.43)(60-30)}{4.18(40-10)} = 0.0684[\text{kg/s}]$$

(2) 정상상태이므로 열교환기의 시간에 따른 엔트로피 변화율은 0이다.

$$\frac{dS_{system}}{dt} = 0$$

(3) 열교환기 내의 엔트로피 생성률 $\dot{S}_{gen}$(kW/K) : 정상상태의 열교환기 전체에 대해 엔트로피 평형을 적용하면

$$(\dot{S}_{in} - \dot{S}_{out}) + \dot{S}_{gen} = dS_{system}/dt = 0$$
$$\dot{m}_R(s_{R,1} - s_{R,2}) + \dot{m}_C(s_{C,1} - s_{C,2}) + \dot{S}_{gen} = 0$$
$$\therefore \ \dot{S}_{gen} = \dot{m}_R(s_{R,2} - s_{R,1}) + \dot{m}_C(s_{C,2} - s_{C,1}) \cdots\cdots\cdots\cdots (\bigstar)$$

이고, 비압축성 액체에서 $Tds = dh - vdP = C_p dT$로부터 식 ($\bigstar$)의 값은 다음과 같다.

$$\dot{S}_{gen} = \dot{m}_R C_R \ln\left(\frac{T_{R,2}}{T_{R,1}}\right) + \dot{m}_C C_C \ln\left(\frac{T_{C,2}}{T_{C,1}}\right)$$
$$= 0.2(1.43)\ln\left(\frac{30+273}{60+273}\right) + 0.0684(4.18)\ln\left(\frac{40+273}{10+273}\right)$$
$$= 1.8 \times 10^{-3}[\text{kJ/s} \cdot \text{K}]$$
$$= 1.8 \times 10^{-3}[\text{kW/K}]$$

(4) 단열된 열교환기이므로 열교환기 주위의 엔트로피 변화가 0이다. 따라서 전체 엔트로피 생성은 열교환기 내의 엔트로피 생성과 같고 이 값이 0보다 크므로 이 열 교환은 실현 가능한 과정이다.

설명 •• 검사체적 대한 엔트로피 평형

검사체적에 대한 엔트로피 평형식은 검사체적의 경계를 통한 질량 출입을 포함한다는 점에서 밀폐계에 대한 식과 다르다. 질량은 에너지뿐만 아니라 엔트로피도 가지고 있으며, 종량적 상태량인 에너지와 엔트로피는 질량에 비례한다.

계로 전달되는 열전달을 양(+)의 방향으로 할 때 일반적인 엔트로피 평형식은 검사체적(C.V.)에 대해 다음과 같이 표현된다.

$$\sum \frac{Q_n}{T_n} + \sum m_{in} s_{in} - \sum m_{out} s_{out} + S_{gen}$$
$$= (S_2 - S_1)_{C.V.}[\text{kJ/K}] \cdots\cdots\cdots ①$$

이 식을 시간변화율 식으로 쓰면 다음과 같다.

$$\sum \frac{\dot{Q}_n}{T_n} + \sum \dot{m}_{in} s_{in} - \sum \dot{m}_{out} s_{out} + \dot{S}_{gen} = dS_{C.V.}/dt\,[\mathrm{kW/K}] \quad \cdots\cdots ②$$

터빈, 압축기, 열교환기, 노즐, 파이프 등의 검사체적은 대부분 정상상태로 운전되므로 시간에 따른 엔트로피 변화가 없다. 따라서 일반적인 정상유동 과정에 대한 엔트로피 평형식은 식 ②에서 $dS_{C.V.}/dt = 0$이고, 다음과 같이 표현된다.

- 정상유동 :

$$\dot{S}_{gen} = \sum \dot{m}_{out} s_{out} - \sum \dot{m}_{in} s_{in} - \sum \frac{\dot{Q}_n}{T_n}\,[\mathrm{kW/K}] \quad \cdots\cdots ③$$

식 ③으로부터 입구와 출구가 각각 하나인 단일흐름($\dot{m}_{in} = \dot{m}_{out} = \dot{m}$)을 갖는 정상유동 장치에 대한 엔트로피 평형식은 다음과 같이 간단하게 표현된다.

- 정상유동, 단일흐름 :

$$\dot{S}_{gen} = \dot{m}(s_{out} - s_{in}) - \sum \frac{\dot{Q}_n}{T_n}\,[\mathrm{kW/K}] \quad \cdots\cdots ④$$

그리고 단일 흐름을 갖는 정상유동이고 장치가 단열이면 엔트로피 평형식은 다음과 같다.

- 정상유동, 단일흐름, 단열 :

$$\dot{S}_{gen} = \dot{m}(s_{out} - s_{in})\ [\mathrm{kW/K}] \quad \cdots\cdots ⑤$$

어떤 과정이 진행되었을 때 항상 $\dot{S}_{gen} \geq 0$이다. 따라서 식 ⑤는 단열장치 속에서 유체가 흐를 때 유체의 비엔트로피가 감소할 수 없다($s_{out} \geq s_{in}$)는 것을 나타낸다. 한편 장치를 통한 유동이 가역단열이면 다른 성질과 무관하게 엔트로피가 일정하다. 즉, 가역단열과정에서는 $\dot{S}_{gen} = 0$, $s_{out} = s_{in}$이다.

[문제 3.20] **온도가 27℃ 인 공기 중에 있는 다림질 판 위에 1200W 다리미가 놓여 있다. 다리미의 표면온도가 327℃ 일 때 다음을 구하여라. 단, 다리미와 공기는 정상상태를 유지한다.**

(1) 다리미 내부에서의 엔트로피 생성률[W/K]
(2) 다리미와 주위 공기를 포함하는 계의 엔트로피 생성률[W/K]
(3) 다리미 주위 공기에서 엔트로피 생성률[W/K]

풀이 주위온도 $T_0 = 27℃ = 300\text{K}$, 다리미 표면온도 $T_w = 327℃ = 600\text{K}$, 다리미에서 외부로 방출하는 열량 $\dot{Q} = 1200\text{W}$ 이다.

(1) [그림 1]의 (a)와 같이 다리미 표면을 검사 면으로 하여 계를 잡으면 정상상태이므로 다음과 같은 엔트로피 평형식이 성립한다.

$$(\dot{S}_{in} - \dot{S}_{out}) + \dot{S}_{gen,\,iron} = \frac{d\dot{S}_{sys}}{dt} = 0$$

$$\therefore \; -\frac{\dot{Q}}{T_w} + \dot{S}_{gen,iron} = 0$$

따라서 다리미 내부에서의 엔트로피 생성률[W/K]은 다음과 같다.

$$\dot{S}_{gen,iron} = \frac{\dot{Q}}{T_w} = \frac{1200}{600} = 2\,[\text{W/K}]$$

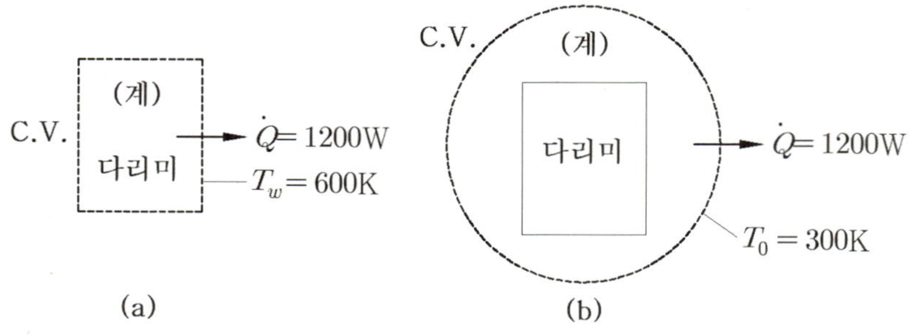

[그림 1] (a) 다리미의 검사체적 (b) 다리미와 주위를 포함하는 검사체적

(2) [그림 1]의 (b)와 같이 다리미와 주위 공기를 포함하는 계를 잡고, 이

계에 엔트로피 평형을 적용하면

$$\dot{S}_{gen,total}=\frac{\dot{Q}}{T_0}=\frac{1200}{300}=4\,[\mathrm{W/K}]$$

이다.

(3) [그림 2]와 같이 온도 T_w인 다리미 표면과 온도 T_0인 주위를 검사 면으로 하여 계를 잡으면 다음과 같은 공기에 대한 엔트로피 평형식이 성립한다.

$$\left(\dot{S}_{in}-\dot{S}_{out}\right)+\dot{S}_{gen,\,air}=\frac{d\dot{S}_{sys}}{dt}=0$$

$$\therefore\ \frac{\dot{Q}}{T_w}-\frac{\dot{Q}}{T_0}+\dot{S}_{gen,\,air}=0$$

따라서 다리미 주위 공기에서 엔트로피 생성률[W/K]은 다음과 같다.

$$\dot{S}_{gen,\,air}=\frac{\dot{Q}}{T_0}-\frac{\dot{Q}}{T_w}=\frac{1200}{300}-\frac{1200}{600}=2\,[\mathrm{W/K}]$$

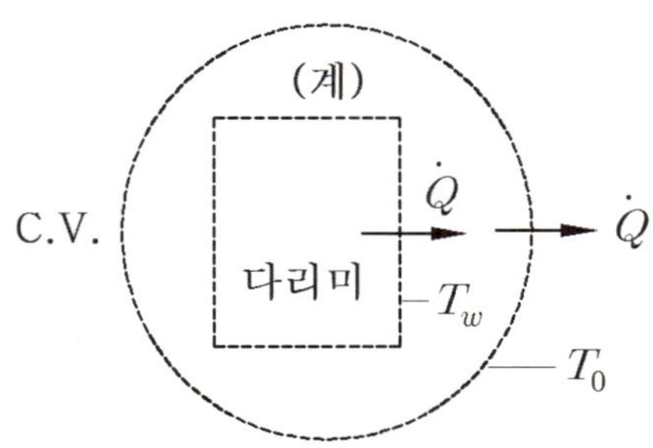

[그림 2] 다리미 주위 공기의 검사체적

(1), (2), (3)으로부터 $\dot{S}_{gen,\,total}=\dot{S}_{gen,\,iron}+\dot{S}_{gen,\,air}$이다.

† [그림 2]와 같이 계를 잡으면 다리미로부터 계로 $+\dot{Q}/T_w$의 엔트로피가 유입된다는 것에 주의한다. 이에 반해 [그림 1]의 (a)에서는 다리미로부터 엔트로피가 유출되었으므로 엔트로피 평형 식에서 $-\dot{Q}/T_w$가 된다.

[문제 3.21] 공기가 압력 100kPa, 온도 20℃, 체적 유량 $3m^3/s$로 대향류 열교환기에 유입된다. 공기를 가열하기 위해 연소가스가 온도 200℃, 질량 유량 4kg/s로 유입된다. 연소가스의 출구 온도가 90℃ 일 때 다음을 구하여라. 단, 열교환기 외벽은 단열이며, 열교환은 두 기체 사이에서만 이루어지고, 열교환기 내에서 압력변화는 무시한다. 공기의 기체상수는 0.287kJ/kg · K, 정압비열은 1.005kJ/kg · K 이고, 연소가스의 정압비열은 1.1kJ/kg · K 이다.

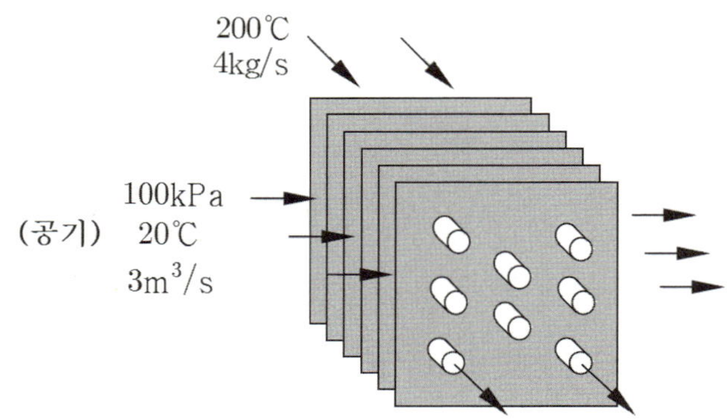

(1) 연소가스가 공기에 전달하는 열전달률(kW)
(2) 공기의 출구 온도(℃)
(3) 열교환기 내 공기와 연소가스에서 엔트로피 생성률(kW/K)

풀이 주어진 값은 다음과 같다. 첨자 a와 g는 각각 공기와 연소가스를 나타내고, 1과 2는 각각 입구와 출구를 나타낸다.

- 공기의 체적유량 $\dot{V}_a = 3m^3/s$, $T_{a,1} = 20℃$, $P_{a,1} = 100kPa$
  $T_{a,2} =$ (미지수), 기체상수 $R = 0.287kJ/kg \cdot K$
- 연소가스의 질량유량 $\dot{m}_g = 4kg/s$, $T_{g,1} = 200℃$, $T_{g,2} = 90℃$
- 정압비열 $C_{p,a} = 1.005kJ/kg \cdot K$, $C_{p,g} = 1.1kJ/kg \cdot K$

(1) **연소가스가 공기에 전달하는 열전달률 $\dot{Q}$(kW)** : 연소가스는 공기에 열을 전달하고 출구에서 온도가 내려갔다.

$$\dot{Q} = \dot{m}_g C_{p,g}(T_{g,1} - T_{g,2}) = 4(1.1)(200-90) = 484[\text{kW}]$$

(2) **공기의 출구 온도 $T_{a,2}$(℃)** : 연소가스로부터 $\dot{Q}$의 열을 받고 출구에서 온도가 올라간다. 공기의 입구상태로부터 공기의 밀도(ρ)를 구하면 공기의 질량유량($\dot{m}_a$)은

$$\dot{m}_a = \rho\dot{V} = \frac{P_{a,1}\dot{V}}{RT_{a,1}} = \frac{100(3)}{0.287(20+273)} = 3.568[\text{kg/s}]$$

이고, 공기의 출구 온도($T_{a,2}$)는 다음과 같다.

$$\dot{Q} = \dot{m}_a C_{p,a}(T_{a,2} - T_{a,1})$$

$$\therefore\ T_{a,2} = T_{a,1} + \frac{\dot{Q}}{\dot{m}_a C_{p,a}} = 20 + \frac{484}{3.568(1.005)} = 155[℃]$$

(3) **열교환기 내의 엔트로피 생성률 $\dot{S}_{gen}$(kW/K)** : 정상상태의 열교환기 전체에 대해 엔트로피 평형을 적용하면

$$(\dot{S}_{in} - \dot{S}_{out}) + \dot{S}_{gen} = 0$$

$$\dot{m}_a(s_{a,1} - s_{a,2}) + \dot{m}_g(s_{g,1} - s_{g,2}) + \dot{S}_{gen} = 0$$

$$\therefore\ \dot{S}_{gen} = \dot{m}_a(s_{a,2} - s_{a,1}) + \dot{m}_g(s_{g,2} - s_{g,1}) \cdots\cdots\cdots (\star)$$

이고, 압력변화를 무시하면 $Tds = dh - vdP = C_p dT$ 로부터 식 ($\star$)의 값은 다음과 같다.

$$\dot{S}_{gen} = \dot{m}_a C_{p,a}\ln\left(\frac{T_{a,2}}{T_{a,1}}\right) + \dot{m}_g C_{p,g}\ln\left(\frac{T_{g,2}}{T_{g,1}}\right)$$

$$= 3.568(1.005)\ln\left(\frac{155+273}{20+273}\right) + 4(1.1)\ln\left(\frac{90+273}{200+273}\right)$$

$$= 0.1942[\text{kW/K}]$$

[문제 3.22] 그림은 일정한 압력 하에서 온도가 280K인 일정량의 물을 항온조에 넣어 물의 온도를 350K로 높이는 2 가지 과정 (가)와 (나)를 나타낸 것이다. 표는 (가)와 (나)를 통하여 물의 온도가 350K가 될 때, '물의 엔트로피 변화+물에 의한 항온조의 엔트로피 변화'를 나타낸 것이다.

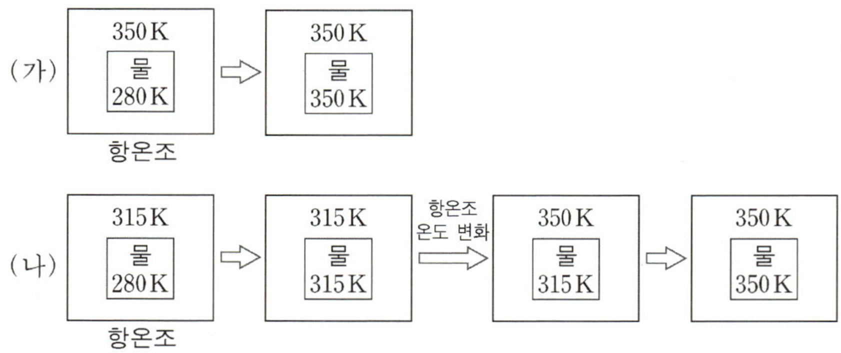

과정	물의 엔트로피 변화+물에 의한 항온조의 엔트로피 변화
(가)	ΔS_1
(나)	ΔS_2

엔트로피 변화의 차($\Delta S_2 - \Delta S_1$)를 물의 일정-압력 열용량(C_p)을 포함하는 식으로 나타내시오. (단, 주위는 항온조만 고려하고 항온조의 온도 변화에 따른 항온조의 엔트로피 변화는 고려하지 않는다. 온도 변화에 따른 C_p의 변화는 없다.) [중등교사 임용시험–화학(2017)]

풀이 항온조 온도가 T_2이고 일정한 압력($dP=0$) 하에서 물의 온도가 T_1에서 T_2로 올라갈 때 물의 엔트로피 변화(ΔS_w)는 다음과 같다.

$$TdS = dH - VdP = dH = C_p dT$$

$$dS = C_p \frac{1}{T} dT$$

$$\therefore \ \Delta S_w = C_p \int_1^2 \frac{1}{T} dT = C_p \ln\left(\frac{T_2}{T_1}\right) \quad \cdots\cdots ①$$

이때 항온조가 물에 전달한 열량은 $Q = C_p(T_1 - T_2)$이므로 물에 의한 항온조의 엔트로피 변화(ΔS_R)는

$$\Delta S_R = \frac{Q}{T_2} = C_p \frac{(T_1 - T_2)}{T_2} \cdots\cdots ②$$

이다. 따라서 물의 엔트로피 변화+물에 의한 항온조의 엔트로피 변화(ΔS)는 다음과 같다.

$$\Delta S = \Delta S_w + \Delta S_R = C_p \ln\left(\frac{T_2}{T_1}\right) + C_p \frac{(T_1 - T_2)}{T_2} \cdots\cdots ③$$

식 ③을 과정 (가)와 (나)에 적용하면

$$\Delta S_1 = C_p \ln\left(\frac{350}{280}\right) + C_p \frac{(280 - 350)}{350}$$

$$= C_p \ln\left(\frac{5}{4}\right) - \frac{1}{5} C_p \cdots\cdots ④$$

$$\Delta S_2 = \left[C_p \ln\left(\frac{315}{280}\right) + C_p \frac{(280 - 315)}{315} \right] + \left[C_p \ln\left(\frac{350}{315}\right) + C_p \frac{(315 - 350)}{350} \right]$$

$$= C_p \ln\left(\frac{5}{4}\right) - \frac{19}{90} C_p \cdots\cdots ④$$

이고, 엔트로피 변화의 차($\Delta S_2 - \Delta S_1$)는 다음과 같다.

$$\Delta S_2 - \Delta S_1 = -\frac{19}{90} C_p + \frac{1}{5} C_p = -\frac{1}{90} C_p \cdots\cdots ⑤$$

[문제 3.23] 그림 (가)는 실린더에 들어 있는 이상 기체 X의 초기 상태를, (나)는 (가)의 고정 장치를 제거한 후 X가 팽창하여 도달한 상태를 나타낸 것이다. 실린더 외부 온도는 400K, 압력은 1.0bar로 각각 일정하다.

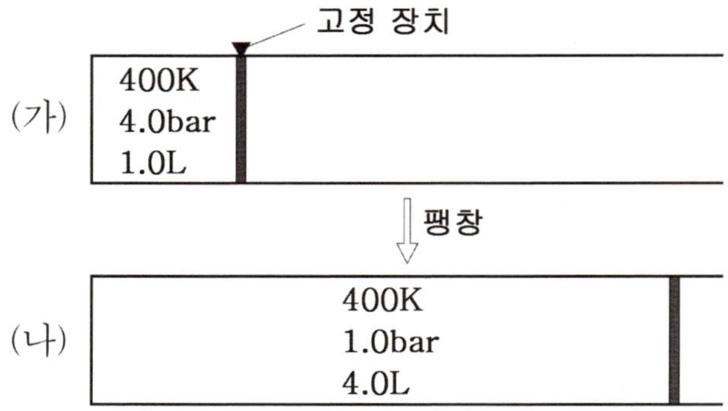

이 변화에서 X가 외부에 한 일의 양($|w|$)과 흡수한 열(q)을 J 단위로 계산하시오. 또한, 실린더 안의 엔트로피 변화($\Delta S_{계}$)와 밖의 엔트로피 변화($\Delta S_{주위}$)를 J/K 단위로 각각 계산하시오. (단, 피스톤의 질량과 마찰은 무시하고, 1bar$=10^2$J/L, $\ln 2 = 0.69$이다.)

[중등교사 임용시험-화학(2019)]

풀이 외부 온도 $T_0 = 400\text{K}$, 압력 $P_0 = 1\text{bar}$이며 처음 상태 $T_1 = 400\text{K}$, $P_1 = 4.0\text{bar}$, $V_1 = 1.0\text{L}$에서 나중 상태 $T_2 = 400\text{K}$, $P_2 = 1.0\text{bar}$, $V_2 = 4.0\text{L}$로 변화하였다. 주어진 과정은 온도가 일정한 등온과정이며 $PV = C$(상수)를 만족한다.

(1) $PV = P_1V_1 = P_2V_2$이므로 기체가 외부에 한 일 w는 다음과 같다.

$$w = \int_1^2 P\,dV = P_1V_1\int_1^2 \frac{1}{V}dV$$

$$= P_1V_1\ln\left(\frac{V_2}{V_1}\right) = (4\text{bar}\times 1\text{L})\times\ln\left(\frac{4}{1}\right) = 400\times 2\ln 2$$

$$= 400\times 2\times 0.69 = 552(\text{J})$$

이상에서 $1\text{bar}\times 1\text{L} = (10^2\text{J/L})\times\text{L} = 100\text{J}$이다.

(2) 등온과정에서 내부에너지 변화 $\Delta u = mC_v dT = 0$이다. 따라서 열역학 제1법칙에 의해 기체가 흡수한 열(q)은 다음과 같다.

$$q = \Delta u + w = w = 552\,(\text{J})$$

(3) 실린더 안의 기체는 주위(외부)로부터 $q = 552\,(\text{J})$의 열을 흡수하여 등온과정($T = T_1 = T_2$)으로 팽창하였다. 따라서 계의 엔트로피 변화($\Delta S_{계}$)는 다음과 같다.

$$\Delta S_{계} = \frac{q}{T_1} = \frac{552}{400} = 1.38 \ \ (\text{J/K})$$

(4) 실린더 안의 기체가 주위로부터 $q = 552\,(\text{J})$의 열을 흡수하였으므로 실린더 밖은 552(J)의 열을 잃었다. 따라서 밖의 엔트로피 변화($\Delta S_{주위}$)는 다음과 같다.

$$\Delta S_{주위} = \frac{-q}{T_0} = -\frac{552}{400} = -1.38 \ \ (\text{J/K})$$

[Note] 엔트로피 관계식으로부터 계의 엔트로피 변화($\Delta S_{계}$)를 구하면 다음과 같다. 등온과정에서 $TdS = du + PdV = PdV$ 이고, $P = \dfrac{P_1V_1}{V}$ 이다. 따라서

$$dS = \frac{P}{T}dV = \frac{P_1V_1}{T_1}\left(\frac{1}{V}\right)dV$$

$$\therefore \ \Delta S_{계} = \frac{P_1V_1}{T_1}\int_1^2\left(\frac{1}{V}\right)dV = \frac{P_1V_1}{T_1}\ln\left(\frac{V_2}{V_1}\right)$$

$$= \frac{400}{400}\times\ln\left(\frac{4}{1}\right) \ (\text{J/K}) = 2\ln 2 = 2\times 0.69 = 1.38\,(\text{J/K})$$

이상에서 $P_1V_1 = 4\text{bar}\times 1\text{L} = (4\times 10^2\text{J/L})\times\text{L} = 400\text{J}$이다.

[문제 3.24] 그림은 아르곤과 질소가 같은 몰수로 혼합된 기체를 단열 실린더에 채운 후, 부피 V_0, 온도 T_0, 압력 P_0인 초기 상태에서 준정적(quasistatic)으로 압축시켜 부피가 V로 된 것을 나타낸 것이다.

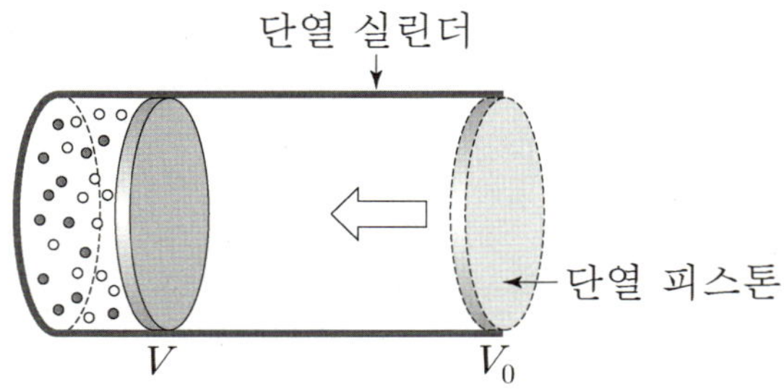

계의 엔트로피 변화가 없음을 이용하여 $V=\frac{1}{4}V_0$일 때 온도 T와 압력 P를 풀이 과정과 함께 구하시오. (단, 기체를 이상 기체로 가정하며, 아르곤과 질소의 정적 몰 비열은 각각 $\frac{3}{2}R$, $\frac{5}{2}R$이고, R은 기체 상수이다.) [중등교사 임용시험-물리(2017)]

풀이 아르곤과 질소가 같은 몰수로 혼합되어 있으므로 혼합기체의 정적 몰 비열(C_v)과 정압 몰 비열(C_p) 및 비열비(k)는 다음과 같다.

- $C_v=\sum y_i C_{v,i}=\frac{1}{2}\times\left(\frac{3}{2}R\right)+\frac{1}{2}\times\left(\frac{5}{2}R\right)=2R$
- $C_p=C_v+R=2R+R=3R$
- $k=\frac{C_p}{C_v}=\frac{3R}{2R}=\frac{3}{2}$

(1) 계의 엔트로피 변화가 없을 때($ds=0$) 이상기체($Pv=RT$)에서

$$Tds=du+Pdv=C_v dT+Pdv$$

$$ds=C_v\frac{1}{T}dT+\frac{P}{T}dv=C_v\frac{1}{T}dT+\frac{R}{v}dv$$

$$\therefore\ C_v\frac{1}{T}dT+\frac{R}{v}dv=0$$

이다. 처음상태(V_0, T_0, P_0)와 변화 후의 상태(V, T, P)에 대해 위 식을 적분하면 다음과 같이 $V=\frac{1}{4}V_0$일 때의 온도 T가 구해진다.

$$C_v \ln\left(\frac{T}{T_0}\right) + R\ln\left(\frac{v}{v_0}\right) = 0$$

$$\frac{T}{T_0} = \left(\frac{v_0}{v}\right)^{R/C_v} = (4)^{1/2} = 2$$

$$\therefore\ T = 2T_0$$

이상에서 몰수가 일정하므로 비체적 $v = \frac{1}{4}v_0$이다.

그리고 이상기체 상태방정식에서 압력 P는 다음과 같다.

$$\frac{PV}{T} = \frac{P_0 V_0}{T_0}$$

$$\therefore\ P = \left(\frac{TV_0}{T_0 V}\right)P_0 = \left(\frac{2T_0 \times V_0}{T_0 \times \frac{1}{4}V_0}\right)P_0 = 8P_0$$

★ 아르곤과 질소 각각에 대해 식 $C_v \frac{1}{T}dT + \frac{R}{V}dV = 0$을 적분해도 된다.

$$\left[C_v \ln\left(\frac{T}{T_0}\right) + R\ln\left(\frac{V}{V_0}\right)\right]_{\text{아르곤}} + \left[C_v \ln\left(\frac{T}{T_0}\right) + R\ln\left(\frac{V}{V_0}\right)\right]_{\text{질소}} = 0$$

$$\left[\frac{3}{2}R\ln\left(\frac{T}{T_0}\right) + R\ln\left(\frac{V}{V_0}\right)\right] + \left[\frac{5}{2}R\ln\left(\frac{T}{T_0}\right) + R\ln\left(\frac{V}{V_0}\right)\right] = 0$$

$$4R\ln\left(\frac{T}{T_0}\right) + 2R\ln\left(\frac{V}{V_0}\right) = 0$$

$$2\ln\left(\frac{T}{T_0}\right) + \ln\left(\frac{V}{V_0}\right) = 0$$

$$\therefore\ T = \left(\frac{V_0}{V}\right)^{1/2} T_0 = (4)^{1/2}T_0 = 2T_0$$

(2) 기계공학과 학생들은 엔트로피 변화가 없는 과정(등엔트로피 과정)에서 $PV^k=(\text{일정})$의 관계식이 성립한다는 것을 잘 알고 있다. 이 사실을 곧바로 이용하면

$$PV^k = P_0 V_0^k$$

$$\therefore\ \ P = \left(\frac{V_0}{V}\right)^k P_0 = (4)^{\frac{3}{2}} P_0 = 8P_0$$

이고, 이상기체 상태방정식에서 온도(T)는 다음과 같다.

$$\frac{PV}{T} = \frac{P_0 V_0}{T_0}$$

$$\therefore\ \ T = \left(\frac{PV}{P_0 V_0}\right) T_0 = \left(\frac{8P_0 \times \frac{1}{4} V_0}{P_0 V_0}\right) T_0 = 2T_0$$

[문제 3.25] **밀폐된 압력 용기 내에 비열비(k)가 일정한 이상기체가 들어 있다. 초기 상태에서 기체의 절대온도는 T_1, 압력은 P_1, 체적은 V_1이고, 기체가 서서히 냉각되어 최종상태에서 압력이 $\epsilon \times P_1$이 되었다. 체적이 일정하다고 가정할 때, 기체의 엔탈피 변화량($H_2 - H_1$), 기체가 방출한 열량의 크기, 기체의 엔트로피 변화량($S_2 - S_1$)을 구하여 T_1, P_1, V_1, ϵ, k를 사용하여 나타내시오. (단, 비열비 $k = C_p / C_v$ (C_p : 정압비열, C_v : 정적비열)이며, H_1, S_1은 각각 초기상태의 엔탈피, 엔트로피, H_2, S_2 는 각각 최종상태의 엔탈피, 엔트로피를 나타낸다.)** [중등교사임용시험 –기계 · 금속 논술(2010)]

풀이 질량을 m, 기체상수를 R, 절대온도, 압력, 체적을 각각 T, P, V 라고 하면 이상기체의 상태 방정식은 $PV = mRT$ 이다. 따라서 기체의 질량은

$$m = \frac{P_1 V_1}{R T_1} \quad \cdots\cdots\cdots\cdots\cdots\cdots\cdots\cdots\cdots\cdots ①$$

이다. 체적이 일정한 과정에서 상태 방정식 $PV = mRT$는

$$\frac{T}{P} = \text{Constant}$$

가 되므로 최종 상태의 절대온도(T_2)는

$$\frac{T_1}{P_1} = \frac{T_2}{P_2}$$

$$\therefore \quad T_2 = T_1 \frac{P_2}{P_1} = T_1 \frac{\epsilon P_1}{P_1} = \epsilon T_1 \quad \cdots\cdots ②$$

이다. 한편 비열비 $k = \dfrac{C_p}{C_v}$ 이고 이상기체에서 $C_p - C_v = R$ 이므로, 정적 비열(C_v)과 정압 비열(C_p)은 각각 다음과 같다.

$$C_v = \frac{R}{k-1}, \quad C_p = kC_v = \frac{k}{k-1}R \quad \cdots\cdots ③$$

여기에서 비열비 k가 일정하면 C_v 와C_p 가 일정하므로 정압비열의 정의식 $C_p = \dfrac{dh}{dT}$ 를 적분하면 엔탈피 변화량은

$$\begin{aligned} \Delta H &= mC_p(T_2 - T_1) \\ &= \frac{P_1 V_1}{RT_1} \times \frac{kR}{k-1}(\epsilon T_1 - T_1) = \frac{kP_1 V_1}{k-1}(\epsilon - 1) \quad \cdots\cdots ④ \end{aligned}$$

이다. 한편 열역학 제1법칙은 $Q = \Delta U + W$ (Q : 시스템으로 전달된 열량, ΔU : 내부에너지 변화량, W : 기체가 한 일)인데, 정적 비열의 정의 $C_v = \dfrac{du}{dT}$ 로부터 내부 에너지 변화량은

$$\begin{aligned} \Delta U = mC_v(T_2 - T_1) &= \frac{P_1 V_1}{RT_1} \times \frac{R}{k-1}(\epsilon T_1 - T_1) \\ &= \frac{P_1 V_1}{k-1}(\epsilon - 1) \quad \cdots\cdots ⑤ \end{aligned}$$

이고, 체적이 일정한 과정에서 기체가 한 일은

$$W = \int_1^2 P dV = 0 \quad \cdots\cdots ⑥$$

이므로 외부로부터 기체로 전달된 열전달량은

$$Q = \Delta U + W = \Delta U = \frac{P_1 V_1}{k-1}(\epsilon - 1) \quad \cdots\cdots ⑦$$

이다. 여기에서 기체가 냉각되었으므로 $\Delta U < 0$이고, 비열비 $k > 1$ 이므로 $\epsilon < 1$ 이다. 따라서 기체가 방출한 열량의 크기는

$$Q_c = -Q = \frac{P_1 V_1}{k-1}(1 - \epsilon) \quad \cdots\cdots ⑧$$

이다. 끝으로 체적 일정 과정에서 $dv = 0$이므로

$$Tds = du + Pdv = du = C_v dT$$

∵ 체적=(일정) 이므로 $dv = 0$

이다. 이 식을 적분하면 엔트로피 변화량(ΔS)은 다음과 같다.

$$\Delta S = m C_v \ln\left(\frac{T_2}{T_1}\right) = \frac{P_1 V_1}{R T_1} \times \frac{R}{k-1} \times \ln\left(\frac{\epsilon T_1}{T_1}\right)$$

$$= \frac{P_1 V_1}{T_1 (k-1)} \ln(\epsilon) \quad \cdots\cdots ⑨$$

[문제 3.26] 그림은 정적비열이 $1.5R$ (R은 기체상수)인 1몰의 이상기체가 상태 a에서 b까지 등온팽창한 후, 일정한 부피에서 압력이 감소되어 압력 P_c인 상태 c로 가는 과정을 나타낸 것이다. a에서 압력은 $200\,\mathrm{kPa}$이고, 부피는 $5\,\mathrm{L}$이다. a에서 b까지 등온 팽창하는 동안 기체의 엔트로피는 $R\ln 2$만큼 증가하였다. 기체의 압력이 b에서 c까지 감소되는 동안 기체가 $600\,\mathrm{J}$의 열을 방출하였을 때, 압력 P_c[kPa]를 구하여라. [중등교사임용시험–물리(2010)]

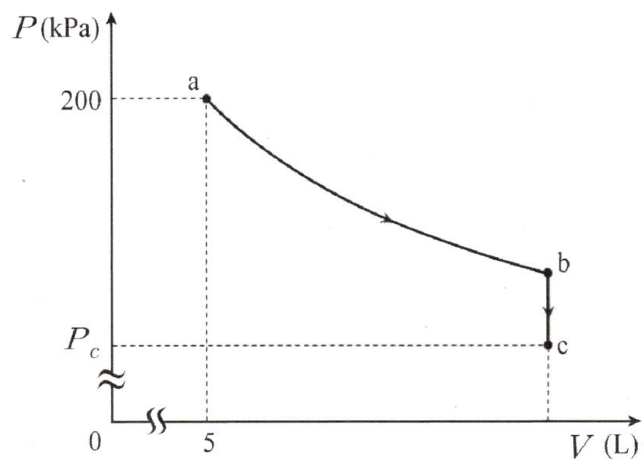

풀이 a에서 b까지의 엔트로피 변화 $(\Delta s)_{ab} = R\ln\left(\dfrac{v_b}{v_a}\right) = R\ln 2$이므로

$$\frac{v_b}{v_a} = 2 \quad \therefore\ v_b = 2v_a = 2 \cdot 5 = 10(\mathrm{L})$$

a→b 는 등온과정이므로 $P_a v_a = P_b v_b$

$$\therefore\ P_b = P_a \cdot \frac{v_a}{v_b} = 200 \cdot \frac{1}{2} = 100(\mathrm{kPa})$$

b→c 과정은 체적 일정 과정($v_b = v_c$)이므로 $dw = Pdv = 0$이다. 따라서 기체로 유입된 열량은

$$q_{bc} = \Delta u + w = C_v(T_c - T_b) = 1.5R(T_c - T_b)$$

이므로 기체가 방출한 열량은

$$q = -q_{bc} = -1.5R(T_c - T_b) \cdots\cdots (\star)$$

이다. 여기에서 상태방정식으로부터

$$T_c = \frac{P_c v_c}{R} = \frac{P_c v_b}{R}, \quad T_b = \frac{P_b v_b}{R}$$

를 구하여 식 ($\star$)에 대입하면

$$q = -1.5R\left(\frac{P_c v_b}{R} - \frac{P_b v_b}{R}\right)$$

$$-600 = 1.5(P_c - 100) \cdot 10$$

$$\therefore \ P_c = 60\,(\text{kPa})$$

이 구해진다. 이상에서 $\frac{\text{J}}{\text{L}} = \frac{\text{N} \cdot \text{m}}{10^{-3}\text{m}^3} = 10^3\,\text{Pa} = \text{kPa}$이다.

[문제 3.27] 그림은 n몰의 단원자 이상기체를 이용한 열기관의 작동 과정 일부를 나타낸 압력–부피 그래프이다. 압력, 부피, 절대온도가 각각 P_1, V_1, T_1인 처음 상태에서 P_2, V_2, T_2인 상태로 부피가 늘어나는 동안 이 기체는 $PV^2 = C$(C는 상수)를 만족한다. 이 과정에서 기체가 외부에 한 일 W, 방출한 열, 엔트로피 변화 ΔS를 T_1, T_2의 함수로 나타내시오. 단, 기체상수는 R이다.

[중등교사임용시험–물리(2007)]

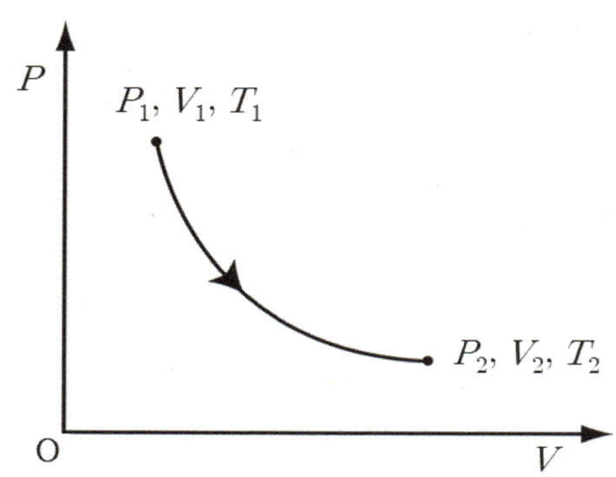

풀이 단원자 이상기체의 정적비열 $C_v = \frac{3}{2}R$이다. $PV^2 = C$에서

$$P_1 V_1^2 = C, \quad P_2 V_2^2 = C$$

(1) 기체가 외부에 한 일(W)

$$W = \int P dV = \int C V^{-2} dV = C\left[-\frac{1}{V}\right]_{V_1}^{V_2} = C\left(\frac{1}{V_1} - \frac{1}{V_2}\right)$$

$$= \frac{C}{V_1} - \frac{C}{V_2} = \frac{P_1 V_1^2}{V_1} - \frac{P_2 V_2^2}{V_2} = P_1 V_1 - P_2 V_2$$

$$= nR(T_1 - T_2)$$

(2) 기체가 방출한 열 : 열역학 제1법칙으로부터 기체로 유입된 열량(Q)은

$$Q = \Delta U + W = nC_v(T_2 - T_1) + nR(T_1 - T_2)$$

$$= n \cdot \frac{3}{2}R(T_2 - T_1) + nR(T_1 - T_2)$$

$$= \frac{1}{2}nR(T_2 - T_1)$$

따라서 기체가 방출한 열량은 $Q_{out} = -Q = \frac{1}{2}nR(T_1 - T_2)$이다.

(3) 엔트로피 변화($\triangle S$) : $Tds = du + Pdv = C_v dT + Pdv$에서

$$\Delta S = nC_v \ln\left(\frac{T_2}{T_1}\right) + nR\ln\left(\frac{v_2}{v_1}\right) = nC_v \ln\left(\frac{T_2}{T_1}\right) + nR\ln\left(\frac{T_1}{T_2}\right)$$

$$= n \times \left(\frac{3}{2}R\right)\ln\left(\frac{T_2}{T_1}\right) - nR\ln\left(\frac{T_2}{T_1}\right) = \frac{1}{2}nR\ln\left(\frac{T_2}{T_1}\right)$$

이상에서 $PV^2 = C$으로부터 $(P_1 V_1)V_1 = (P_2 V_2)V_2$이므로

$$(nRT_1)V_1 = (nRT_2)V_2$$

$$\therefore \frac{v_2}{v_1} = \frac{V_2}{V_1} = \frac{T_1}{T_2}$$

[문제 3.28] [그림]과 같이 부피가 일정한 두 개의 탱크(A, B)가 있고, 탱크 A와 B의 온도는 각각 1200K, 300K이다. A와 B 사이에 설치된 열기관은 고온의 A에서 열을 흡수하여 일을 하고 저온의 B로 열을 방출한다. A와 B에 모두 5kg의 이상기체가 들어있을 때 다음을 구하여라. 단, 기체의 정적비열은 0.7kJ/kg · K 이다.

(1) 열기관이 최대 일을 할 때 A와 B의 최종 온도(K)

(2) 열기관의 최대 일(kJ)

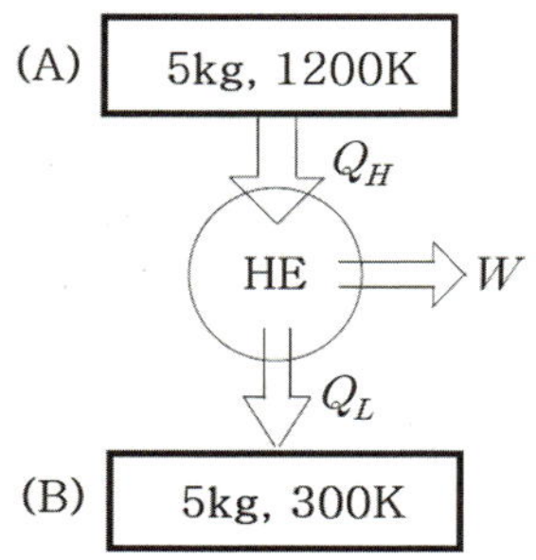

[그림] 정적 열원 사이에서 작동하는 열기관

풀이 초기상태를 i, 최종상태를 f로 표시한다. 최종상태에서 A와 B의 온도(T_f)는 같다.

- $T_{A,i} = 1200\text{K}$, $T_{B,i} = 300\text{K}$
- 질량 $m = 5\text{kg}$, 정적비열 $C_v = 0.7\text{kJ/kg} \cdot \text{K}$

(1) 부피가 일정하므로 $Tds = du + Pdv = C_v dT$로부터 계의 총 엔트로피 변화(ΔS_{total})는

$$\Delta S_{total} = \Delta S_A + \Delta S_B = mC_v \ln\left(\frac{T_f}{T_{A,i}}\right) + mC_v \ln\left(\frac{T_f}{T_{B,i}}\right)$$

$$= mC_v\left[\ln\left(\frac{T_f}{T_{A,i}}\right) + \ln\left(\frac{T_f}{T_{B,i}}\right)\right]$$

$$= mC_v\left[\ln\left(\frac{T_f^2}{T_{A,i}T_{B,i}}\right)\right]$$

이다. 여기에서 계의 총 엔트로피 변화 $\Delta S_{total}=0$인 가역과정에서 열기관의 일이 최대가 되고, 이때 A와 B의 최종 온도는 다음과 같다.

$$\frac{T_f^2}{T_{A,i}T_{B,i}}=1$$

$$\therefore\ T_f=\sqrt{T_{A,i}T_{B,i}}=\sqrt{300(1200)}=600[\mathrm{K}]$$

(2) 열기관의 최대 일 $W_{\max}$: 열역학 제1법칙으로부터

$$\begin{aligned} W_{\max}=Q_H-Q_L&=mC_v(T_{A,i}-T_f)-mC_v(T_f-T_{B,i})\\ &=mC_v(T_{A,i}+T_{B,i}-2T_f)\\ &=5(0.7)(1200+300-2\times 600)[\mathrm{kJ}]\\ &=1050[\mathrm{kJ}] \end{aligned}$$

[문제 3.29] **[그림]과 같이 두 개의 피스톤–실린더 장치(A, B)가 있고, A와 B의 온도는 각각 1200K, 300K이다. A와 B 사이에 설치된 열기관은 고온의 A에서 열을 흡수하여 일을 하고 저온의 B로 열을 방출한다. A와 B에 모두 5kg의 이상기체가 들어있고, 두 장치의 압력이 모두 일정할 때 다음을 구하여라. 단, 기체의 정압비열은 1.0kJ/kg · K 이다.**

(1) 열기관이 최대 일을 할 때 A와 B의 최종 온도(K)

(2) 열기관의 최대 일(kJ)

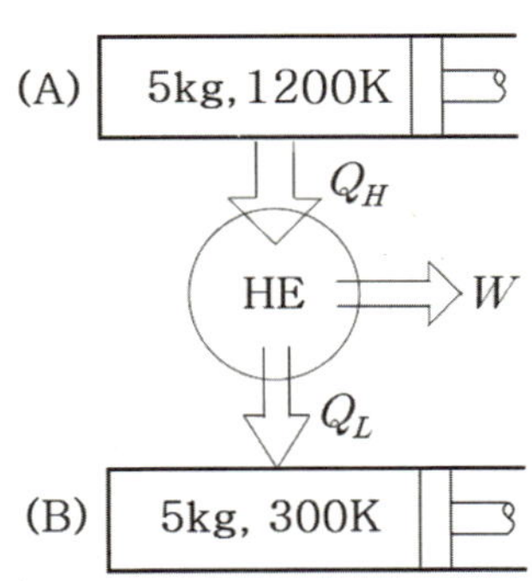

[그림] 정압 열원 사이에서 작동하는 열기관

풀이 초기상태를 i, 최종상태를 f로 표시한다. 최종상태에서 A와 B의 온도(T_f)는 같다.

- $T_{A,i}=1200\text{K}$, $T_{B,i}=300\text{K}$
- 질량 $m=5\text{kg}$, 정압비열 $C_p=1.0\text{kJ/kg}\cdot\text{K}$

(1) 압력이 일정하므로 $Tds=dh-vdP=C_pdT$로부터 계의 총 엔트로피 변화(ΔS_{total})는

$$\begin{aligned}\Delta S_{total}=\Delta S_A+\Delta S_B&=mC_p\ln\left(\frac{T_f}{T_{A,i}}\right)+mC_p\ln\left(\frac{T_f}{T_{B,i}}\right)\\&=mC_p\left[\ln\left(\frac{T_f}{T_{A,i}}\right)+\ln\left(\frac{T_f}{T_{B,i}}\right)\right]\\&=mC_p\left[\ln\left(\frac{T_f^2}{T_{A,i}T_{B,i}}\right)\right]\end{aligned}$$

이다. 여기에서 계의 총 엔트로피 변화 $\Delta S_{total}=0$인 가역과정에서 열기관의 일이 최대가 되고, 이때 A와 B의 최종 온도는 다음과 같다.

$$\frac{T_f^2}{T_{A,i}T_{B,i}}=1$$

$$\therefore\ T_f=\sqrt{T_{A,i}T_{B,i}}=\sqrt{300(1200)}=600[\text{K}]$$

(2) 열기관의 최대 일 $W_{\max}$: 열역학 제1법칙으로부터

$$\begin{aligned}W_{\max}=Q_H-Q_L&=mC_p(T_{A,i}-T_f)-mC_p(T_f-T_{B,i})\\&=mC_p(T_{A,i}+T_{B,i}-2T_f)\\&=5(1.0)(1200+300-2\times600)[\text{kJ}]\\&=1500[\text{kJ}]\end{aligned}$$

† 정적과정에서 계가 받은 열량은 계의 내부에너지 변화와 같고($Q=\Delta U$), 정압과정에서 계가 받은 열량은 계의 엔탈피 변화와 같다($Q=\Delta H$).

제4장 카르노 사이클

[문제 4.1] **카노(Carnot) 열기관이 800°C의 열저장조로부터 10kW의 열을 받아 이 중 일부를 일로 변환하고, 나머지는 27°C의 주위 공기로 열을 방출한다. 이 열기관의 일은 카노 냉동기를 구동하는 데 사용되며, 냉동기는 −16°C인 냉동실에서 열을 흡수하여 27°C의 주위 공기로 열을 방출한다. 다음 물음에 답하시오. (총 10점)**

[국가공무원 5급(기술) 제2차시험(2019)]

(1) 냉동실에서 최대로 얻을 수 있는 열제거율(kW)을 구하시오. (5점)

(2) 이 열기관과 냉동기로부터 27°C 주위 공기로 방출되는 전체 열량(kW)을 구하시오. (5점)

풀이 주어진 시스템을 도시하면 [그림]과 같다. 열기관에서

$$T_{H1} = 800℃ = 1073\text{K},\ \ T_{L1} = 27℃ = 300\text{K},\ \ \dot{Q}_{H1} = 10\text{kW}$$

이고, 냉동기에서

$$T_{L2} = -16℃ = 257\text{K},\ \ T_{H2} = 27℃ = 300\text{K}$$

이다. 온도 27°C인 주위는 열기관에서는 저온열원, 냉동기에서는 고온열원으로 사용된다.

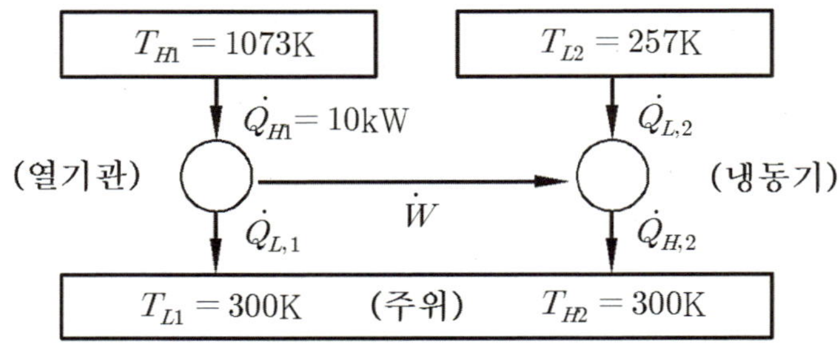

[그림] 열기관과 냉동기 복합 시스템

(1) 냉동실에서 최대로 얻을 수 있는 열제거율(kW) : 열기관의 열효율로부터 열기관의 동력($\dot{W}$)을 구하면

$$\eta = \frac{\dot{W}}{\dot{Q}_{H1}} = \frac{T_{H1} - T_{L1}}{T_{H1}}$$

$$\therefore \quad \dot{W} = \left(\frac{T_{H1} - T_{L1}}{T_{H1}}\right)\dot{Q}_{H1} = \left(\frac{1073 - 300}{1073}\right) \times 10 = 7.2[\text{kW}]$$

이고, 냉동기의 성능 계수로부터 냉동실 열제거율 $\dot{Q}_{L2}$는 다음과 같다.

$$\text{COP}_{\text{R}} = \frac{\dot{Q}_{L2}}{\dot{W}} = \frac{T_{L2}}{T_{H2} - T_{L2}}$$

$$\therefore \quad \dot{Q}_{L2} = \left(\frac{T_{L2}}{T_{H2} - T_{L2}}\right)\dot{W} = \left(\frac{257}{300 - 257}\right) \times 7.2 = 43[\text{kW}]$$

(2) 열기관에서 주위공기로 방출하는 열량은

$$\dot{Q}_{L1} = \dot{Q}_{H1} - \dot{W} = 10 - 7.2 = 2.8[\text{kW}]$$

이고, 냉동기에서 주위공기로 방출하는 열량은

$$\dot{Q}_{H2} = \dot{Q}_{L2} + \dot{W} = 43 + 7.2 = 50.2[\text{kW}]$$

이므로 주위 공기로 방출되는 전체 열량($\dot{Q}_{total}$)은 다음과 같다.

$$\dot{Q}_{total} = \dot{Q}_{L1} + \dot{Q}_{H2} = 2.8 + 50.2 = 53[\text{kW}]$$

[문제 4.2] **여름철 건물용 냉방장치로 히트펌프를 설치하고자 한다. 히트펌프의 성능계수(Coefficient of Performance; COP)는 이론적 최댓값의 15%로 가정한다. 이 건물의 냉방부하 Q[kW]는 주간 4시간 동안에 걸쳐 발생하며, 다음 식으로 계산된다. 물음에 답하시오. (단, 건물의 표면적 $A = 500\text{m}^2$이고, 총합열전달계수 $U = 30\text{W/m}^2 \cdot ℃$ 이다) (총 10점)**

[국가공무원 5급(기술) 제2차시험(2017)]

$$Q = UA(T_o - T_i)$$

(1) 주간 외기온도 $T_o = 35°\text{C}$를 열원으로 실내를 $T_i = 25°\text{C}$로 유지하기 위한 히트펌프의 소요동력[kW]을 구하시오. (5점)

(2) 전력 피크(Peak)를 분산하기 위하여 빙축열시스템을 도입하였다. 야간 외기온도 $T_{o,n} = 15°\text{C}$로 10시간 동안 얼음(0°C)에 축열한다. 축열된 에너지는 주간에 필요한 냉방부하에너지를 차감하는 데 사용된다. 이 때 주간냉방을 위한 히트 펌프의 소요동력[kW]을 구하시오. (단, 축열조의 축열효율은 100%로 가정하며, 축열에 사용하는 히트펌프 소요동력은 냉방 히트펌프 소요동력과 동일하다) (5점)

풀이 (1) 냉방장치로 사용하므로 히트펌프의 저온 열원 온도가 $T_L = T_i$일 때 히트펌프의 이론적 최대 성능계수는

$$\text{COP}_{\max} = \frac{T_i}{T_o - T_i}$$

이고, 실내에서 흡수해야 할 열량($\dot{Q}_L$)은 다음과 같다.

$$\dot{Q}_L = UA(T_o - T_i) = 30(500)[35 - 25] \times 10^{-3} = 150[\text{kW}]$$

히트펌프의 작동구조는 [그림 1]과 같다. 여기에서 히트펌프의 성능계수(COP)가 이론적 최댓값($\text{COP}_{\max}$)의 15%일 때, 성능계수로부터 다음과 같이 히트펌프의 소요 동력($\dot{W}$)이 구해진다.

$$\text{COP} = 0.15\text{COP}_{\max} = 0.15\left(\frac{T_i}{T_o - T_i}\right) = \frac{\dot{Q}_L}{\dot{W}}$$

$$\therefore \quad \dot{W} = \left(\frac{T_o - T_i}{T_i}\right)\frac{\dot{Q}_L}{0.15} = \left(\frac{35-25}{298}\right) \times \frac{150}{0.15} = 33.6\,[\text{kW}]$$

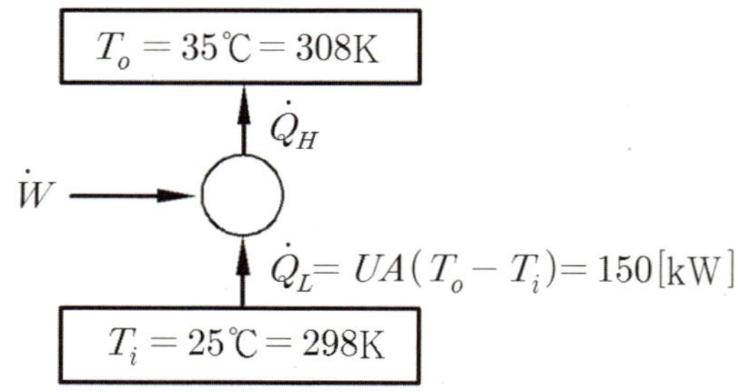

[그림 1] 히트펌프 작동 구조

(2) 축열에 사용하는 히트펌프 소요동력과 냉방 히트펌프 소요동력을 $\dot{W}$ [kW]라 하면 주간 4시간동안과 야간 10시간동안에 히트펌프에 투입되는 일의 양은 각각

$$W_1 = 4\text{시간} \times \dot{W} = 4 \times 3600 \times \dot{W} = 14.4\,\dot{W}[\text{MJ}]$$

$$W_2 = 10\text{시간} \times \dot{W} = 10 \times 3600 \times \dot{W} = 36\,\dot{W}[\text{MJ}]$$

이고, 주간 4시간동안에 실내에서 흡수해야 할 열량(Q_0)은

$$Q_0 = 4\text{시간} \times \dot{Q}_L = 4 \times 3600 \times 150 = 2160\,[\text{MJ}]$$

이다. 여기에서 축열된 에너지가 모두(100%) 주간에 필요한 냉방부하 에너지(Q_0)를 차감하는 데 사용되므로, 축열조에서 흡수한 열량을 $Q_{L,2}$이라고 하면 냉방기에서 흡수해야 할 열량($Q_{L,1}$)은

$$Q_{L,1} = Q_0 - Q_{L,2} = 2160 - Q_{L,2}$$

이 된다. 이상에서 설명한 두 히트펌프를 알기 쉽게 도시하면 [그림 2]와 같다.

먼저 (a)의 성능계수로부터

$$\mathrm{COP} = 0.15\mathrm{COP}_{\max} = 0.15\left(\frac{T_{ice}}{T_{o,n} - T_{ice}}\right) = \frac{Q_{L,2}}{36\dot{W}}$$

$$\therefore\ Q_{L,2} = 0.15\left(\frac{T_{ice}}{T_{o,n} - T_{ice}}\right)(36\dot{W})$$

$$= 0.15\left(\frac{273}{15-0}\right)(36\dot{W}) = 98.28\dot{W} \cdots\cdots\cdots\cdots ①$$

이고, (b)의 성능계수로부터

$$\mathrm{COP} = 0.15\mathrm{COP}_{\max} = 0.15\left(\frac{T_i}{T_o - T_i}\right) = \frac{2160 - Q_{L,2}}{14.4\dot{W}}$$

$$\therefore\ 2160 - Q_{L,2} = 0.15\left(\frac{T_i}{T_o - T_i}\right)(14.4\dot{W})$$

$$= 0.15\left(\frac{298}{35-25}\right)(14.4\dot{W}) = 64.37\dot{W} \cdots\cdots ②$$

식 ①에서 $Q_{L,2} = 98.28\dot{W}$을 식 ②에 대입하면 다음과 같이 주간냉방을 위한 히트 펌프의 소요동력 $\dot{W}$[kW]가 구해진다.

$$2160 - 98.28\dot{W} = 64.37\dot{W}$$

$$\therefore\ \dot{W} = \frac{2160}{98.28 + 64.37} = 13.28\,[\mathrm{kW}]$$

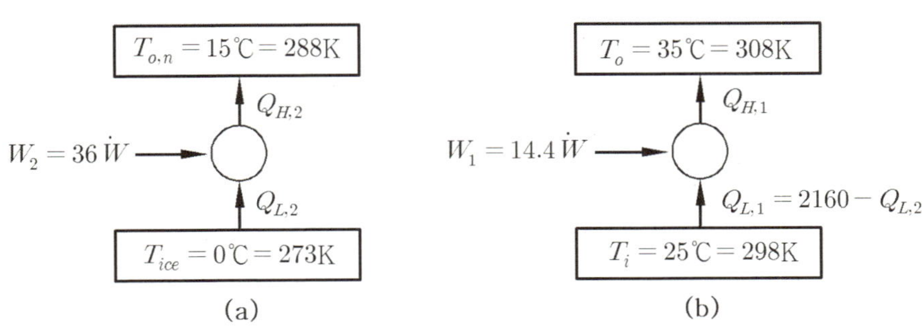

[그림 2] (a) 축열조의 히트펌프 (b) 실내 냉방 히트펌프

† 일반적으로 가열(열 공급, Q_H)이 목적일 때 히트펌프란 용어를 사용하고, 냉각(열 흡수, Q_L)이 목적일 때는 냉동기란 용어를 사용한다. 여기에서 히트펌프와 축열 등의 용어가 문제를 어렵게 만들고 있다. 문제 (2)를 쉽게 설명하면 야간에 얼음을 얼려 두었다가 주간에 이 얼음을 냉방에 사용한다는 것이다. 얼음이 녹으면서 주위로부터 잠열을 흡수하고, 그만큼 냉동기가 실내로부터 흡수해야 할 열량이 줄어든다. 여기에서 말하는 축열은 냉열(차가운 열)을 저장한다는 것을 말한다.

참고 •• 빙축열시스템

심야시간에 값싼 심야전력을 이용하여 축열조에 얼음을 만들어 저장하고, 주간에 이 얼음을 녹여서 건물의 냉방에 이용하는 시스템이다. 얼음이 녹으면서 실내로부터 잠열을 흡수하므로 냉방이 된다. 즉, 빙축열 시스템은 주간 냉방에 사용할 냉각 열량을 야간에 얼음의 형태로 저장해 두었다가, 그것을 낮에 끄집어내어 사용하는 방식이다. 이렇게 함으로써 냉동기의 용량을 작게 할 수 있다는 장점이 있다.

빙축열시스템은 얼음의 잠열을 이용한다. 얼음이 녹으면 실내로부터 열을 흡수하므로(실내를 냉각하므로) 얼음을 만드는 것을 얼음에 냉열을 저장(축열)한다는 표현을 쓴다. 0℃ 에서 물이 얼음으로 상변화(phase change)할 때 80kcal/kg의 열량이 필요하다. 이와 반대로 0℃ 얼음이 녹을 때 80kcal/kg의 열을 주위로부터 흡수하므로 냉열이라는 표현을 쓰고, 얼음을 만드는 작업을 냉열을 저장한다고 한다.

[문제 4.3] **어느 지역에 에너지 변환 효율이 38%인 600MW의 화력발전소가 있다. 이 발전소는 운하의 물을 저온의 열원(low temperature reservoir)으로 활용하고 있는데, 이 물의 온도는 15°C로 일정하게 유지되고 있다. 또 이 발전소는 천연가스를 연소시켜 고온열원으로 사용하고 두 열원사이에 열기관을 설치하여 발전을 한다. 표준 온도 20°C 및 압력** $10^5\mathrm{N/m^2}$**에서 천연가스의 발열량(heating value)은** $37.2\mathrm{MJ/m^3}$**이며, 천연가스 연소시스템의 효율이 85%일 때 다음 물음에 답하시오. (총 15점)** [5급 공채(기술) 제2차시험(2016)]

(1) 이 발전소의 천연가스 소비율[$\mathrm{m^3/s}$]은 얼마인가? (4점)

(2) 고온열원의 온도는 최소 얼마인가? (7점)

(3) 천연가스 배관이 고장 나는 경우에도 연료의 안정적 공급을 위해 발전소는 $10^7\mathrm{N/m^2}$의 압력 상태에서 천연가스를 5일 동안 공급할 수 있는 저장탱크를 보유하고 있다. 이 발전소의 경우 요구되는 저장탱크의 체적[$\mathrm{m^3}$]을 구하시오. (4점)

풀이 에너지 변환 효율 $\eta_1 = 0.38$, 화력 발전소 출력 $W = 600\mathrm{MW}$, 저온의 열원 온도 $T_L = 15℃$, 천연가스 발열량 $L = 37.2\mathrm{MJ/m^3}$, 천연가스 연소시스템의 효율 $\eta_2 = 0.85$이다.

(1) 천연가스 소비율을 $Q[\mathrm{m^3/s}]$라 하면

$$(LQ\eta_2)\eta_1 = W$$

$$\therefore\ Q = \frac{W}{\eta_1\eta_2 L} = \frac{600}{0.38(0.85)(37.2)} = 49.9[\mathrm{m^3/s}]$$

(2) 열기관이 카르노 사이클로 작동할 때 고온열원의 온도(T_H)가 최소가 된다. 카르노 사이클의 효율로부터

$$\eta_1 = 1 - \frac{T_L}{T_H}$$

$$\therefore\ T_H = \frac{T_L}{1-\eta_1} = \frac{(273.2+15)}{1-0.38} = 464.8[\mathrm{K}] = 191.6℃$$

(3) 압력 $P_1 = 10^5 \text{Pa}$인 천연가스 소비율 $Q = 49.9[\text{m}^3/\text{s}]$이므로 $t = 5$일 동안 공급할 수 있는 $P_2 = 10^7 \text{Pa}$인 저장탱크의 체적 $V[\text{m}^3]$는 온도변화를 무시할 때 다음과 같다.

$$V = \frac{P_1(Qt)}{P_2} == \frac{10^5 \times 49.9 \times (5 \times 24 \times 3600)}{10^7} = 2.16 \times 10^5 [\text{m}^3]$$

[문제 4.4] **겨울철 주택용 난방장치로 히트펌프를 설치하려고 한다. 히트펌프의 성적계수(COP)는 이론적 최댓값의 40%이다. 이 건물의 난방부하는 다음 식으로 계산된다. 다음 물음에 답하시오. (총 5점)**

[행정고등고시(기술직) 제2차시험(2009)]

$$Q = UA(T_i - T_o)$$

단, 건물의 표면적 $A = 560\text{m}^2$, **총합열전달계수** $U = 28\text{W}/\text{m}^2 \cdot ℃$ **이고,** T_i**와** T_o**는 각각 실내와 외기 온도이다.**

(1) 외기온도 $T_o = -20℃$를 열원으로 하여 실내를 $T_i = 20℃$로 유지하기 위한 히트펌프의 소요 동력(kW)을 구하시오. (2점)

(2) 열원으로 외기 대신에 0℃의 지열을 이용하는 경우 1년간 절약되는 전력량(kWh)을 구하시오. 단, 히트펌프는 평균 하루 3시간씩 연간 200일 사용한다. (3점)

풀이 히트펌프의 저온 열원 온도가 T_L일 때 히트펌프의 이론적 최대 성능계수는 $\text{COP}_{\max} = \dfrac{T_i}{T_i - T_L}$이고, 실내로 공급해야 할 열량($Q_H$)은 다음과 같다.

$$\begin{aligned} Q_H &= UA(T_i - T_o) \\ &= 28(560)[20 - (-20)] \times 10^{-3} \\ &= 627.2[\text{kW}] \end{aligned}$$

(1) 저온 열원 온도 $T_L = T_o = -20℃$ 일 때, 성능계수로부터 히트펌프의 소요 동력(W_1)은 다음과 같다.

$$\mathrm{COP} = 0.4\mathrm{COP}_{\max} = 0.4\left(\frac{T_i}{T_i - T_L}\right) = \frac{Q_H}{W_1}$$

$$\therefore \quad W_1 = \left(\frac{T_i - T_L}{T_i}\right)\frac{Q_H}{0.4} = \left[\frac{20-(-20)}{20+273}\right] \times \frac{627.2}{0.4}$$

$$= 214.1[\mathrm{kW}]$$

(2) 저온 열원 온도 $T_L = 0℃$ 일 때, 히트펌프의 소요 동력(W_2)은

$$W_2 = \left(\frac{T_i - T_L}{T_i}\right)\frac{Q_H}{0.4} = \left[\frac{20-(0)}{20+273}\right] \times \frac{627.2}{0.4} = 107.0[\mathrm{kW}]$$

이므로, 1년간 절약되는 전력량(P)은 다음과 같다.

$$P = (W_1 - W_2) \times (3 \times 200) = (214.1 - 107) \times 600$$

$$= 64{,}260[\mathrm{kWh}]$$

[문제 4.5] **천연가스로 Q_{gas}의 열을 플랜트 A로 공급하고 있다. 플랜트 A는 열병합발전기, 카르노 열기관, 카르노 열펌프로 구성되어 있다. 열병합발전기의 발전 효율은 $\eta_e = W_e / Q_{gas}$이고 W_e는 전기에너지이다. 열병합발전기에서 배출되는 열원(발전배열)의 온도는 T_H이며 카르노 열기관은 이 T_H와 저온열원(대기) T_{amb}의 차이를 이용하여 일을 생산한다. 그리고 카르노 열펌프가 열병합발전기의 전기에너지와 카르노 열기관의 출력 일을 받아서 온열 Q_{load}를 공급한다. 부하측의 온도는 T_{load}라고 할 때, 다음 물음에 답하시오. (총 15점)**

[행정고등고시(기술직) 제2차시험(2009)]

(단, 플랜트 기기에서 열손실은 없으며 $T_H > T_{load}$이다)

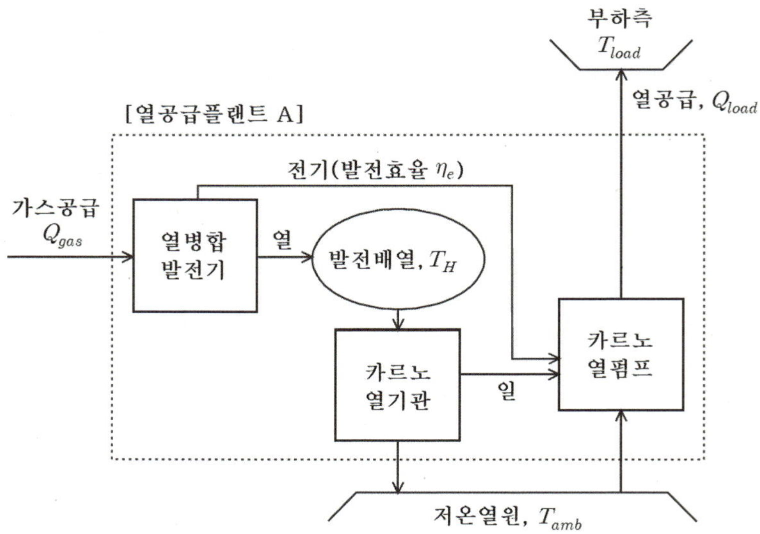

(1) 카르노 열기관의 효율 η_C와 카르노 열펌프의 성적계수 (COP_H)를 온도의 함수로 나타내시오. (2점)

(2) 플랜트 A의 열공급효율 Q_{load}/Q_{gas}를 온도와 발전효율 η_e의 함수로 나타내시오. (6점)

(3) Q_{gas}가 동일하다고 가정할 때, 다음의 플랜트 B와 비교하여 어느 쪽 열공급 효율이 우수한지 설명하시오. (7점)

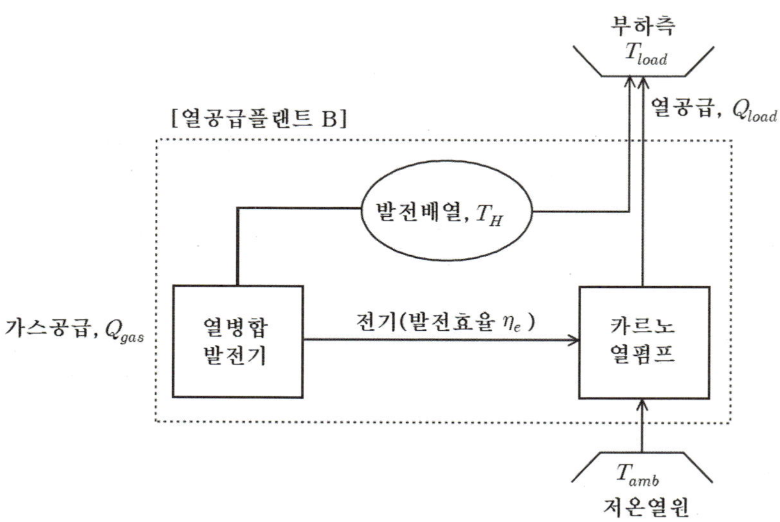

풀이 (1) 카르노 열기관은 고온열원 $T_{H1} = T_H$와 저온열원 $T_{L1} = T_{amb}$ 사이에서 작동한다.

$$\eta_C = 1 - \frac{T_{L1}}{T_{H1}} = 1 - \frac{T_{amb}}{T_H} \quad \cdots\cdots ①$$

카르노 열펌프는 고온열원 $T_{H2} = T_{load}$와 저온열원 $T_{L2} = T_{amb}$ 사이에서 작동한다.

$$COP_H = \frac{T_{H2}}{T_{H2} - T_{L2}} = \frac{T_{load}}{T_{load} - T_{amb}} \quad \cdots\cdots ②$$

(2) 발전 효율 $\eta_e = W_e / Q_{gas}$로부터 전기에너지(W_e)는

$$W_e = \eta_e Q_{gas} \quad \cdots\cdots ③$$

이다. 열병합발전기에 열역학 제1법칙을 적용하면 발전배열로 방출되는 열량은

$$Q_{gas} - W_e = Q_{gas} - \eta_e Q_{gas} = (1 - \eta_e) Q_{gas}$$

이고, 이것은 발전배열(T_H)에서 카르노 열기관으로 공급하는 열량(Q_H)과 같다.

$$Q_H = (1 - \eta_e) Q_{gas} \quad \cdots\cdots ④$$

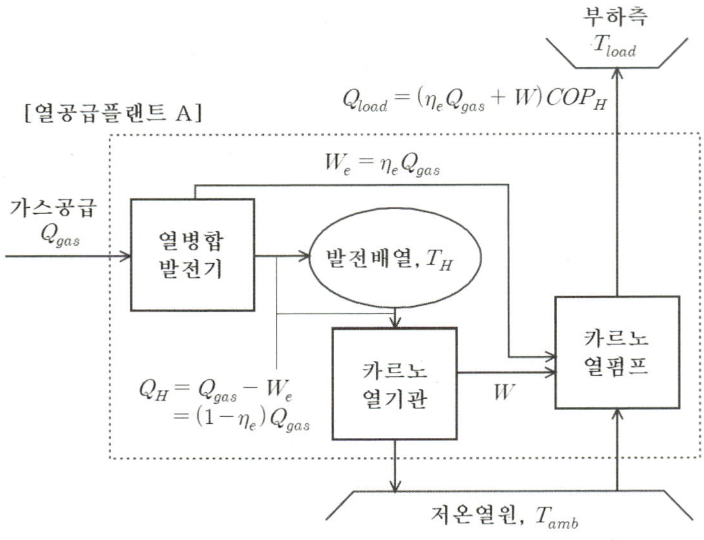

[그림(1)] 열공급플랜트 A의 열 흐름

따라서 카르노 열기관이 하는 일을 W라고 하면 카르노 열기관의 효율(η_C)로부터

$$\eta_C=\frac{W}{Q_H}=\frac{W}{(1-\eta_e)Q_{gas}}$$

$$\therefore\ W=\eta_C(1-\eta_e)Q_{gas} \quad \cdots\cdots ⑤$$

이다. 그리고 카르노 열펌프는 열병합발전기의 일 W_e와 카르노 열기관의 일 W를 받아서 부하측으로 Q_{load}의 열을 공급하므로 열펌프의 성적계수(COP_H)로부터

$$COP_H=\frac{Q_{load}}{W_e+W}=\frac{Q_{load}}{\eta_e Q_{gas}+W}$$

$$\therefore\ Q_{load}=(\eta_e Q_{gas}+W)COP_H \quad \cdots\cdots ⑥$$

가 된다. 식 ⑤를 ⑥에 대입하면

$$Q_{load}=(\eta_e Q_{gas}+W)COP_H=[\eta_e Q_{gas}+\eta_C(1-\eta_e)Q_{gas}]COP_H$$
$$=Q_{gas}[\eta_e+\eta_C(1-\eta_e)]COP_H$$

$$\therefore \ \frac{Q_{load}}{Q_{gas}} = [\eta_e + \eta_C(1-\eta_e)]\, COP_H \ \cdots\cdots ⑦$$

이다. 식 ⑦에 식 ①, ②를 대입하면 다음과 같이 열공급효율 Q_{load}/Q_{gas}가 온도와 발전효율 η_e의 함수로 표현된다.

$$\frac{Q_{load}}{Q_{gas}} = \left[\eta_e + (1-\eta_e)\left(1 - \frac{T_{amb}}{T_H}\right)\right]\left(\frac{T_{load}}{T_{load} - T_{amb}}\right) \ \cdots\cdots ⑧$$

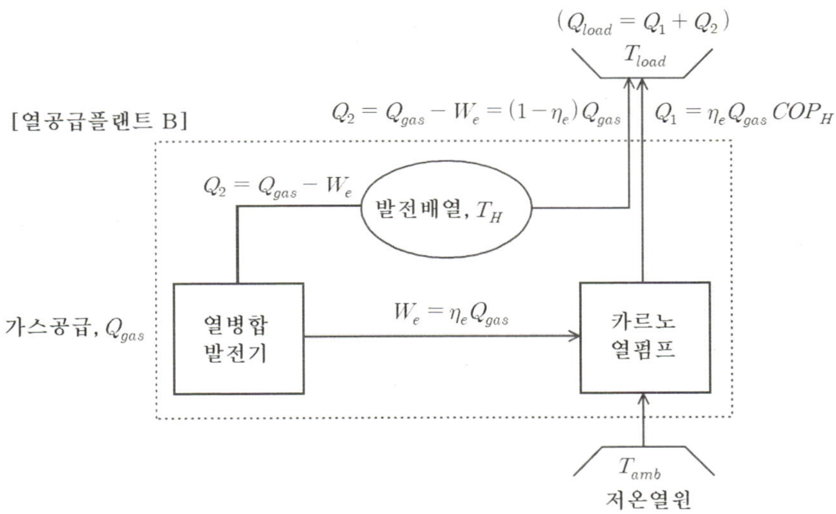

[그림(2)] 열공급플랜트 B의 열 흐름

(3) 카르노 열펌프는 $W_e = \eta_e Q_{gas}$의 일을 받아서 저온열원 T_{amb}와 고온열원(부하측) T_{load} 사이에서 작동한다. 열펌프의 성적계수(COP_H)와 열펌프가 고온열원(부하측)으로 공급하는 열량(Q_1)은 다음과 같다.

$$COP_H = \frac{T_{load}}{T_{load} - T_{amb}} = \frac{Q_1}{W_e} = \frac{Q_1}{\eta_e Q_{gas}} \ \cdots\cdots ⑨$$

$$Q_1 = \eta_e Q_{gas}\, COP_H \ \cdots\cdots ⑩$$

그리고 열병합발전기에 열역학 제1법칙을 적용하면 발전배열로 방출되는 열량(Q_2)은

$$Q_2 = Q_{gas} - W_e = Q_{gas} - \eta_e Q_{gas} = (1-\eta_e)Q_{gas} \quad \cdots\cdots\cdots\cdots\cdots ⑪$$

이고, 이것은 전부 부하측으로 공급되므로 부하측으로 전달되는 총 열량(Q_{load})은 다음과 같다.

$$\begin{aligned} Q_{load} = Q_1 + Q_2 &= \eta_e Q_{gas} COP_H + (1-\eta_e)Q_{gas} \\ &= [(1-\eta_e) + \eta_e COP_H]\, Q_{gas} \quad \cdots\cdots\cdots\cdots\cdots\cdots ⑫ \end{aligned}$$

식 ⑨와 ⑫로부터 열공급효율 Q_{load}/Q_{gas}은 다음과 같이 표현된다.

$$\frac{Q_{load}}{Q_{gas}} = (1-\eta_e) + \eta_e\left(\frac{T_{load}}{T_{load} - T_{amb}}\right) \quad \cdots\cdots\cdots\cdots\cdots\cdots\cdots\cdots ⑬$$

식 ⑧과 ⑬으로부터 두 플랜트의 열공급효율을 비교한다.

$$\begin{aligned} &\left[\frac{Q_{load}}{Q_{gas}}\right]_A - \left[\frac{Q_{load}}{Q_{gas}}\right]_B \\ &= \left[\eta_e + (1-\eta_e)\left(1 - \frac{T_{amb}}{T_H}\right)\right]\left(\frac{T_{load}}{T_{load} - T_{amb}}\right) \\ &\quad - \left[(1-\eta_e) + \eta_e\left(\frac{T_{load}}{T_{load} - T_{amb}}\right)\right] \\ &= (1-\eta_e)\left[\left(1 - \frac{T_{amb}}{T_H}\right)\left(\frac{T_{load}}{T_{load} - T_{amb}}\right) - 1\right] \\ &= (1-\eta_e)\left[\left(1 - \frac{T_{amb}}{T_H}\right)\left(\frac{1}{1 - T_{amb}/T_{load}}\right) - 1\right] \quad \cdots\cdots\cdots\cdots ⑭ \end{aligned}$$

식 ⑭에서 주어진 조건 $T_H > T_{load}$로부터 $\left(\frac{T_{amb}}{T_H}\right) < \left(\frac{T_{amb}}{T_{load}}\right)$이므로

$$\left(1 - \frac{T_{amb}}{T_H}\right)\left(\frac{1}{1 - T_{amb}/T_{load}}\right) > 1$$

이고, $\eta_e < 1$이므로 ⑭의 우변 값은 0보다 크다. 따라서 플랜트 A의 열공급효율이 B의 열공급효율보다 높다.

[문제 4.6] 열효율이 38%인 발전소의 출력이 600MW이다. 발전소의 저온열원(냉각수)은 15℃ 의 강물이다. 연료는 천연가스이며 발열량은 기준 상태(25℃, 0.1MPa)에서 37.2MJ/m³이다. 발전소 보일러의 효율은 85%이다. (총 15점) [행정고등고시(기술직) 제2차시험(2005)]

(1) 발전소의 기준 상태 연료소비율(m^3/s)을 구하시오. (5점)

(2) 연소가스의 가능한 최저온도를 구하시오. (5점)

(3) 천연가스 배관시스템의 고장 등 비상시에도 압력이 10MPa인 가스(압축성 인자 $Z=0.9$)를 5일간 안정적으로 공급하는데 필요한 저장탱크의 부피를 구하시오. 단, 저장탱크의 온도는 25℃로 일정하다. (5점)

풀이 발전소의 열효율 $\eta=0.38$, 출력 $\dot{W}=600\text{MW}$이고, 저온열원의 온도 $T_L=15℃=288\text{K}$, 천연가스 발열량 $H=37.2\text{MJ/m}^3$, 발전소 보일러 효율 $\eta_b=0.85$이다.

(1) 발전소의 기준 상태 연료소비율 $b(\text{m}^3/\text{s})$ **:** 발전소 열효율 $\eta=\dfrac{\dot{W}}{\dot{Q}_H}$로부터 공급열량 $\dot{Q}_H=\dfrac{\dot{W}}{\eta}$이고, 이것은 연료연소에 의해 공급하는 열량 $\eta_b(bH)$와 같으므로 다음과 같이 연료소비율 $b(\text{m}^3/\text{s})$이 구해진다.

$$\dot{Q}_H=\frac{\dot{W}}{\eta}=\eta_b(bH)$$

$$\therefore\ b=\frac{\dot{W}}{\eta\eta_b H}=\frac{600}{0.38(0.85)(37.2)}=49.9[\text{m}^3/\text{s}]$$

(2) 연소가스의 가능한 최저온도 $T_{H,\min}$ **:** 이론적으로 가장 열효율이 좋은 카르노 사이클로 작동할 때 연소가스 온도가 최저가 된다.

$$\eta=1-\frac{T_L}{T_{H,\min}}$$

$$\therefore \quad T_{H,\min} = \frac{T_L}{1-\eta} = \frac{288}{1-0.38} = 465[\mathrm{K}] = 192[℃]$$

(3) 기준 상태($T_1 = 25℃$, $P_1 = 0.1\mathrm{MPa}$)에서 연료소비율 $b = 49.9[\mathrm{m^3/s}]$이므로 5일간 공급해야 할 연료의 부피(V_1)는

$$V_1 = b \times (5 \times 24 \times 3600) = 4.32 \times 10^5 b[\mathrm{m^3}] \cdots\cdots ①$$

이고, 질량(m_1)은

$$m_1 = \frac{P_1 V_1}{R T_1} \cdots\cdots ②$$

이다. 여기에서 R은 연료(천연가스)의 기체상수이다. 그리고 저장탱크에서 가스 압력 $P_2 = 10\mathrm{MPa}$, 압축성 인자 $Z = 0.9$, 온도 $T_2 = 25℃$, 부피 $V_2[\mathrm{m^3}]$인 기체의 질량(m_2)은

$$m_2 = \frac{P_2 V_2}{Z R T_2} \cdots\cdots ③$$

이다. 식 ①, ②, ③으로부터 다음과 같이 질량 m_1의 기체를 저장할 저장탱크의 부피(V_2)가 구해진다.

$$m_2 = m_1$$

$$\frac{P_2 V_2}{Z R T_2} = \frac{P_1 V_1}{R T_1}$$

$$\therefore \quad V_2 = Z\left(\frac{T_2}{T_1}\right)\left(\frac{P_1}{P_2}\right) V_1 = Z\left(\frac{P_1}{P_2}\right)(4.32 \times 10^5 b)$$

$$= 0.9\left(\frac{0.1}{10}\right)(4.32 \times 10^5 \times 49.9)[\mathrm{m^3}]$$

$$= 1.94 \times 10^5[\mathrm{m^3}]$$

[문제 4.7] 이상적인 열펌프의 한 종류로 아래 그림에서와 같이 중간온도(T_0)에서 구동열(Q_0)을 받아서 저온(T_L)으로 열을 방출하며 고온(T_H)에서 원하는 열(Q_H)을 얻는 장치를 생각할 수 있다. 이러한 정상상태에서 작동하는 이상적인 가역사이클에 대하여 다음 물음에 답하시오. (총 20점) [기술고등고시 제2차시험(2003)]

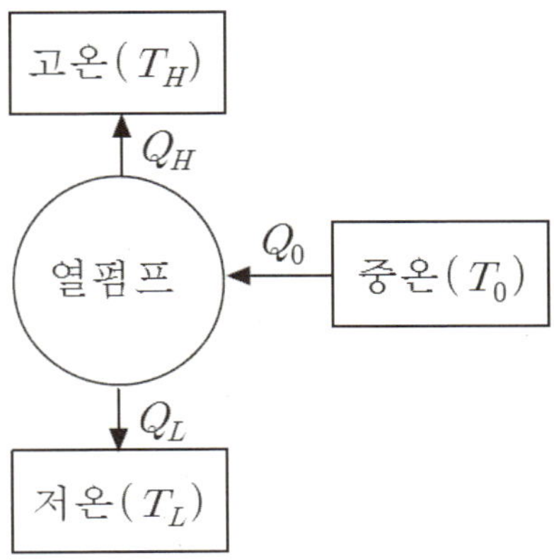

(1) 열량과 온도의 관계를 열역학 제1법칙과 열역학 제2법칙을 적용하여 기술하시오. (10점)

(2) 이 사이클의 성능계수 COP를 T_H, T_0, T_L의 함수로 표시하시오. (10점)

풀이 (1) 열펌프에 대해 열역학 제1법칙을 적용하면

$$Q_H + Q_L = Q_0 \quad \cdots\cdots ①$$

이다. 정상상태에서 열펌프의 상태 변화가 없고, 가역과정에서 엔트로피 생성이 0이다. 따라서 열펌프를 둘러싸는 검사체적에 대해 열역학 제2법칙을 적용하면 다음 관계식이 얻어진다.

$$-\frac{Q_H}{T_H} - \frac{Q_L}{T_L} + \frac{Q_0}{T_0} = 0$$

$$\therefore \frac{Q_H}{T_H} + \frac{Q_L}{T_L} = \frac{Q_0}{T_0} \quad \cdots\cdots ②$$

(2) 식 ①에서 $Q_L = Q_0 - Q_H$를 ②에 대입하면

$$\frac{Q_H}{T_H} + \frac{(Q_0 - Q_H)}{T_L} = \frac{Q_0}{T_0}$$

$$Q_H\left(\frac{1}{T_H} - \frac{1}{T_L}\right) = Q_0\left(\frac{1}{T_0} - \frac{1}{T_L}\right)$$

$$\therefore \ Q_H\left(\frac{T_L - T_H}{T_H T_L}\right) = Q_0\left(\frac{T_L - T_0}{T_0 T_L}\right) \quad \cdots\cdots ③$$

이고, 이 식으로부터 사이클의 성능계수(COP)는 다음과 같이 표현된다.

$$\text{COP} = \frac{Q_H}{Q_0} = \frac{T_H}{T_0}\left(\frac{T_0 - T_L}{T_H - T_L}\right) \quad \cdots\cdots ④$$

[Note] 이 문제에서 $T_H > T_0 > T_L$이다. 여기에서 사이클의 성능계수가

$$\text{COP} = \frac{Q_H}{Q_0} = \frac{T_H}{T_0} \quad \cdots\cdots (a)$$

또는

$$\text{COP} = \frac{Q_H}{Q_0} = \frac{Q_0 - Q_L}{Q_0} = 1 - \frac{T_L}{T_0} \quad \cdots\cdots (b)$$

이 아니라는 것에 주의한다. 위 식이 옳다면 (a)에서 $\text{COP} > 1$인데 (b)에서는 $\text{COP} < 1$이 되어 모순이다. 열량이 온도에 비례한다는 관계식 $\frac{Q_L}{Q_H} = \frac{T_L}{T_H}$는 카르노사이클로 작동할 때 유효하다. 이 문제에서 주어진 사이클은 카르노 사이클이 아니다.

[문제 4.8] **열펌프를 이용하여 겨울에는 난방하고 여름에는 냉방을 하는 사무실에서 실내온도를 겨울에는 20℃, 여름에는 25℃를 유지하고자 하는 경우 다음에 답하시오. (다만, 벽과 지면을 통하여 전달되는 열량은 실내외 온도차 1℃마다 매 시간당 5,000kJ이다) (총 20점)**

[기술고등고시 제2차시험(2002)]

(1) 겨울철 외기 온도가 0℃이면 열펌프 구동에 필요한 최소 동력을 구하시오. (10점)

(2) 여름철 냉방에 소요되는 최소 동력이 겨울철 최소 소요 동력과 같아지는 외기 온도를 구하시오. (10점)

풀이 카르노 열펌프를 사용할 때 최소 동력이 된다.

(1) 카르노 열펌프에서 $T_L = 0℃ = 273\text{K}$, $T_H = 20℃ = 293\text{K}$ 이고, 실내온도(T_H)를 일정하게 유지하기 위해서는 벽과 지면을 통하여 밖으로 빠져나가는 열량만큼 열펌프가 열량을 공급해야 한다. 따라서 매 시간당 실내로 공급해야 할 열량은

$$Q_H = 5000(20-0) = 100,000[\text{kJ}]$$

이고, 열펌프의 성능계수로부터

$$\text{COP}_\text{H} = \frac{Q_H}{W} = \frac{T_H}{T_H - T_L}$$

$$\therefore \quad W = \left(\frac{T_H - T_L}{T_H}\right) Q_H = \left(\frac{20-0}{293}\right) \times 100,000 = 6,830[\text{kJ}]$$

이다. 따라서 열펌프 구동에 필요한 최소 동력($\dot{W}$)은 다음과 같다.

$$\dot{W} = \frac{W}{t} = \frac{6,830\,\text{kJ}}{3,600\,\text{s}} = 1.90\,\text{kW}$$

(2) 카르노 냉동기에서 실내온도 $T_L = 25℃ = 298\text{K}$, 외기온도 $T_H > T_L$ 이고, 실내온도(T_L)를 일정하게 유지하기 위해서는 벽과 지면을 통하여 실내로 유입되는 열량만큼 열량을 제거해야 한다. 따라서 매 시간

당 냉동기가 흡수해야 할 열량(Q_L)은

$$Q_L = 5000(T_H - T_L)[\text{kJ}]$$

이고, 냉동기의 성능계수로부터

$$\text{COP}_\text{R} = \frac{T_L}{T_H - T_L} = \frac{Q_L}{W} = \frac{5000(T_H - T_L)}{W}$$

$$(T_H - T_L)^2 = \frac{WT_L}{5000}$$

$$\therefore \quad T_H = \sqrt{\frac{WT_L}{5000}} + T_L = \sqrt{\frac{6,830(298)}{5,000}} + 25 = 45[℃]$$

즉, 외기온도 $T_H = 45℃$ 이다.

[문제 4.9] **그림은 열효율이 각각 η_1, η_2인 열기관 1, 2가 결합되어 있는 전체 열기관을 나타낸 것이다. 열기관 1은 열원 R_1에서 열 Q_1을 흡수하여 열원 R_0에 열 Q_0을 배출하고 $Q_1 - Q_0$의 일을 한다. 열기관 2는 R_0에서 Q_0을 흡수하여 열원 R_2에 열 Q_2를 배출하고 $Q_0 - Q_2$의 일을 한다. 전체 열기관의 열효율을 η_1과 η_2로 나타내시오.**

[중등교사임용시험 – 물리(2014)]

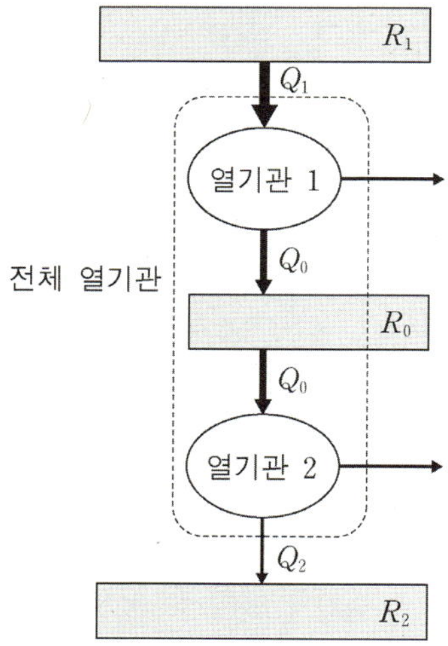

풀이 (열기관 1) : Q_1을 흡수하여 Q_0을 배출하고 $W_1 = Q_1 - Q_0$의 일을 하므로 기관의 열효율(η_1)은

$$\eta_1 = \frac{W_1}{Q_1} = \frac{Q_1 - Q_0}{Q_1} = 1 - \frac{Q_0}{Q_1}$$

$$\therefore \ \frac{Q_0}{Q_1} = 1 - \eta_1 \cdots\cdots ①$$

(열기관 2) : Q_0을 흡수하여 Q_2를 배출하고 $W_2 = Q_0 - Q_2$의 일을 하므로 기관의 열효율(η_2)은

$$\eta_2 = \frac{W_2}{Q_0} = \frac{Q_0 - Q_2}{Q_0} = 1 - \frac{Q_2}{Q_0}$$

$$\therefore \ \frac{Q_2}{Q_0} = 1 - \eta_2 \cdots\cdots ②$$

(전체 열기관) : Q_1을 흡수하여 Q_2를 배출하고 $W_T = Q_1 - Q_2$의 일을 하므로 전체 기관의 열효율(η_T)은

$$\eta_T = \frac{W_T}{Q_1} = \frac{Q_1 - Q_2}{Q_1} = 1 - \frac{Q_2}{Q_1}$$

여기에서 식 ①×②를 하면

$$\frac{Q_2}{Q_1} = (1 - \eta_1)(1 - \eta_2)$$

이다. 따라서 전체 기관의 열효율(η_T)은 다음과 같다.

$$\eta_T = 1 - \frac{Q_2}{Q_1} = 1 - (1 - \eta_1)(1 - \eta_2)$$

$$= \eta_1 + \eta_2 - \eta_1\eta_2 \cdots\cdots ③$$

[문제 4.10] **그림은 온도가 T_L인 계 S와 온도가 T_H인 고온 열원 R 사이에서 카르노 순환과정에 따라 작동하는 냉방기에 의하여, 순환과정의 주기 τ 동안 S에서 열 Q_L이 제거되고 R로 열 Q_H가 방출되는 것을 도식적으로 나타낸 것이다. W는 냉방기에 연결된 전기가 τ 동안 냉방기에 해 주는 일이다. τ 동안 S에서 열 $k(T_H - T_L)$이 유입되지만 냉방기가 제거하는 Q_L과 상쇄되어 S의 온도 T_L은 일정하게 유지된다.**
엔트로피는 카르노 순환과정의 엔트로피 변화만을 고려할 때, W를 구하여 k, T_H, T_L로 나타내어라. (단, k는 양의 상수이고, $T_L < T_H$이며, 고온 열원은 충분히 커서 T_H의 변화를 무시한다)

[중등교사임용시험 – 물리(2013)]

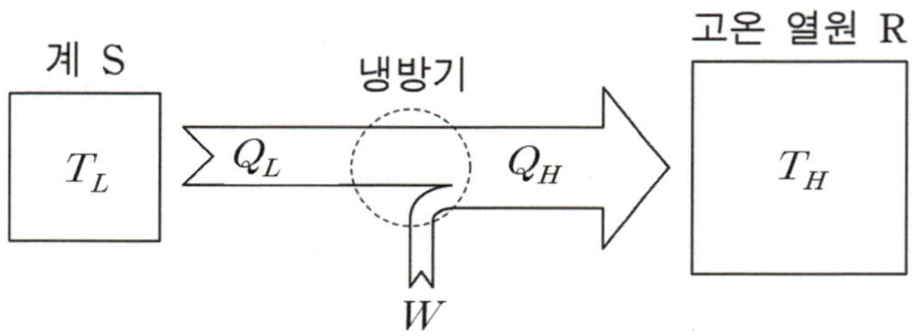

풀이 카르노 냉동 사이클의 $T-S$ 선도는 그림과 같다. 사이클은 온도 T_L인 계 S로부터 Q_L의 열량을 흡수하고 온도 T_H인 고온열원 R로 Q_H의 열량을 방출한다. 냉동 사이클에서는 일(W)을 투입하여 저온 열원으로부터 열(Q_L)을 흡수하는 것이 목적이므로 사이클의 성능계수($\mathrm{COP_R}$)는 다음과 같이 정의된다.

$$\mathrm{COP_R} = \frac{Q_L}{W}$$

열역학 제1법칙으로부터 $W = Q_H - Q_L$이므로

$$\frac{Q_L}{W} = \frac{Q_L}{Q_H - Q_L} = \frac{T_L}{T_H - T_L}$$

$$\therefore \quad W = \frac{Q_L(T_H - T_L)}{T_L}$$

이다. 여기에서 주기 τ 동안 계 S에서 열 $k(T_H - T_L)$이 유입되지만 냉방기가 제거하는 Q_L과 상쇄되므로

$$Q_L = k(T_H - T_L)$$

이다. 따라서 일(W)은 다음과 같다.

$$W = \frac{Q_L(T_H - T_L)}{T_L} = \frac{[k(T_H - T_L)](T_H - T_L)}{T_L} = k\frac{(T_H - T_L)^2}{T_L}$$

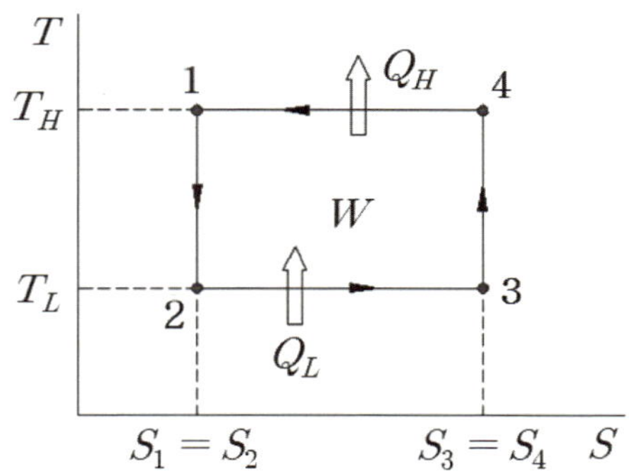

[그림] 카르노 냉동 사이클의 $T-S$선도

제5장 기체동력 사이클

[문제 5.1] 정적비열(C_v)이 $0.7175\text{kJ/kg}\cdot\text{K}$ 이고, 비열비(k)가 1.4로 일정한 이상기체 공기가 밀폐시스템에서 다음과 같은 세 개의 과정으로 사이클을 형성한다. 공기의 기체상수는 $0.287\text{kJ/kg}\cdot\text{K}$ 이며, 상태 1에서의 온도와 압력은 각각 300K과 100kPa이다. 모든 과정은 가역과정으로 간주한다. 다음 물음에 답하시오. (단, 모든 일과 열은 공기 단위질량당 값(kJ/kg)으로 계산한다) (총 15점)

[국가공무원 5급(기술) 제2차시험(2019)]

과정	
과정 1→2	등엔트로피 압축과정
과정 2→3	등온팽창과정
과정 3→1	정적과정

(1) 상기 과정을 포함하는 사이클을 압력－체적($P-v$) 선도와 온도－엔트로피($T-s$) 선도 위에 나타내고, 사이클의 진행 방향을 표시하시오. (2점)

(2) 이 사이클에서 과정 1→2는 엔트로피 변화 없이 체적이 감소한다. 이 과정에서 밀폐된 시스템으로 투입되는 일의 크기가 194.5kJ/kg일 때, 압축비 $\psi = \dfrac{v_1}{v_2}$ 를 구하시오. (5점)

(3) 과정 2→3과 과정 3→1에서 열과 일을 각각 구하시오. (5점)

(4) 이 사이클이 동력사이클인지 냉동사이클인지 검토하고 동력사이클이면 효율을, 냉동사이클이면 성능계수를 구하시오. (3점)

풀이 상태 1에서의 온도 $T_1 = 300\text{K}$, 압력 $P_1 = 100\text{kPa}$이다.

(1) 사이클의 압력－체적($P-v$) 선도와 온도－엔트로피($T-s$) 선도는 그림과 같다. 과정 1→2의 등엔트로피 과정에서 $Pv^k = (\text{일정})$이고, 과정 2→3의 등온과정에서 $Pv = (\text{일정})$이다.

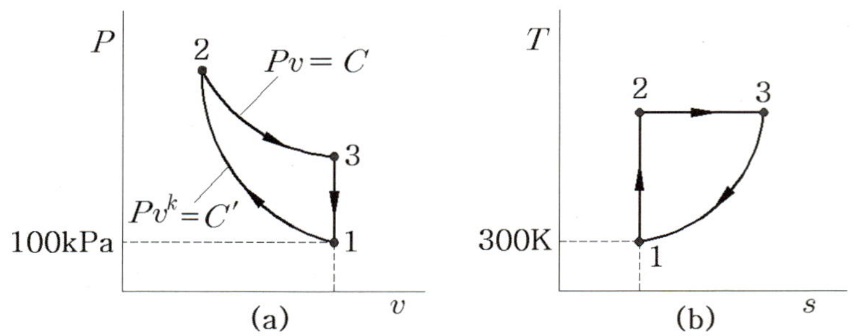

(2) 과정 1→2에서 시스템으로 투입되는 일의 크기가 194.5kJ/kg이므로 이 과정에서 시스템이 한 일은 $w_{12} = -194.5\text{kJ/kg}$이다. 그리고 등엔트로피 과정은 가역 단열과정이고 여기에서 전달열량 $q_{12} = 0$이다. 따라서 열역학 제1법칙으로부터 다음과 같이 상태 2에서 온도(T_2)가 구해진다.

$$q_{12} = (\Delta u)_{12} + w_{12} = C_v(T_2 - T_1) + w_{12} = 0$$

$$\therefore \quad T_2 = -\frac{w_{12}}{C_v} + T_1 = -\frac{(-194.5)}{0.7175} + 300 = 571.1\,[\text{K}]$$

한편 등엔트로피 과정에서 $Tv^{k-1} = (\text{일정})$이므로 압축비 $\psi = \dfrac{v_1}{v_2}$는 다음과 같다.

$$\frac{T_2}{T_1} = \left(\frac{v_1}{v_2}\right)^{k-1}$$

$$\therefore \quad \psi = \frac{v_1}{v_2} = \left(\frac{T_2}{T_1}\right)^{\frac{1}{k-1}} = \left(\frac{571.1}{300}\right)^{\frac{1}{1.4-1}} = 5.0$$

(3) 과정 2→3의 등온과정에서 $Pv = RT_2 = (\text{일정})$이고, 내부에너지 변화 $\Delta u = 0$이므로 이 과정에서 한 일(w_{23})은

$$w_{23} = \int P dv = \int_{v_2}^{v_3} \frac{RT_2}{v} dv = RT_2 \ln\left(\frac{v_3}{v_2}\right) = RT_2 \ln\left(\frac{v_1}{v_2}\right)$$
$$= 0.287(571.1)\ln(5) = 263.8[\text{kJ/kg}]$$

이고, 열역학 제1법칙으로부터 받은 열량(q_{23})은 다음과 같다.

$$q_{23} = (\Delta u)_{23} + w_{23} = w_{23} = 263.8[\text{kJ/kg}]$$

과정 3→1의 정적과정에서 $dv = 0$이므로 한 일 $w_{31} = 0$이고, 열역학 제1법칙으로부터 받은 열량(q_{31})은 다음과 같다.

$$q_{31} = (\Delta u)_{31} + w_{31} = (\Delta u)_{31} = C_v(T_1 - T_3) = C_v(T_1 - T_2)$$
$$= 0.7175(300 - 571.1) = -194.5[\text{kJ/kg}]$$

(4) 사이클은 과정 2→3에서 $q_{23} = 263.8[\text{kJ/kg}]$의 열을 흡수한 후, 과정 3→1에서 $|q_{31}| = 194.5$의 열을 방출하고, $w_{net} = q_{23} - |q_{31}|$의 순일을 하는 동력사이클이다. 이 사이클의 효율(η)은 다음과 같다.

$$\eta = \frac{w_{net}}{q_{23}} = \frac{q_{23} - |q_{31}|}{q_{23}} = 1 - \frac{|q_{31}|}{q_{23}} = 1 - \frac{194.5}{263.8} = 0.2627$$

[문제 5.2] **가스터빈 기관의 이상 사이클인 공기표준 Brayton 사이클을 설계한다. 사이클의 최고온도(T_{max})는 1200K, 최저온도(T_{min})는 300K이다. 설계 목표는 압력비를 조절하여 공기 단위 질량당 사이클 순일(net work)을 최대화하는 것이다. 다음 물음에 답하시오. (단, 냉공기표준(cold-air standard)을 가정하고 정압비열(C_p)은 $1.005\text{kJ/kg}\cdot\text{K}$, 비열비($k = C_p/C_v$)는 1.4이다) (총 15점)**

[국가공무원 5급(기술) 제2차시험(2018)]

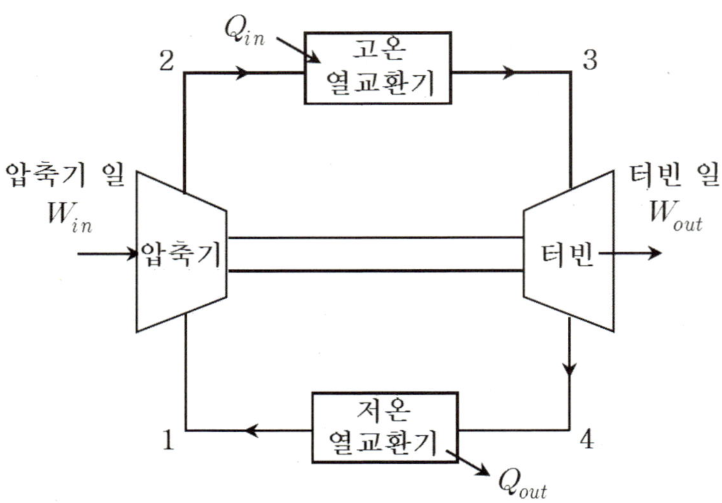

(1) $T-s$ 선도에 이 사이클을 나타내고, 각 과정이 끝나는 상태점과 최고온도, 최저온도를 기입하시오. (3점)

(2) 공기 단위 질량당 사이클 순일을 압력비, 최저온도, 사이클 최고온도의 함수로 나타내시오. (4점)

(3) 이 순일을 최대화하기 위한 압력비를 구하시오. (4점)

(4) 순일을 최대화하는 조건에서 사이클의 순일과 고온 열전달량의 표현식을 구하시오. 또한, 사이클의 열효율이 비열비(k)에 관계없이 최고온도와 최저온도의 비율(T_{max}/T_{min})의 함수로 결정됨을 보이고, 열효율 값을 구하시오. (4점)

풀이 (1) 사이클의 $T-s$ 선도는 [그림]과 같다. 여기에서 점 1은 압축기 입구, 2는 압축기 출구, 3은 터빈 입구, 4는 터빈 출구를 각각 나타낸다.

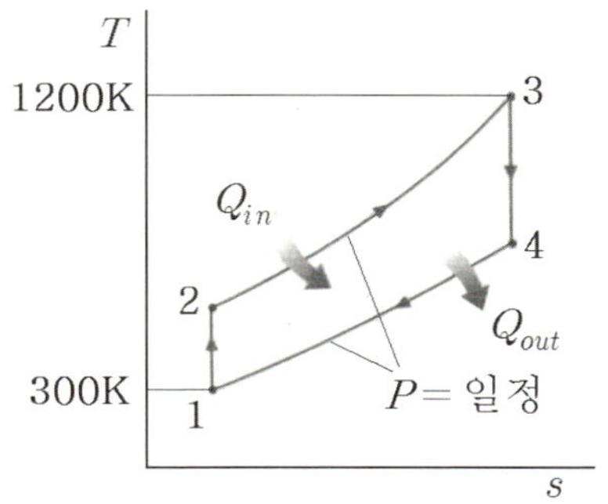

[그림] $T-s$ 선도

(2) 공기 단위 질량당 사이클 순일 w_{net} : $T-s$ 선도에서 점 1과 3의 온도는 각각 $T_1 = T_{min}$, $T_3 = T_{max}$이다. [그림]에서 단위질량당 터빈 일(w_t)과 압축기 일(w_c)은

$$w_t = h_3 - h_4 = C_p(T_3 - T_4) \quad \cdots\cdots ①$$

$$w_c = h_2 - h_1 = C_p(T_2 - T_1) \quad \cdots\cdots ②$$

이고, 사이클 순 일(w_{net})은 다음과 같다.

$$w_{net} = w_t - w_c = C_p(T_3 - T_4) - C_p(T_2 - T_1) \quad \cdots\cdots ③$$

여기에서 과정 1→2, 3→4는 등엔트로피 과정이고 $P_3 = P_2$, $P_4 = P_1$이므로

$$\frac{P_2}{P_1} = \left(\frac{T_2}{T_1}\right)^{k/(k-1)} = \frac{P_3}{P_4} = \left(\frac{T_3}{T_4}\right)^{k/(k-1)} \quad \cdots\cdots ④$$

이다. 식 ④에서 (편의상) 압력비 $x = r_p = \dfrac{P_2}{P_1}$로 정의하면

$$T_2 = T_1 x^{\frac{k-1}{k}} \quad \cdots\cdots \text{⑥}$$

$$T_4 = T_3 x^{\frac{1-k}{k}} \quad \cdots\cdots \text{⑦}$$

가 된다. 식 ⑥, ⑦을 식 ③에 대입하면 다음과 같이 공기 단위 질량당 사이클 순일이 압력비(x), 최저온도(T_{min}), 사이클 최고온도(T_{max})의 함수로 표현된다.

$$\begin{aligned} w_{net} &= C_p(T_3 - T_4) - C_p(T_2 - T_1) \\ &= C_p T_3 (1 - x^{\frac{1-k}{k}}) - C_p T_1 (x^{\frac{k-1}{k}} - 1) \\ &= C_p T_{max} (1 - x^{\frac{1-k}{k}}) - C_p T_{min} (x^{\frac{k-1}{k}} - 1) \quad \cdots\cdots \text{⑧} \end{aligned}$$

(3) 식 ⑧을 x에 대해 미분하여 순일을 최대화하기 위한 압력비를 구한다.

$$\frac{dw_{net}}{dx} = -C_p T_{max}\left(\frac{1-k}{k}\right) x^{\frac{1-k}{k}-1} - C_p T_{min}\left(\frac{k-1}{k}\right) x^{\frac{k-1}{k}-1} = 0$$

$$T_{max} x^{\frac{1-2k}{k}} = T_{min} x^{\frac{-1}{k}}$$

$$\frac{T_{max}}{T_{min}} = x^{\frac{-1}{k} - \left(\frac{1-2k}{k}\right)} = x^{\frac{2k-2}{k}}$$

$$\therefore \quad x = r_p = \frac{P_2}{P_1} = \left(\frac{T_{max}}{T_{min}}\right)^{\frac{k}{2k-2}} \quad \cdots\cdots \text{⑨}$$

식 ⑨에 $T_{min} = 300\text{K}$, $T_{max} = 1200\text{K}$, $k = 1.4$를 대입하면 구하는 압력비(x_{max})는 다음과 같다.

$$x_{max} = \left(\frac{T_{max}}{T_{min}}\right)^{\frac{k}{2k-2}} = \left(\frac{1200}{300}\right)^{\frac{1.4}{2(1.4)-2}} = 11.3$$

(4) • 편의상 $A = \dfrac{T_{max}}{T_{min}}$로 하면 식 ⑧과 식 ⑨에서

$$\left(A^{\frac{k}{2k-2}}\right)^{\frac{1-k}{k}} = A^{-\frac{1}{2}} = \frac{1}{\sqrt{A}}$$

$$\left(A^{\frac{k}{2k-2}}\right)^{\frac{k-1}{k}} = A^{\frac{1}{2}} = \sqrt{A}$$

이므로, 사이클의 순일(w_{net})은 다음과 같다.

$$\begin{aligned} w_{net} &= C_p T_{\max}(1 - x^{\frac{1-k}{k}}) - C_p T_{\min}(x^{\frac{k-1}{k}} - 1) \\ &= C_p T_{\max}\left(1 - \frac{1}{\sqrt{T_{\max}/T_{\min}}}\right) - C_p T_{\min}\left(\sqrt{\frac{T_{\max}}{T_{\min}}} - 1\right) \\ &= C_p\left(T_{\max} - 2\sqrt{T_{\min}T_{\max}} + T_{\min}\right) \\ &= C_p\left(\sqrt{T_{\max}} - \sqrt{T_{\min}}\right)^2 \quad \cdots\cdots ⑩ \end{aligned}$$

그리고 식 ⑥에서

$$\begin{aligned} T_2 &= T_1 x^{\frac{k-1}{k}} = T_{\min} x^{\frac{k-1}{k}} = T_{\min}\sqrt{A} = T_{\min}\sqrt{\frac{T_{\max}}{T_{\min}}} \\ &= \sqrt{T_{\min}T_{\max}} \quad \cdots\cdots ⑪ \end{aligned}$$

이므로 고온 열전달량(q_H)은 다음과 같다.

$$\begin{aligned} q_H &= h_3 - h_2 = C_p(T_3 - T_2) = C_p(T_{\max} - \sqrt{T_{\min}T_{\max}}) \\ &= C_p\sqrt{T_{\max}}(\sqrt{T_{\max}} - \sqrt{T_{\min}}) \quad \cdots\cdots ⑫ \end{aligned}$$

- [그림]에서 단위 질량당 공급열량(q_H), 방열량(q_L), 및 사이클 순 일(w_{net})은

$$q_H = h_3 - h_2 = C_p(T_3 - T_2) \quad \cdots\cdots ⑬$$

$$q_L = h_4 - h_1 = C_p(T_4 - T_1) \quad \cdots\cdots ⑭$$

$$q_{net} = q_H - q_L \quad \cdots\cdots ⑮$$

이고, 사이클의 열효율(η_{th})은 다음과 같다.

$$\eta_{th} = \frac{w_{net}}{q_H} = \frac{q_H - q_L}{q_H} = 1 - \frac{q_L}{q_H} = 1 - \frac{C_p(T_4 - T_1)}{C_p(T_3 - T_2)}$$

$$= 1 - \frac{T_1(T_4/T_1 - 1)}{T_2(T_3/T_2 - 1)} \cdots ⑯$$

여기에서 과정 1→2, 3→4는 등엔트로피 과정이고 $P_3 = P_2$, $P_4 = P_1$ 이므로

$$\frac{P_2}{P_1} = \left(\frac{T_2}{T_1}\right)^{\frac{k}{k-1}} = \frac{P_3}{P_4} = \left(\frac{T_3}{T_4}\right)^{\frac{k}{k-1}} \cdots\cdots ⑰$$

$$\therefore \frac{T_2}{T_1} = \frac{T_3}{T_4} \text{ 또는 } \frac{T_3}{T_2} = \frac{T_4}{T_1} \cdots\cdots ⑱$$

이다. 식 ⑱을 ⑯에 대입하면 열효율은 다음과 같이 표현된다.

$$\eta_{th} = 1 - \frac{T_1}{T_2} = 1 - \frac{T_{min}}{T_2} \cdots\cdots ⑲$$

순 일이 최대일 때 식 ⑪에서 $T_2 = \sqrt{T_{min}T_{max}}$ 이므로 식 ⑱의 열효율(η_{th})은 다음과 같이 최고온도와 최저온도의 비율(T_{max}/T_{min})의 함수로 결정되고,

$$\eta_{th} = 1 - \frac{T_{min}}{T_2} = 1 - \frac{T_{min}}{\sqrt{T_{min}T_{max}}} = 1 - \sqrt{\frac{T_{min}}{T_{max}}} \cdots\cdots ⑳$$

열효율 값은 다음과 같다.

$$\eta_{th} = 1 - \sqrt{\frac{T_{min}}{T_{max}}} = 1 - \sqrt{\frac{300}{1200}} = 1 - \sqrt{\frac{1}{4}} = \frac{1}{2} = 0.5$$

[문제 5.3] **인구 10만 명의 도시에 전기를 공급하는 가스터빈을 설치하기 위해 설계단계에서 이상적인 공기표준 Brayton 사이클로 분석하여 보았다. 다음 물음에 답하시오. (단, 공기의 분자량은 28.97kg/kmol, 정압 비열은 1.1kJ/kg·K로 일정하고, 일반기체상수는 8.314 kJ/kmol·K이다) (총 16점)** [5급(기술) 공채 제2차시험(2012)]

(1) 압력과 온도가 100kPa, 300K인 공기가 200m^3/s의 유량으로 압축기에 들어가서 1,200kPa로 압축된다. 터빈입구온도가 1,500K일 때, 이 사이클에 해당하는 $T-s$ 선도를 그리고, 열효율, 역일비 및 발생된 순동력을 구하시오. (8점)

(2) (1)의 사이클에 재열 과정이 추가되어, 400kPa의 정압에서 1,500K까지 재가열된 후 2단 터빈의 입구로 들어갈 경우, $T-s$선도를 그리고, 열효율, 공급 열량 및 발생된 순동력을 구하시오. (8점)

풀이 공기의 분자량 $M=28.97$kg/kmol, 정압 비열 $C_p=1.1$kJ/kg·K, 일반기체상수 $\overline{R}=8.314$kJ/kmol·K이고, 기체상수(R)와 정적비열(C_v) 및 비열비(k)는 다음과 같다.

$$R=\frac{\overline{R}}{M}=\frac{8.314}{28.97}=0.287[\text{kJ/kg}\cdot\text{K}]$$

$$C_v=C_p-R=1.1-0.287=0.813[\text{kJ/kg}\cdot\text{K}]$$

$$k=\frac{C_p}{C_v}=\frac{1.1}{0.813}=1.35$$

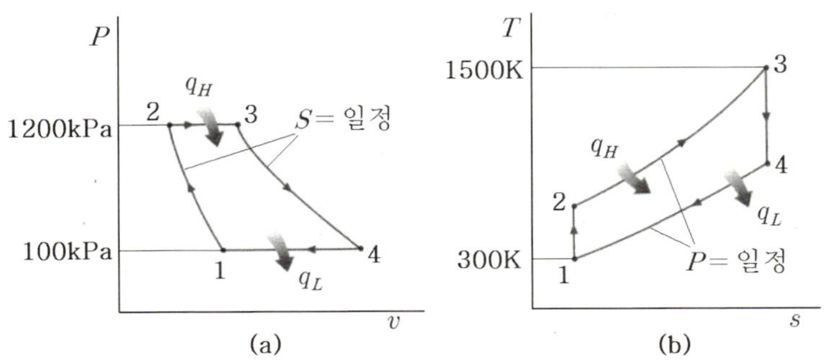

[그림 1] (a) $P-v$선도 (b) $T-s$선도

(1) 압축기 입구와 출구를 각각 1, 2, 터빈 입구와 출구를 각각 3, 4로 나타내면 사이클의 $T-s$ 선도는 [그림 1]과 같고, 여기에서 주어진 값은 다음과 같다.

- $T_1 = 300\text{K}$, $P_1 = 100\text{kPa}$
- $T_2 =$ (미지수), $P_2 = 1200\text{kPa}$
- $T_3 = 1500\text{K}$, $P_3 = P_2 = 1200\text{kPa}$
- $T_4 =$ (미지수), $P_4 = P_1 = 100\text{kPa}$
- 체적 유량 $Q = 200\text{m}^3/\text{s}$

먼저 관계식 $TP^{\frac{1-k}{k}} = C$로부터 T_2와 T_4를 구한다.

$$T_2 = T_1\left(\frac{P_2}{P_1}\right)^{\frac{k-1}{k}} = 300\times\left(\frac{1200}{100}\right)^{\frac{1.35-1}{1.35}} = 571\,[\text{K}]$$

$$T_4 = T_3\left(\frac{P_4}{P_3}\right)^{\frac{k-1}{k}} = 1500\times\left(\frac{100}{1200}\right)^{\frac{1.35-1}{1.35}} = 788\,[\text{K}]$$

- 열효율(η_{th}) : $\eta_{th} = 1 - \dfrac{T_1}{T_2} = 1 - \dfrac{300}{571} = 0.475 = 47.5\%$
- 역일비(r) : $r = \dfrac{w_c}{w_t} = \dfrac{C_p(T_2 - T_1)}{C_p(T_3 - T_4)} = \dfrac{571-300}{1500-788} = 0.381$
- 발생된 순동력($\dot{W}_{net}$) : 열효율 $\eta_{th} = \dfrac{w_{net}}{q_H}$이고 $q_H = C_p(T_3 - T_2)$

  이므로 순동력은 다음과 같다.

$$\begin{aligned}\dot{W}_{net} &= \dot{m}\,w_{net} = \dot{m}(\eta_{th}q_H) = \dot{m}\,\eta_{th}C_p(T_3 - T_2)\\ &= 232.3(0.475)(1.1)(1500-571)\\ &= 112{,}800\,[\text{kW}]\end{aligned}$$

이상에서 질량유량

$$\dot{m} = \rho Q = \left(\frac{P_1}{RT_1}\right)Q = \frac{100}{0.287(300)} \times 200 = 232.3[\text{kg/s}]$$

이다.

(2) 재가열기 입구를 4, 출구를 5, 2단 터빈의 출구를 6으로 하여 $T-s$ 선도에 나타내면 [그림 2]와 같다. 여기에서 재가열기 출구(5)는 2단 터빈의 입구가 된다. 주어진 값은 다음과 같다. T_2와 질량유량($\dot{m}$)은 (1)에서 구한 값.

- $T_1 = 300\text{K}$, $P_1 = 100\text{kPa}$
- $T_2 = 571\text{K}$, $P_2 = 1200\text{kPa}$
- $T_3 = 1500\text{K}$, $P_3 = P_2 = 1200\text{kPa}$
- $T_4 =$ (미지수), $P_4 = 400\text{kPa}$
- $T_5 = T_3 = 1500\text{K}$, $P_5 = P_4 = 400\text{kPa}$
- $T_6 =$ (미지수), $P_6 = P_1 = 100\text{kPa}$
- 질량유량 $\dot{m} = 232.3[\text{kg/s}]$

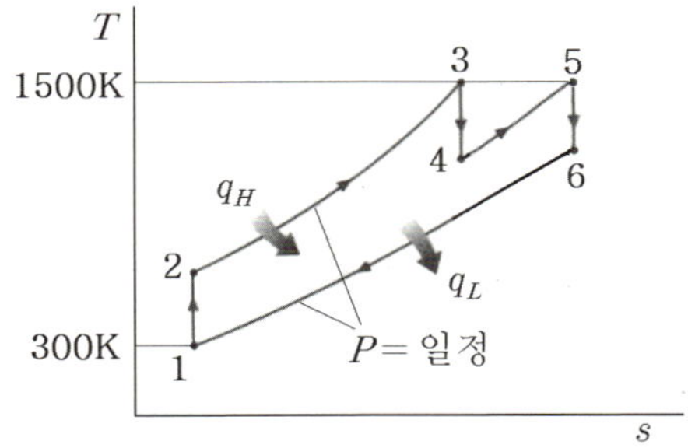

[그림 2] 재열사이클의 $T-s$ 선도

먼저 관계식 $TP^{\frac{1-k}{k}} = C$로부터 T_4와 T_6을 구한다.

$$T_4 = T_3\left(\frac{P_4}{P_3}\right)^{\frac{k-1}{k}} = 1500 \times \left(\frac{400}{1200}\right)^{\frac{1.35-1}{1.35}} = 1128[\mathrm{K}]$$

$$T_6 = T_5\left(\frac{P_6}{P_5}\right)^{\frac{k-1}{k}} = 1500 \times \left(\frac{100}{400}\right)^{\frac{1.35-1}{1.35}} = 1047[\mathrm{K}]$$

- 열효율(η_{th}) : 과정 2→3과 4→5에서 열이 공급되고(q_H), 과정 6→1 에서 열을 방출한다(q_L).

$$\begin{aligned}\eta_{th} &= 1 - \frac{q_L}{q_H} = 1 - \frac{C_p(T_6 - T_1)}{C_p(T_3 - T_2 + T_5 - T_4)} \\ &= 1 - \frac{(1047 - 300)}{(1500 - 571 + 1500 - 1128)} \\ &= 0.426 = 42.6\%\end{aligned}$$

- 공급 열량($\dot{Q}_H$) : 질량유량 $\dot{m} = 232.3[\mathrm{kg/s}]$이다.

$$\begin{aligned}\dot{Q}_H &= \dot{m}\, q_H = \dot{m}\, C_p(T_3 - T_2 + T_5 - T_4) \\ &= 232.3(1.1)(1500 - 571 + 1500 - 1128) \\ &= 332{,}400[\mathrm{kW}]\end{aligned}$$

- 발생된 순동력($\dot{W}_{net}$) : 열효율(η_{th})과 공급열량($\dot{Q}_H$)으로부터

$$\dot{W}_{net} = \eta_{th}\, \dot{Q}_H = 0.426(332{,}400) = 141{,}600[\mathrm{kW}]$$

[문제 5.4] **압축기, 터빈 및 2개의 열교환기로 구성된 가스터빈의 공기표준 사이클은 가역단열 압축(1→2), 등압 열전달(2→3), 가역단열 팽창(3→4), 등압 열전달(4→1) 과정으로 이루어진다. 등압 열전달(2→3) 과정에는 800kJ/kg의 열이 사이클로 공급된다. 압축기 흡입공기의 온도와 압력은 각각 27℃, 1atm이며, 재질의 한계 때문에 터빈의 최고온도는 1,227℃로 제한된다. 공기의 정압비열 C_p =1.005 kJ/kg·K 이고, 비열비 $k=1.4$로 일정하다고 가정할 때 다음 물음에 답하시오. (총 15점)** [5급(기술) 공채 제2차시험(2011)]

(1) 가스터빈 사이클의 압력(P)-엔탈피(h) 선도 및 온도(T)-엔트로피(s) 선도를 그리고, 상태점 1, 2, 3, 4를 표시하시오. (4점)

(2) 허용 가능한 터빈 입구 압력을 구하시오. (4점)

(3) 터빈 출구 온도를 구하시오. (4점)

(4) 사이클 효율을 구하시오. (3점)

풀이 주어진 값은 다음과 같다.

- $T_1 = 27℃ = 300\text{K}$, $P_1 = 1\text{atm}$
- $T_3 = 1227℃ = 1500\text{K}$, $P_3 = P_2 = $ (미지수)
- $P_4 = P_1 = 1\text{atm}$
- $q_H = 800\text{kJ/kg}$

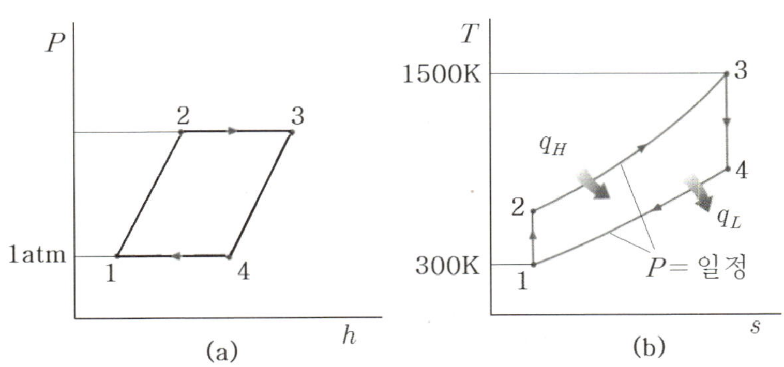

[그림] (a) 압력(P)-엔탈피(h) 선도 (b) 온도(T)-엔트로피(s) 선도

(1) $P-h$선도와 $T-h$선도는 [그림]과 같다.

(2) 허용 가능한 터빈 입구 압력 P_3 : 과정 2→3에서 공급열량 q_H로부터

$$q_H = C_p(T_3 - T_2)$$

$$\therefore \quad T_2 = T_3 - \frac{q_H}{C_p} = 1500 - \frac{800}{1.005} = 704[\text{K}]$$

이고, 터빈 입구 압력 P_3는 다음과 같다.

$$\frac{P_3}{P_4} = \frac{P_2}{P_1} = \left(\frac{T_2}{T_1}\right)^{\frac{k}{k-1}}$$

$$\therefore \quad P_3 = P_4\left(\frac{T_2}{T_1}\right)^{\frac{k}{k-1}} = 1 \times \left(\frac{704}{300}\right)^{\frac{1.4}{1.4-1}} = 19.8[\text{atm}]$$

(3) 터빈 출구 온도 T_4 : 여기에서 과정 1→2, 3→4는 등엔트로피 과정이고 $P_3 = P_2$, $P_4 = P_1$이므로

$$\frac{P_2}{P_1} = \left(\frac{T_2}{T_1}\right)^{k/(k-1)} = \frac{P_3}{P_4} = \left(\frac{T_3}{T_4}\right)^{k/(k-1)}$$

$$\therefore \quad \frac{T_2}{T_1} = \frac{T_3}{T_4}$$

$$T_4 = T_3 \times \frac{T_1}{T_2} = 1500 \times \frac{300}{704} = 639[\text{K}]$$

(4) 사이클 효율 η_{th} : 공급열량(q_H)과 방열량(q_L) 및 순일(w_{net})은

$$q_H = h_3 - h_2 = C_p(T_3 - T_2)$$

$$q_L = h_4 - h_1 = C_p(T_4 - T_1)$$

$$w_{net} = q_H - q_L$$

이고, 사이클의 열효율은 다음과 같다.

$$\eta_{th} = \frac{w_{net}}{q_H} = \frac{q_H - q_L}{q_H} = 1 - \frac{q_L}{q_H} = 1 - \frac{(T_4 - T_1)}{(T_3 - T_2)}$$

$$= 1 - \frac{639 - 300}{1500 - 704} = 0.574$$

또는, $\eta_{th} = 1 - \dfrac{T_1}{T_2} = 1 - \dfrac{300}{704} = 0.574$

[문제 5.5] **스털링(stirling) 사이클은 등온팽창–정적냉각–등온압축–정적가열 과정으로 구성되며, 정적냉각 과정에서의 폐열은 정적가열 과정에 이용된다. 작동유체는 헬륨(He)이며, 등온압축 시작점 상태는 300K, 200kPa이다. 등온팽창과정은 1500K에서 이루어지며, 이때 600kJ/kg의 열이 전달된다. 다음 물음에 답하시오. (단, 이상기체인 헬륨의 비열비 $k = 1.667$, 기체상수 $R = 2.0769\text{kJ/kg}\cdot\text{K}$, 정적비열 $C_v = 3.1156\text{kJ/kg}\cdot\text{K}$ 이다.**

[행정고등고시(기술직) 제2차시험(2010)]

(1) 사이클의 최고 압력을 구하시오.

(2) 작동유체 단위질량당 정미출력 일을 구하시오.

(3) 이 사이클의 열효율을 구하시오.

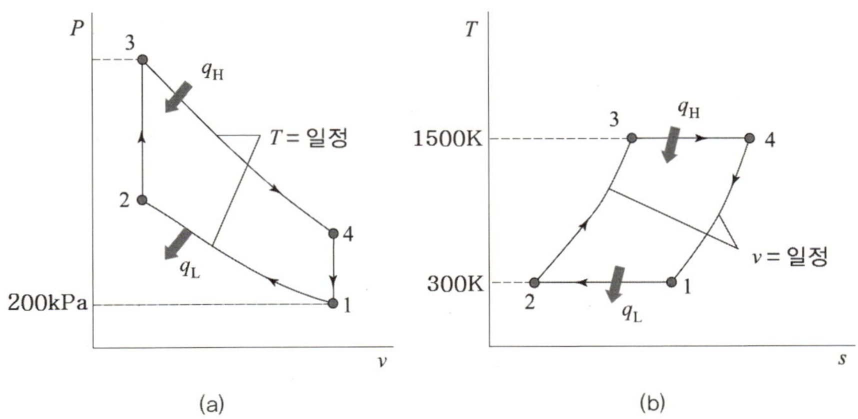

[그림] (a) 압력(P)–비체적(v) 선도 (b) 온도(T)–엔트로피(s) 선도

풀이 주어진 사이클의 $P-v$선도와 $T-s$선도는 [그림]과 같고, 주어진 값은 다음과 같다.

- $P_1 = 200\text{kPa}, \ T_1 = T_2 = T_L = 300\text{K}$
- $T_3 = T_4 = T_H = 1500\text{K}\ , \ q_H = 600\text{kJ/kg}$

(1) 과정 4→1(정적과정)에서 $P/T = C$이므로

$$\frac{P_1}{T_1} = \frac{P_4}{T_4}$$

$$\therefore \ P_4 = P_1 \times \frac{T_4}{T_1} = 200 \times \frac{1500}{300} = 1000[\text{kPa}]$$

과정 3→4(등온과정에서)

$$q_H = \Delta u + w = w = \int P dv = RT_H \ln\left(\frac{v_4}{v_3}\right) = RT_H \ln\left(\frac{P_3}{P_4}\right)$$

$$\therefore \ P_3 = P_4 \exp\left(\frac{q_H}{RT_H}\right) = 1000 \exp\left(\frac{600}{2.0769 \times 1500}\right) = 1212.4[\text{kPa}]$$

즉, 최고점 압력 $P_3 = 1212.4\text{kPa}$이다.

(2) 과정 3→4와 과정 1→2에서 $q_H = RT_H \ln\left(\frac{v_4}{v_3}\right), \ q_L = RT_L \ln\left(\frac{v_1}{v_2}\right)$이다.

여기에서 $v_4/v_3 = v_1/v_2$이므로

$$q_L = q_H\left(\frac{T_L}{T_H}\right) = 600 \times \left(\frac{300}{1500}\right) = 120[\text{kJ}]$$

따라서 작동유체 단위질량당 정미출력 일(w)은 다음과 같다.

$$w = q_H - q_L = 600 - 120 = 480[\text{kJ}]$$

(3) 사이클의 열효율 $\eta = \dfrac{w}{q_H} = \dfrac{480}{600} = 0.8$

(또는, $\eta = 1 - \dfrac{T_L}{T_H} = 1 - \dfrac{300}{1500} = 0.8$)

[문제 5.6] **공기표준 오토사이클에서 열의 공급과 방출은 모두 정적 과정에서 일어난다. 그러나 실제 사이클에서는 공급열량의 일부가 팽창행정에서 피스톤이 아래로 움직이기 시작한 후에 전달된다. 실제 사이클의 압축, 팽창 및 방열과정이 공기표준 오토사이클과 같지만, 공급열량의 70%가 정적과정에서 전달되고, 나머지 30%가 정압과정에서 전달된다고 가정한다. 사이클에 공급열량이 2000kJ/kg이고, 압축 초기 상태의 압력 100kPa, 온도 20℃, 압축비가 9이다. 다음 물음에 답하시오. (총 20점)** [행정고등고시(기술직) 제2차시험(2009)]

(단, 공기의 정압비열 1.004kJ/kg · K, 비열비가 1.4로 일정하다고 가정한다)

(1) 최고압력, 최고온도, 방출열량, 및 열효율을 계산하시오. (8점)

(2) 총 공급열량, 초기상태 및 압축비가 동일한 공기표준 오토사이클에 대해 위 (1)의 과정을 반복하시오. (7점)

(3) 위 두 사이클의 상태 변화 과정을 $P-v$ 선도, $T-s$ 선도에 비교하여 도시하고, 효율 차이 발생의 근거를 설명하시오. (5점)

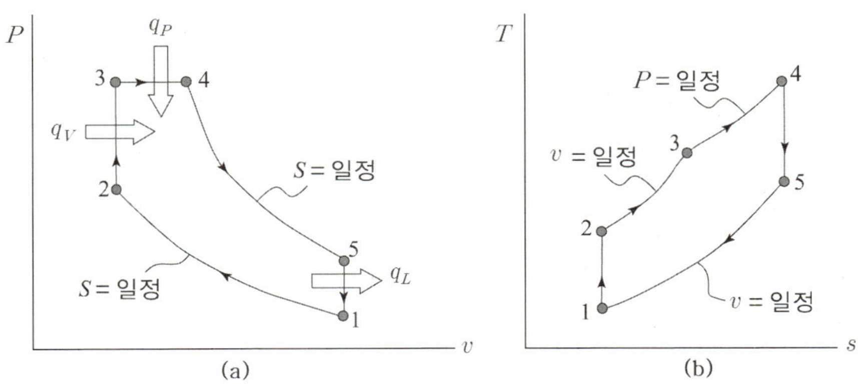

[그림(1)] 혼합 사이클 : (a) $P-v$ 선도 (b) $T-s$ 선도

풀이 이 사이클은 혼합 사이클(사바테 사이클)에 해당되고 이 사이클의 $P-v$선도와 $T-s$선도를 [그림(1)]에 도시하였다. 여기에서 주어진 값은 다음과 같다.

- $P_1 = 100\text{kPa}$, $T_1 = 20℃ = 293\text{K}$
- 정압비열 $C_p = 1.004\text{kJ/kg}\cdot\text{K}$
- 정적비열 $C_v = C_p/k = 0.717\text{kJ/kg}\cdot\text{K}$
- 비열비 $k = 1.4$
- 압축비 $r = \dfrac{v_1}{v_2} = \dfrac{v_5}{v_3} = 9$
- 공급열량 $q_H = 2000\,\text{kJ/kg}$,

  $q_V = 0.7q_H = 1400[\text{kJ/kg}]$,

  $q_P = 0.3q_H = 600[\text{kJ/kg}]$

(1) • 과정 1→2 : 등엔트로피 과정($Tv^{k-1} = C$, $Pv^k = C$)

$$T_1 v_1^{k-1} = T_2 v_2^{k-1}$$

$$\therefore\ T_2 = T_1\left(\frac{v_1}{v_2}\right)^{k-1} = T_1 r^{k-1} = 293(9)^{1.4-1} = 706[\text{K}]$$

$$P_1 v_1^k = P_2 v_2^k$$

$$\therefore\ P_2 = P_1\left(\frac{v_1}{v_2}\right)^k = P_1 r^k = 100(9)^{1.4} = 2167[\text{kPa}]$$

• 2→3 : 정적과정($P/T = C$)

$$q_V = C_v(T_3 - T_2)$$

$$\therefore\ T_3 = \frac{q_V}{C_v} + T_2 = \frac{1400}{0.717} + 706 = 2659[\text{K}]$$

$$\frac{P_3}{T_3} = \frac{P_2}{T_2}$$

$$\therefore\ P_3 = P_2\left(\frac{T_3}{T_2}\right) = 2167\left(\frac{2659}{706}\right) = 8162[\text{kPa}]$$

• 3→4 : 정압과정($v/T = C$)

$$q_P = C_p(T_4 - T_3)$$

$$\therefore \ T_4 = \frac{q_P}{C_p} + T_3 = \frac{600}{1.004} + 2659 = 3257[\text{K}]$$

$$\therefore \ P_4 = P_3 = 8162[\text{kPa}]$$

• 4→5 : 등엔트로피 과정($Tv^{k-1} = C$,)

$$T_5 v_5^{k-1} = T_4 v_4^{k-1}$$

$$\therefore \ T_5 = T_4\left(\frac{v_4}{v_5}\right)^{k-1} = T_4\left(\frac{v_4}{v_3} \times \frac{v_3}{v_5}\right)^{k-1} = T_4\left(\frac{T_4}{T_3} \times \frac{1}{r}\right)^{k-1}$$

$$= 3257\left(\frac{3257}{2659} \times \frac{1}{9}\right)^{1.4-1} = 1467[\text{K}]$$

이상에서 최고압력(P_{max})과 최고온도(T_{max})는 각각

$$P_{max} = P_3 = P_4 = 8162\text{kPa}, \ \ T_{max} = T_4 = 3257[\text{K}]$$

이고, 방출열량(q_L)과 열효율(η_{th})은 다음과 같다.

$$q_L = C_v(T_5 - T_1) = 0.717(1467 - 293) = 842[\text{kJ/kg}]$$

$$\eta_{th} = \frac{w}{q_H} = \frac{q_H - q_L}{q_H} = 1 - \frac{q_L}{q_H} = 1 - \frac{842}{2000} = 0.579 = 57.9\%$$

(2) 공기표준 오토사이클의 $P-v$ 선도와 $T-s$ 선도는 [그림(2)]와 같다.

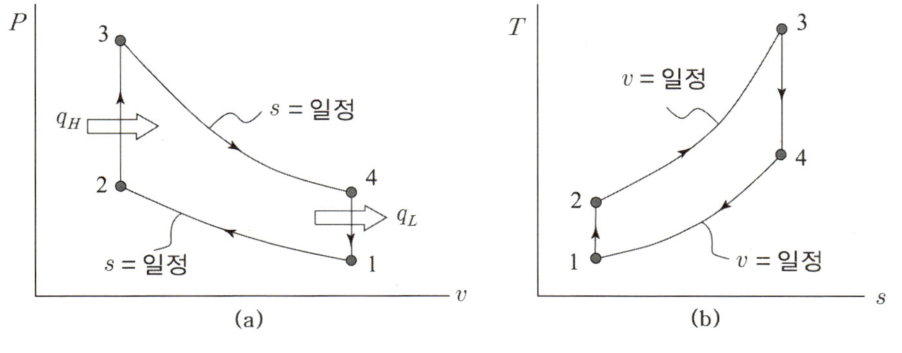

[그림(2)] 오토사이클 : (a) $P-v$ 선도 (b) $T-s$ 선도

그림의 선도에서 정적과정으로 흡수하는 열량 $q_H = q_{23} = 2000\,\text{kJ/kg}$ 이고, 점 1에서의 온도와 압력은 각각 $T_1 = 293\text{K}$, $P_1 = 100\text{kPa}$ 이며, 압축비 $r = v_1/v_2 = v_4/v_3 = 9$ 이다.

• 1→2 : 등엔트로피 과정($Tv^{k-1} = C$, $Pv^k = C$)

$$\frac{T_2}{T_1} = \left(\frac{v_1}{v_2}\right)^{k-1} = r^{k-1}$$

$$\therefore\ T_2 = T_1 r^{k-1} = 293 \times 9^{1.4-1} = 706[\text{K}]$$

$$\frac{P_2}{P_1} = \left(\frac{v_1}{v_2}\right)^{k} = r^{k}$$

$$\therefore\ P_2 = P_1 r^{k} = 100 \times 9^{1.4} = 2167[\text{kPa}]$$

• 2→3 : 정적과정($P/T = C$)이고, $q_H = 2000[\text{kJ/kg}]$의 열량을 전달 받는다.

$$q_H = C_v(T_3 - T_2)$$

$$\therefore\ T_3 = T_2 + \frac{q_H}{C_v} = 706 + \frac{2000}{0.717} = 3495[\text{K}]$$

$$\frac{P_3}{T_3} = \frac{P_2}{T_2}$$

$$\therefore\ P_3 = P_2 \times \frac{T_3}{T_2} = 2167 \times \frac{3495}{706} = 10{,}728[\text{kPa}]$$

• 3→4 : 등엔트로피 과정($Tv^{k-1} = C$, $Pv^k = C$)

$$\frac{T_4}{T_3} = \left(\frac{v_3}{v_4}\right)^{k-1} = \left(\frac{v_2}{v_1}\right)^{k-1} = \left(\frac{1}{r}\right)^{k-1} = r^{1-k}$$

$$\therefore\ T_4 = T_3 r^{1-k} = 3495 \times 9^{1-1.4} = 1451[\text{K}]$$

$$\frac{P_4}{P_3} = \left(\frac{v_3}{v_4}\right)^{k} = \left(\frac{v_2}{v_1}\right)^{k} = \left(\frac{1}{r}\right)^{k} = r^{-k}$$

$$\therefore\ P_4 = P_3 r^{-k} = 10728 \times 9^{-1.4} = 495[\text{kPa}]$$

이상에서 최고압력(P_{max})과 최고온도(T_{max})는 각각

$$P_{max} = P_3 = 10,728\text{kPa},\quad T_{max} = T_3 = 3495[\text{K}]$$

이고, 방출열량(q_L)과 열효율(η_{th})은 다음과 같다.

$$q_L = C_v(T_4 - T_1) = 0.717 \times (1451 - 293) = 830[\text{kJ/kg}]$$

$$\eta_{th} = 1 - \frac{q_L}{q_H} = 1 - \frac{830}{2000} = 0.585 = 58.5\%$$

또는, $\eta_{th} = 1 - \frac{1}{r^{k-1}} = 1 - \frac{1}{9^{1.4-1}} = 0.585$ (오토사이클의 열효율은 압축비만의 함수이다.)

(3) 위 두 사이클의 $P-v$ 선도와 $T-s$ 선도는 [그림(1)], [그림(2)]와 같고, [그림(3)]에 두 사이클에 대한 $T-s$ 선도를 비교하여 도시하였다. [그림(3)]에서 점 2를 지나는 $v=$(일정)인 선은 점 2를 지나는 $P=$(일정)인 선 위에 있다. 이때 늘어난 열 입력이 모두 일로 사용된다. 따라서 부피가 일정한 과정(오토사이클)에서 더 많은 일을 하고 열효율이 높다.

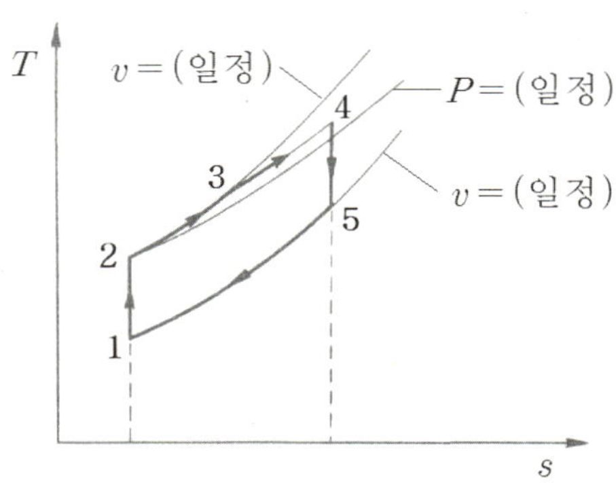

[그림(3)] 혼합 사이클의 $T-s$ 선도

[문제 5.7] **공기 표준 디젤사이클에 대한 다음 물음에 답하시오. (총 10점)**

[행정고등고시(기술직) 제2차시험(2005)]

(1) 열역학적 사이클을 $P-V$ 선도와 $T-S$ 선도에 그리고, 각각의 과정을 간단히 설명하시오. (4점)

(2) 입구상태가 동일한 조건하에서 압축비를 증가시킬 때 열효율의 변화를 $T-S$ 선도에서 설명하시오. (3점)

(3) 입구상태 및 압축비가 동일한 조건하에서 사이클당 공급열량을 증가시킬 때 열효율의 변화를 $T-S$ 선도에서 설명하시오. (3점)

풀이 디젤(Diesel) 기관은 가솔린 기관과는 달리 처음에 공기만을 실린더 속에 흡입하여 이것을 높은 압축비로써 단열 압축한다. 이 압축된 공기에 연료를 분사하면 압축된 공기는 고온이므로 자연 발화하여 연료가 연소된다. 즉, 공기의 압축열만으로 연료의 착화온도에 이르게 하므로 폭발에 의한 압력 상승을 피하기 위하여 연료 공급을 적절히 조절하여 일정한 압력 하에서 연소를 하게 한다.

(1) 공기표준 디젤 사이클(Diesel cycle)은 압축 점화 내연기관의 이상적인 사이클로서 [그림(1)]과 같이 2개의 단열과정과 1개의 정압과정 및 1개의 정적과정으로 이루어져 있다.

- $1 \rightarrow 2$: **[가역단열 압축]** 등엔트로피 압축. 압축비 V_1/V_2로 압축한다.
- $2 \rightarrow 3$: **[정압 가열]** 일정한 압력에서 기체로 열이 전달되어 기체의 온도가 상승한다. 실제 기관에서는 정압 연소가 일어난다.
- $3 \rightarrow 4$: **[가역단열 팽창]** 등엔트로피 팽창. 체적 $V_4 = V_1$까지 팽창한다.
- $4 \rightarrow 1$: **[정적 방열]** 일정한 체적에서 열을 방출하고 기체의 온도가 내려간다.

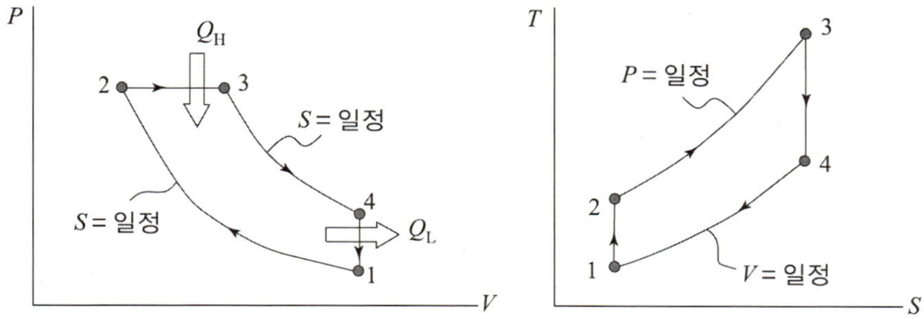

[그림(1)] 디젤사이클의 $P-V$ 선도와 $T-S$ 선도

(2) 입구상태가 동일한 조건하에서 압축비를 증가시킬 때 : (1)에서 과정 1→2는 등엔트로피 과정이므로 압축비(r)가 증가하면 $T_2 = T_1 r^{k-1}$가 증가한다. 따라서 이때의 $T-S$선도는 [그림(2)]와 같다. 그림에서 압축비가 증가할 때의 온도 $T_{②} > T_2$이다. 여기에서 압축비가 증가함에 따라 사이클이 하는 일의 증가(면적 2-②-③-3-2)가 크므로 열효율이 증가한다는 것을 알 수 있다.

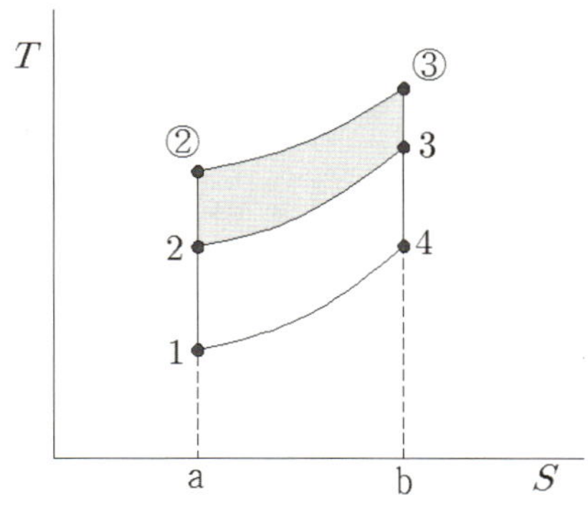

[그림(2)] 압축비를 증가시킬 때 사이클 : 1-②-③-4-1

(3) 입구상태 및 압축비가 동일한 조건하에서 사이클당 공급열량을 증가시킬 때 : 공급열량을 증가시키면 사이클의 최고온도(T_3)가 상승하고 이때의 $T-S$ 선도는 [그림(3)]과 같다. 여기에서 온도가 3에서 ③으로 상승하면 더욱 더 많은 열(면적 3-③-c-b-3)이 전달되어야 하지만 증가하는 일(면적 3-③-④-4-3)은 상대적으로 적다. 따라서 이때는 열효율이 감소한다.

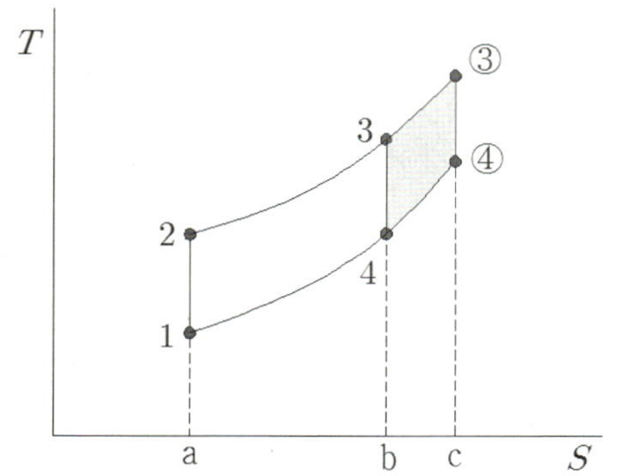

[그림(3)] 공급 열량을 증가시킬 때 사이클 : 1-2-③-④-1

[문제 5.8] 다음 그림과 같이 Carnot 사이클(A'-B-C'-D-A')과 Otto 사이클(A-B-C-D-A)은 동일한 온도 범위(T_1과 T_2)에서 작동하고 있다. 그림을 참조하여 Carnot 사이클이 Otto 사이클보다 열효율이 높다는 것을 증명하시오(단, 작동 유체는 공기로 가정하고, 공기 1kgf에 대한 Carnot 사이클의 공급 열량 및 방출 열량은 $q_1{}'$ 및 $q_2{}'$, Otto 사이클의 공급 열량 및 방출 열량은 q_1 및 q_2임)

[중등교사임용시험 – 항해 · 기관(2007)]

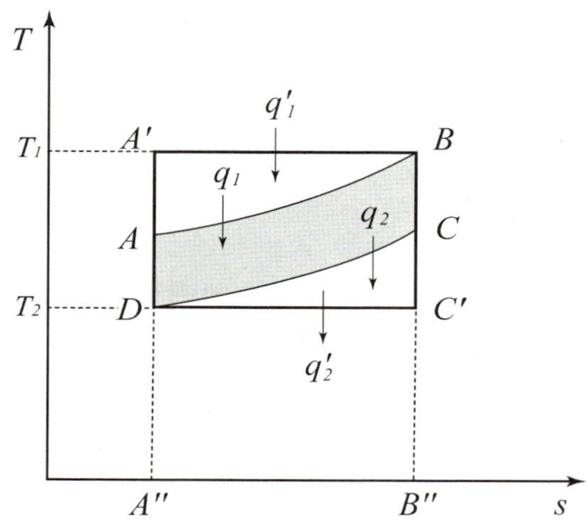

풀이 그림에서 사각형 $A'BC'D$의 넓이를 X, 사각형 $A'BB''A''$의 넓이를 Y로 하고 직선과 곡선으로 둘러싸인 $A'BA$의 넓이를 a, $CC'D$의 넓이를 b로 놓는다. $X>0$, $Y>0$, $a>0$, $b>0$이다.
이때 카르노 사이클로 투입된 열량은 Y이고 사이클이 한 일은 X이다. 오토 사이클로 투입된 열량은 $Y-a$이고 사이클이 한 일은 $X-(a+b)$이다. 따라서 카르노 사이클의 효율(η_c)과 오토사이클(η_o)의 효율은 다음과 같다.

$$\eta_c = \frac{X}{Y}, \quad \eta_o = \frac{X-(a+b)}{Y-a}$$

두 값의 크기를 비교하기 위해 η_c/η_o를 계산해보면

$$\frac{\eta_o}{\eta_c} = \frac{X-(a+b)}{Y-a} \times \frac{Y}{X} = \frac{1-\dfrac{(a+b)}{X}}{1-\dfrac{a}{Y}} \quad \cdots\cdots ①$$

여기에서 $a+b>a$, $X<Y$이므로

$$\frac{a+b}{X} > \frac{a}{Y}$$

$$\therefore \ \frac{\eta_o}{\eta_c} < 1 \quad \cdots\cdots ②$$

이다. 따라서 $\eta_o < \eta_c$이다. 즉 카르노 사이클(η_c)이 오토사이클(η_o)보다 열효율이 높다.

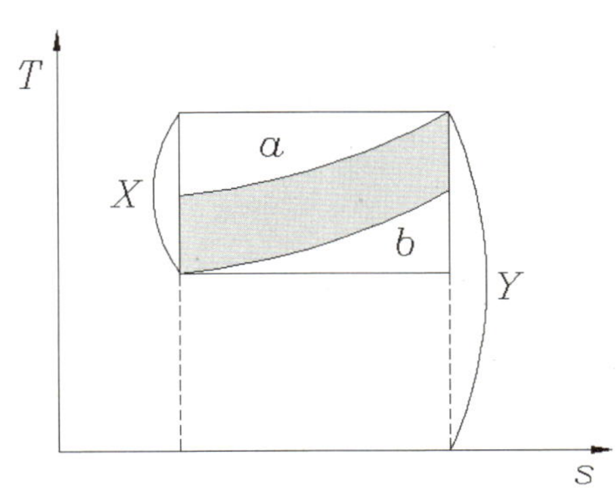

† 두 값의 크기를 비교하는 방법 : 나누거나 차이를 계산해본다.

(1) $A>0$, $B>0$일 때 $\frac{A}{B}>1$이면 $A>B$이다. $\frac{A}{B}<1$이면 $A<B$이다.

(2) $A-B>0$이면 $A>B$이다. $A-B<0$이면 $A<B$이다.

[문제 5.9] **다음 〈조건〉에 해당하는 디젤 엔진의 압축비 ϵ과 엔진의 출력 N_b [kW]를 구하고, 풀이 과정과 함께 쓰시오.**

[중등교사임용시험 –기술(2016)]

- 엔진의 기통 수 : $Z=4$
- 피스톤 단면적 : $A=20\times10^{-4}\text{m}^2$
- 분당 회전수 : $n=1{,}500\text{rpm}$
- 제동 평균 유효압력 : $p_{mb}=3\text{MPa}$
- 크랭크축 반경 : $r_c=0.1\text{m}$
- 행정 체적 : V_S $[\text{m}^3]$
- 연소실 또는 틈새 체적(clearance volume): $V_C=25\times10^{-6}\text{m}^3$

풀이 피스톤이 상사점과 하사점에 있을 때 크랭크축의 위치 변화를 보면 행정 $S=2r_c$이다.

(1) 압축비 ϵ : 행정체적 $V_S=AS=A(2r_c)=2Ar_c$이므로

$$\epsilon=1+\frac{V_S}{V_C}=1+\frac{2Ar_c}{V_C}=1+\frac{2\times(20\times10^{-4})\times(0.1)}{25\times10^{-6}}=17$$

(2) 엔진 출력 N_b[kW] : 4행정 사이클 엔진이라고 하면

$$N_b=\frac{P_{mb}V_SnZ}{60\times2}=\frac{P_{mb}(2Ar_c)nZ}{60\times2}$$

$$=\frac{(3000)\times(2\times20\times10^{-4}\times0.1)\times1500\times4}{60\times2}$$

$$=60\ (\text{kW})$$

2행정 사이클 엔진이라고 하면

$$N_b = \frac{P_{mb} V_S n Z}{60} = 2 \times 60 = 120\,(\text{kW})$$

† 4행정 사이클 엔진은 크랭크 축 2회전마다 한번 폭발이 일어나고 2행정 사이클 엔진은 크랭크 축 1회전마다 한번 폭발이 일어난다.

설명 •• 도시출력

엔진은 흡입, 압축, 팽창, 배기의 각 작용을 계속 반복하기 때문에 실린더 내의 압력은 피스톤 행정에 따라 수시로 변화한다. 이와 같은 피스톤 행정에 따른 실린더 압력 변화를 인디케이터(indicator)를 사용하여 기록하고 그림으로 나타낸 것을 인디케이터 선도(indicator diagram)라 한다. 이 선도는 실제 기관의 지압선도이다. 이에 따라 기관의 평균유효압력을 **도시평균유효압력**(indicated mean effective pressure)이라고 한다.

도시평균유효압력 P_{mi}(kN/m^2), 실린더 안지름 D(m), 행정 S(m), 행정체적 V_s(m^3), 크랭크축의 회전속도 N(rpm), 실린더 수 Z(개)인 엔진의 도시출력(indicated power, L_i)은 다음과 같이 구해진다.

실린더 단면적 $A = \frac{\pi}{4} D^2$이므로 피스톤이 받는 압력 힘(F)은

$$F = \text{압력} \times \text{면적} = P_{mi} \times \frac{\pi}{4} D^2$$

이고, 피스톤이 1행정(S)의 거리를 이동하였을 때 팽창압력이 피스톤에 대해 한 일(W)은

$$W = \text{힘} \times \text{거리} = F \times S = P_{mi} \times \frac{\pi}{4} D^2 S = \frac{\pi}{4} D^2 P_{mi} S$$

이다. 크랭크축의 회전속도가 N(rpm)일 때 4행정 사이클 엔진의 경우에는 크랭크 축 2회전마다 1번의 폭발이 일어나므로 실린더 수 Z인 엔진에서 발생하는 도시출력(indicated power) L_i는 다음과 같이 표현된다.

$$L_i = \frac{W}{t} = \frac{\frac{\pi}{4}D^2 P_{mi} SNZ}{60 \times 2} = \frac{P_{mi} V_s NZ}{60 \times 2} \text{ (kW)} : [4\text{행정 사이클 엔진}]$$

2행정 사이클 엔진의 경우에는 크랭크축 1회전마다 1번의 폭발이 있으므로 도시출력 L_i는 다음과 같다.

$$L_i = \frac{\frac{\pi}{4}D^2 P_{mi} SNZ}{60} = \frac{P_{mi} V_s NZ}{60} \text{ (kW)} : [2\text{행정 사이클 엔진}]$$

여기에서 행정체적 $V_s = \frac{\pi}{4}D^2 S$이다. 도시출력을 실린더 단면적 $A = \frac{\pi}{4}D^2$ (m^2)으로 나타내면 다음과 같다.

$$L_i = \frac{P_{mi} ASNZ}{60 \times 2} \text{ (kW)} : [4\text{행정 사이클 엔진}]$$

$$L_i = \frac{P_{mi} ASNZ}{60} \text{ (kW)} : [2\text{행정 사이클 엔진}]$$

† 기관의 크랭크축에서 실제로 발생하는 출력은 도시출력으로부터 엔진에서의 기계적 손실을 뺀 것이 된다. 이것을 제동마력 또는 축 출력(shaft power)이라 한다. 이와 같이 기관의 실제 출력과 투입된 연료의 연소에 의해 발생하는 출력이 다르기 때문에 이것을 구분하기 위해 도시출력(지시출력)이란 용어를 사용하고 있다.

도시출력 [예]

도시평균유효압력 P_{mi}= 0.6 MPa, 행정 S= 80mm, 실린더 지름 D= 90mm, 크랭크축 회전속도 N= 5000rpm, 실린더 수 Z= 4(개)인 4행정 사이클 엔진의 도시출력(L_i)은 다음과 같이 구해진다.

$$P_{mi} = 0.6\,\text{MPa} = 0.6 \times 1000\,\text{kPa} = 600\,\text{kN/m}^2$$

$$S = 80\,\text{mm} = 80 \times 10^{-3}\,\text{m} = 0.08\,\text{m}$$

$$D = 90\,\text{mm} = 90 \times 10^{-3}\,\text{m} = 0.09\,\text{m}$$

$$N = 5000\text{rpm}, \quad Z = 4$$

$$\therefore \ L_i = \frac{\frac{\pi}{4} D^2 P_{mi} SNZ}{60 \times 2}$$

$$= \frac{\frac{\pi}{4} \times (0.09)^2 \times 600 \times (0.08) \times 5000 \times 4}{60 \times 2}$$

$$= 50.89\,(\text{kW})$$

$$= 69.19\,(\text{PS}) \quad (\leftarrow \ 1\text{PS} = 0.7355\,\text{kW})$$

[문제 5.10] 아래 그림은 피스톤 면적 150cm^2, 피스톤 행정 30cm 인 단기통 4행정 디젤기관을 1000rpm 으로 운전할 때 얻은 지압선도이다. 그림과 같이 분할된 소면적의 평균높이를 이용하여 도시평균유효압력을 구하고, 도시마력을 계산하시오. 단, 지압기의 압력축도는 $1\text{mm} = 1\text{kgf/cm}^2$ 이다.

[중등교사임용시험 – 항해 · 기관(2007)]

평균높이 mm	25	13	8.5	5.5	4.5	4	3.5	3	2	1

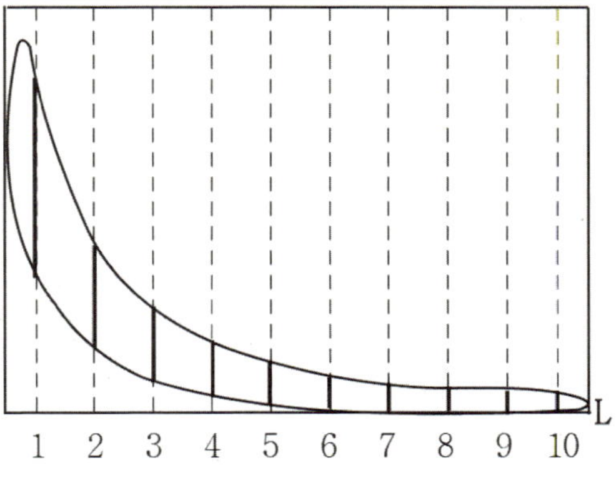

풀이 (1) 도시평균유효압력(P_{mi})

$$P_{mi} = \frac{1}{10} \times (25 + 13 + 8.5 + 5.5 + 4.5 + 4 + 3.5 + + 3 + 2 + 1)$$

$$= 7\,(\text{kgf/cm}^2)$$

(2) 도시평균유효압력 $P_{mi}=7\,\text{kgf/cm}^2$, 피스톤 면적 $A=150\text{cm}^2$, 피스톤 행정 $S=30\text{cm}$, 크랭크축 회전속도 $N=1000\text{rpm}$, 실린더 수 $Z=1$ (단기통)인 4행정기관의 도시마력은 다음과 같다.

$$L_i = \frac{P_{mi}ASNZ}{60\times 2} = \frac{7\times 150\times 30\times 1000\times 1}{60\times 2}\,(\text{kgf}\cdot\text{cm/s})$$
$$= 262{,}500\,(\text{kgf}\cdot\text{cm/s})$$
$$= 262500\times\frac{1}{100}\times\frac{1}{75}\,(\text{PS})$$
$$= 35(\text{PS})\ \ (\leftarrow\ 1\text{PS}=75\text{kgf}\cdot\text{m/s})$$

[문제 5.11] 실린더 1개의 피스톤 면적이 300cm^2, 행정이 0.4m, 실린더 수가 8개인 4행정 디젤 기관이 500rpm으로 운전될 때, 시간당 연료 소모량은 72kg/h이었다. 이 운전 조건에서 지시 열효율이 50%이고, 연료의 저위 발열량이 $10{,}000\text{kcal/kg}$일 때 다음 사항을 풀이 과정을 포함해서 구하시오. (단, 1마력 1시간의 일을 열량으로 환산할 때 $1\text{PS}\cdot\text{h}=600\text{kcal}$로 가정함) [중등교사임용시험 – 항해 · 기관(2006)]

(1) 1 실린더 당 지시 마력(PS)

(2) 지시 평균 유효 압력(P_{mi}, kgf/cm^2)

풀이 피스톤 면적 $A=300\text{cm}^2=300\times 10^{-4}\text{m}^2=0.03\text{m}^2$, 행정 $S=0.4\text{m}$, 실린더 수 $Z=8$, 회전속도 $N=500\text{rpm}$, 연료 소모량 $B=72\text{kg/h}$, 지시 열효율 $\eta_i=50\%$, 연료의 저위 발열량 $H=10{,}000\text{kcal/kg}$이다.

(1) 1 실린더 당 지시 마력(PS) : 실린더 1개가 소모한 연료의 열량은

$$Q_1=\frac{BH}{Z}=\frac{(72)\times(10{,}000)}{8}=9\times 10^4\,(\text{kcal/h})$$

이므로 1 실린더 당 지시 마력은

$$L_{1i}=\eta_i Q_1=0.5\times(9\times 10^4)=4.5\times 10^4\,(\text{kcal/h})$$

이다. 여기에서 $1\mathrm{PS}\cdot\mathrm{h}=600\mathrm{kcal}$로 가정하므로 $\dfrac{\mathrm{kcal}}{\mathrm{h}}=\dfrac{1}{600}\mathrm{PS}$이다.

$$\therefore\ L_{1i}=4.5\times10^4\times\frac{1}{600}\mathrm{PS}=75\mathrm{PS}$$

(2) 지시 평균 유효 압력(P_{mi}, kgf/cm^2) : 1 실린더 당 지시 마력(L_{1i})에서 지시 평균 유효 압력을 구한다. 4행정 기관이므로

$$L_{1i}=\frac{P_{mi}V_sN}{60\times2}=\frac{P_{mi}(AS)N}{60\times2}$$

$$\therefore\ P_{mi}=\frac{120\,L_{1i}}{ASN}=\frac{120\times(75\times75)}{(0.03)\times(0.4)\times(500)}\ \cdots\cdots\cdots\cdots\ (\star)$$

$$=11.25\times10^4(\mathrm{kgf/m^2})=11.25(\mathrm{kgf/cm^2})$$

이상에서 $L_{1i}=75\mathrm{PS}=75\times(75\mathrm{kgf}\cdot\mathrm{m/s})$이다. 식 ($\star$)에서 단위를 kgf, m, s로 통일하였다. V_s는 행정체적이다.

제6장 압축기와 냉동기

[문제 6.1] **압축기의 입구가 대기조건(100kPa, 20°C)이고, 압축기의 출구압력이 800kPa, 터빈입구온도가 1,000°C인 가스터빈 사이클에 대하여 다음 물음에 답하시오. (단, 공기는 이상기체로 가정하고, 정압비열(C_p)과 기체상수(R)는 각각 $C_p = 1.004\text{kJ/kg}\cdot\text{K}$, $R = 0.287\text{kJ/kg}\cdot\text{K}$ 이다) (총 13점)**

[국가공무원 5급(기술) 제2차시험(2017)]

(1) 압축기와 터빈이 단열 가역적으로 작동하는 공기 표준 Brayton 사이클을 $P-v$ 선도와 $T-s$에 표시하시오. (4점)

(2) 위 사이클의 열효율을 구하시오. (5점)

(3) 이상적인 기기 대신 등엔트로피 효율(Isentropic Efficiency)이 90%인 터빈을 사용하는 경우의 열효율을 구하시오. (4점)

풀이 정적비열 $C_v = C_p - R = 1.004 - 0.287 = 0.717[\text{kJ/kg}\cdot\text{K}]$이므로 비열비 $k = C_p/C_v = 1.004/0.717 = 1.4$이다.

(1) 공기 표준 브레이튼 사이클은 '2개의 단열과정과 2개의 정압과정'으로 이루어진다. 이 사이클의 $P-v$ 선도와 $T-s$ 선도는 [그림]과 같다. 여기에서 점 1은 압축기 입구, 2는 압축기 출구, 3은 터빈 입구, 4는 터빈 출구를 각각 나타낸다.

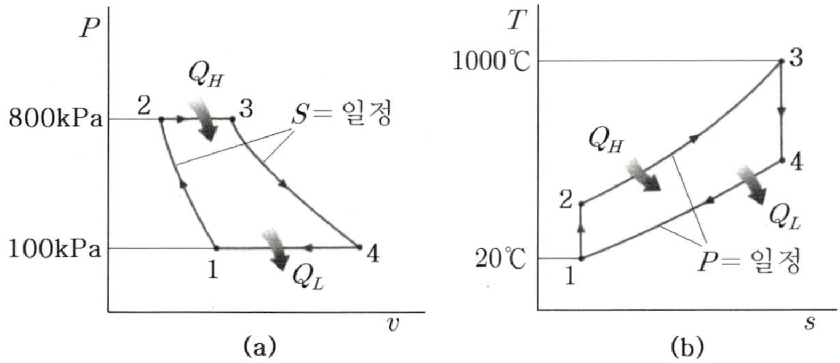

[그림] (a) $P-v$ 선도 (b) $T-s$ 선도

- 1→2 : **[가역단열 압축]** 등엔트로피 압축(압축기).
- 2→3 : **[정압 가열]** 연소기에서 정압 연소가 일어난다. 일정한 압력에서 열을 받고 기체의 온도가 상승한다.
- 3→4 : **[가역단열 팽창]** 등엔트로피 팽창(터빈).
- 4→1 : **[정압 방열]** 일정한 압력에서 열을 방출하고 기체의 온도가 내려 간다.

(2) [그림]에서 단위질량당 공급열량(q_H), 방열량(q_L), 터빈 일(w_t), 압축기 일(w_c) 및 사이클 순 일(w_{net})은 다음과 같다.

$$q_H = h_3 - h_2 = C_p(T_3 - T_2) \quad \cdots\cdots ①$$

$$q_L = h_4 - h_1 = C_p(T_4 - T_1) \quad \cdots\cdots ②$$

$$w_t = h_3 - h_4 = C_p(T_3 - T_4) \quad \cdots\cdots ③$$

$$w_c = h_2 - h_1 = C_p(T_2 - T_1) \quad \cdots\cdots ④$$

$$w_{net} = q_H - q_L = w_t - w_c \quad \cdots\cdots ⑤$$

사이클의 열효율(η_{th})은 다음과 같이 표현된다.

$$\eta_{th} = \frac{w_{net}}{q_H} = \frac{q_H - q_L}{q_H} = 1 - \frac{q_L}{q_H} = 1 - \frac{(T_4 - T_1)}{(T_3 - T_2)} \quad \cdots\cdots ⑥$$

여기에서 과정 1→2, 3→4는 등엔트로피 과정이고 $P_3 = P_2$, $P_4 = P_1$ 이므로

$$\frac{P_2}{P_1} = \left(\frac{T_2}{T_1}\right)^{k/(k-1)} = \frac{P_3}{P_4} = \left(\frac{T_3}{T_4}\right)^{k/(k-1)} \quad \cdots\cdots ⑦$$

$$\therefore \ \frac{T_2}{T_1} = \frac{T_3}{T_4} \quad \cdots\cdots ⑧$$

이고, 이 식으로부터 점 2와 4의 온도는 다음과 같다.

$$T_2 = T_1\left(\frac{P_2}{P_1}\right)^{\frac{k-1}{k}} = (273.2 + 20)\left(\frac{800}{100}\right)^{\frac{1.4-1}{1.4}} = 531.1[\text{K}]$$

$$= 257.9[℃]$$

$$T_4 = T_3\left(\frac{T_1}{T_2}\right) = (273.2 + 1000)\left(\frac{293.2}{531.1}\right) = 702.9[\text{K}] = 429.7[℃]$$

그리고 $T_1 = 20℃$, $T_3 = 1000℃$이므로 식 ⑥으로부터 사이클의 열효율(η_{th})은

$$\eta_{th} = 1 - \frac{(T_4 - T_1)}{(T_3 - T_2)} = 1 - \frac{(429.7 - 20)}{(1000 - 257.9)} = 0.448 = 44.8\%$$

이다.

† 알려진 공식을 이용하면 압력비 $r_p = \frac{P_2}{P_1} = \frac{800}{100} = 8$이고, 사이클의 열효율은 $\eta_{th} = 1 - \frac{1}{r_p^{(k-1)/k}} = 1 - \frac{1}{(8)^{(1.4-1)/1.4}} = 0.448$이다.

(3) 등엔트로피 효율 $\eta_T = 0.9$인 터빈을 사용할 때 실제 터빈의 출력($w_{t,a}$)은 식 ③으로부터

$$w_{ta} = \eta_T C_p (T_3 - T_4)$$

가 된다. 이때 식 ⑤로부터 사이클의 실제 순 일($w_{net,a}$)은

$$w_{net,a} = w_{t,a} - w_c = \eta_T C_p (T_3 - T_4) - C_p (T_2 - T_1)$$

이고, 열효율(η_a)은 다음과 같다.

$$\eta_a = \frac{w_{net,a}}{q_H} = \frac{\eta_T C_p(T_3 - T_4) - C_p(T_2 - T_1)}{C_p(T_3 - T_2)}$$
$$= \frac{\eta_T(T_3 - T_4) - (T_2 - T_1)}{(T_3 - T_2)}$$
$$= \frac{0.9(1000 - 429.7) - (257.9 - 20)}{1000 - 257.9}$$
$$= 0.371 = 37.1\%$$

[문제 6.2] **중간냉각기가 설치된 2단 압축 시스템으로 어떤 기체를 P_1에서 P_2까지($P_1 < P_2$) 압축하고자 한다. 저단 압축기 입구에서의 온도는 T_1이고 압력은 P_1이다. 저단 압축기 출구에서 기체의 온도는 증가하나 중간냉각기를 거치면서 온도는 다시 T_1으로 떨어진다고 한다. 이후 고단 압축기를 거치면서 고단 압축기 출구에서 기체의 온도와 압력은 각각 T_2와 P_2가 된다. (단, 모든 압축과정은 등엔트로피 과정이고, 기체의 운동 및 위치에너지 효과는 무시할 수 있다고 가정한다. 또한 중간냉각기에서 압력손실이 없고 냉매는 이상기체로 가정한다) 다음 물음에 답하시오. (총 10점)**

[5급 공채(기술) 제2차시험(2016)]

(1) 위 과정을 $T-s$ 선도에 나타내시오. (3점)

(2) 2단 압축 시스템의 압축 일을 최소로 하는 중간냉각기 압력을 P_i라고 할 때, 다음을 증명하시오. (7점)

$$P_i = \sqrt{P_1 P_2}$$

풀이 압축되는 기체의 질량을 m, 정압비열을 C_p, 비열비를 k로 한다. 주어진 2단 압축 시스템의 구성은 [그림(1)]과 같다.

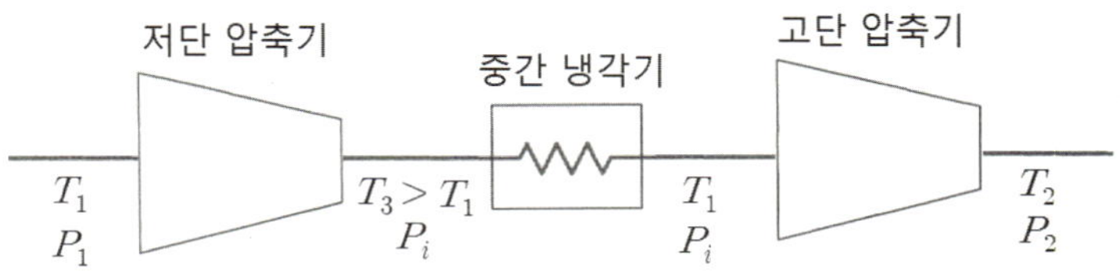

[그림(1)] 2단 압축 시스템

(1) 주어진 과정에 대한 $T-s$ 선도는 [그림(2)]와 같다.

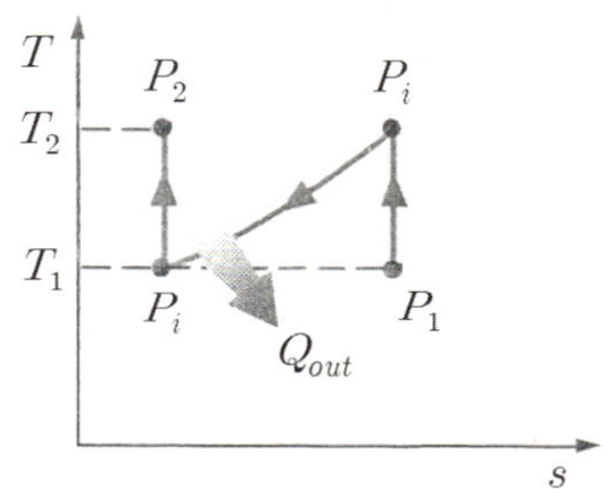

[그림(2)] $T-s$ 선도

(2) 압축과정이 등엔트로피 과정이므로 $TP^{\frac{1-k}{k}} = C$이고, 하나의 압축기 투입 일 $W_1 = mC_p \Delta T$이다. 따라서 전체 압축 일(W)은 다음과 같이 표현된다.

$$\begin{aligned} W &= mC_p(T_3 - T_1) + mC_p(T_2 - T_1) \\ &= mC_pT_1\left[\left(\frac{P_1}{P_i}\right)^{\frac{1-k}{k}} - 1\right] + mC_pT_1\left[\left(\frac{P_i}{P_2}\right)^{\frac{1-k}{k}} - 1\right] \\ &= mC_pT_1\left[\left(\frac{P_1}{P_i}\right)^N + \left(\frac{P_i}{P_2}\right)^N - 2\right] \cdots\cdots\cdots ① \end{aligned}$$

이상에서 T_3은 저단압축기 출구 온도이고, $N = (1-k)/k$이다. 식 ①의 우변에서

$$y = \left(\frac{P_1}{P_i}\right)^N + \left(\frac{P_i}{P_2}\right)^N - 2 \cdots\cdots\cdots ②$$

의 값이 최소가 될 때 압축 일(W)이 최소가 된다. 이 식을 미분하여 $\frac{dy}{dP_i}=0$가 되는 중간냉각기 압력 P_i를 구한다.

$$\frac{dy}{dP_i}=P_1^N(-N)P_i^{-N-1}+P_2^{-N}(N)P_i^{N-1}=0$$

$$P_1^N P_i^{-N-1}=P_2^{-N}P_i^{N-1}$$

$$(P_1P_2)^N=P_i^{2N} \quad \cdots\cdots ③$$

식 ③의 양변을 $1/N$제곱을 취하면

$$P_i^2=P_1P_2$$

$$\therefore \ P_i=\sqrt{P_1P_2} \quad \cdots\cdots ④$$

이다.

[문제 6.3] **중간냉각기가 있는 2단 압축기로 초기상태 100kPa, 300K인 공기를 900kPa로 압축한다. 다음 물음에 답하시오. (총 10점)**

[행정고등고시(기술직) 제2차시험(2009)]

(단, 공기는 k가 1.3인 이상기체이며, 압축과정은 모두 가역 단열로 수행된다고 가정한다)

(1) 1단 압축 후 초기 상태의 온도 300K로 냉각한 후 2단 압축기로 공급하는 경우, 압축기의 일이 최소가 되는 각 단의 압력비와 단위 질량당 전체 압축일(w_1)을 구하시오. (4점)

(2) 냉각용량의 부족으로 인해 초기상태 온도 300K까지 냉각되지 못하고 330K의 공기가 2단 압축기로 투입될 경우, 압축기의 일이 최소가 되는 각 단의 압력비와 단위 질량당 전체 압축일(w_2)을 구하고, w_1과 w_2의 차이점에 대한 열역학적 근거를 설명하시오. (6점)

풀이 1단압축기 입구 압력 $P_1 = 100\text{kPa}$, 온도 $T_1 = 300\text{K}$이고, 2단압축기 출구 압력 $P_2 = 900\text{kPa}$이다.

(1) 주어진 과정에 대한 $T-s$ 선도는 [그림(1)]과 같다.

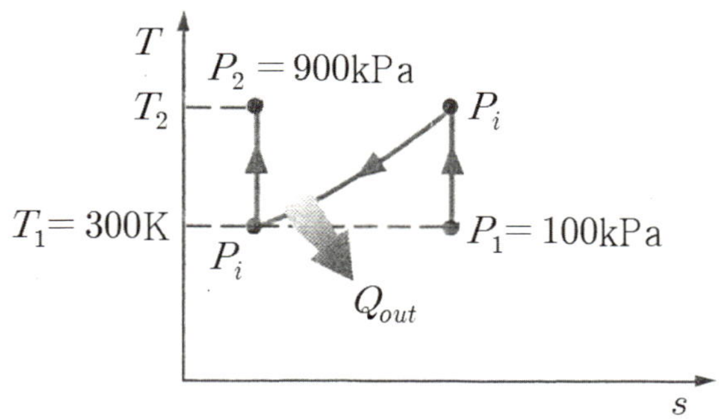

[그림(1)] $T-s$ **선도 :** $T_i = T_1$

1단 압축 후 다시 초기 상태 온도 $T_1 = 300\text{K}$으로 냉각한 후 2단 압축기로 공기를 공급하는 경우, 1단 압축기 출구와 2단 압축기 입구 압력 (P_i)이

$$P_i = \sqrt{P_1 P_2} = \sqrt{100 \times 900} = 300[\text{kPa}]$$

일 때 압축기 일이 최소가 된다. 이때 1단 압축기와 2단 압축기의 압력비(r_{p1}, r_{p2})는 각각 다음과 같다.

$$r_{p1} = \frac{P_i}{P_1} = \frac{\sqrt{P_1 P_2}}{P_1} = \sqrt{\frac{P_2}{P_1}} = \sqrt{\frac{900}{100}} = 3$$

$$r_{p2} = \frac{P_2}{P_i} = \frac{P_2}{\sqrt{P_1 P_2}} = \sqrt{\frac{P_2}{P_1}} = r_{p1} = 3$$

압축비가 같으므로 1단압축기 출구온도(T_i)와 2단압축기 출구온도(T_2)가 같다. 여기에서 압축과정이 등엔트로피 과정이므로 온도는

$$T_2 = T_i = T_1\left(\frac{P_i}{T_1}\right)^{\frac{k-1}{k}} = 300\left(\frac{300}{100}\right)^{\frac{1.3-1}{1.3}} = 387[\mathrm{K}]$$

이고, 단위 질량당 전체 압축일(w_1)은 다음과 같다.

$$\begin{aligned} w_1 &= C_p(T_i - T_1) + C_p(T_2 - T_1) = 2C_p(T_2 - T_1) \\ &= 2C_p(387 - 300) = 174C_p \end{aligned}$$

C_p는 공기의 정압비열이다. ($P_i = \sqrt{P_1 P_2}$ $\therefore$ $\frac{P_i}{P_1} = \frac{P_2}{P_i}$, 즉, 압력비가 같을 때 압축기 일이 최소가 된다)

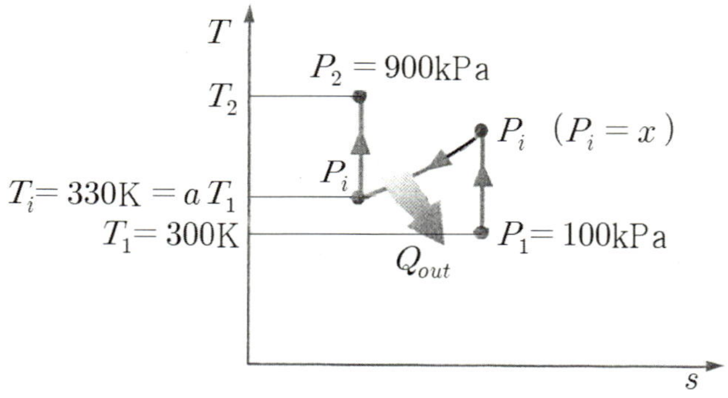

[그림(2)] $T-s$ **선도 :** $T_i = 330\mathrm{K} = aT_1$ $(a = 1.1)$

(2) 2단 압축기 입구 온도 $T_i = 330\mathrm{K} = aT_1(a = 1.1)$에 대한 $T-s$선도를 [그림(2)]에 도시하였다. 편의상 $P_i = x$로 하면 단위 질량당 전체 압축일(w_2)은 다음과 같이 표현된다.

$$\begin{aligned} w_2 &= (\text{1단 압축기 일}) + (\text{2단 압축기 일})) \\ &= C_pT_1\left[\left(\frac{x}{P_1}\right)^{\frac{k-1}{k}} - 1\right] + C_p a T_1\left[\left(\frac{P_2}{x}\right)^{\frac{k-1}{k}} - 1\right] \\ &= C_pT_1\left[\left(\frac{x}{P_1}\right)^{\frac{k-1}{k}} + a\left(\frac{P_2}{x}\right)^{\frac{k-1}{k}} - 1 - a\right] \end{aligned}$$

$$= C_p T_1 \left[\left(\frac{x}{P_1} \right)^N + a \left(\frac{P_2}{x} \right)^N - 1 - a \right] \cdots\cdots ①$$

이상에서 $N = (k-1)/k$이다. 식 ①의 우변에서

$$y = \left(\frac{x}{P_1} \right)^N + a \left(\frac{P_2}{x} \right)^N - 1 - a \cdots\cdots ②$$

의 값이 최소가 될 때 압축일(w_2)이 최소가 된다. 이 식을 미분하여 $\frac{dy}{dx} = 0$가 되는 중간냉각기 압력 $x = P_i$를 구한다.

$$\frac{dy}{dx} = P_1^{-N}(N)x^{N-1} + aP_2^N(-N)x^{-N-1} = 0$$

이 식의 양변에 x/N을 곱하면

$$P_1^{-N}x^N - aP_2^N x^{-N} = 0$$

$$a(P_1P_2)^N = x^{2N} \cdots\cdots ③$$

이고, 식 ③의 양변을 $1/N$제곱을 취하면

$$x^2 = (P_1P_2)a^{1/N}$$

$$\therefore \ x = \sqrt{P_1P_2a^{1/N}} \cdots\cdots ④$$

이다. 식 ④에서 $N = \frac{k-1}{k}$, $a = \frac{T_i}{T_1}$을 대입하면 압축일(w_2)이 최소가 되는 중간냉각기 압력 P_i가 다음과 같이 표현된다.

$$P_i = x = \sqrt{P_1P_2a^{1/N}} = \sqrt{P_1P_2\left(\frac{T_i}{T_1}\right)^{\frac{k}{k-1}}} \cdots\cdots ⑤$$

여기에서 $P_1 = 100\text{kPa}$, $P_2 = 900\text{kPa}$, $a = \frac{T_i}{T_1} = \frac{330}{300} = 1.1$, $k = 1.3$이므로

$$P_i = \sqrt{P_1 P_2 (a)^{\frac{k}{k-1}}} = \sqrt{100(900)(1.1)^{\frac{1.3}{1.3-1}}} = 369\,[\text{kPa}]$$

이고, 각 단의 압력비는 다음과 같다.

$$r_{p1} = \frac{P_i}{P_1} = \frac{369}{100} = 3.69$$

$$r_{p2} = \frac{P_2}{P_i} = \frac{900}{369} = 2.44$$

이때 식 ①로부터 단위 질량당 전체 압축일(w_2)은

$$\begin{aligned} w_2 &= C_p T_1 \left[(r_{p1})^{\frac{k-1}{k}} + a(r_{p2})^{\frac{k-1}{k}} - 1 - a \right] \\ &= C_p (300) \left[(3.69)^{\frac{1.3-1}{1.3}} + 1.1(2.44)^{\frac{1.3-1}{1.3}} - 1 - 1.1 \right] \\ &= 181\,C_p \end{aligned}$$

이다. 이상에서 $w_1 = 174\,C_p$, $w_2 = 181\,C_p$(C_p는 공기의 정압비열)이므로 w_2가 더 큰 값을 가진다.

운동에너지와 위치에너지를 무시하면 압축기 일(w_{comp})은 다음과 같이 표현된다.

$$w_{comp} = \int v dP \quad \cdots\cdots ⑥$$

식 ⑥으로부터 압축 과정동안 기체(공기)의 비체적(v)을 작게 유지하면 압축기 일(w_{comp})이 감소한다는 것을 알 수 있다. 그리고 기체의 비체적(v)은 온도(T)에 비례한다($Pv = RT$). 따라서 압축 과정동안 기체를 냉각하여 기체의 온도를 낮추면 압축기 일이 줄어든다. w_2가 w_1보다 큰 값을 가지는 것은 (1)의 경우보다 기체의 온도가 높아서 기체의 비체적이 더 크기 때문이다.

[문제 6.4] **작동유체가 이산화탄소인 아래의 Carnot 냉동사이클에 대하여 다음 물음에 답하시오. (단, 이산화탄소는 이상기체이며, 비열비 $k = 1.289$ 이다)**

[5급(기술) 공채 제2차시험(2014)]

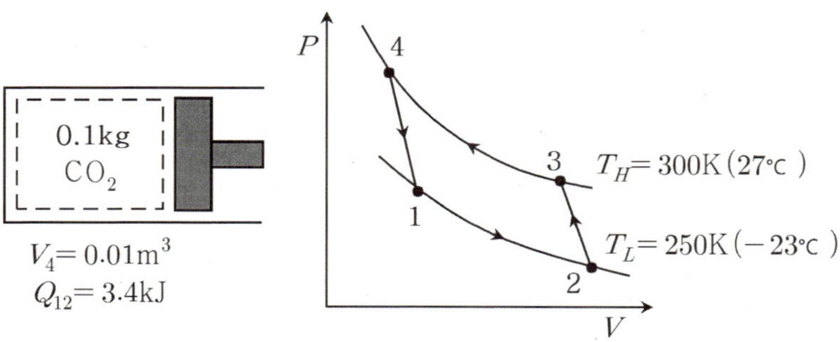

(1) $V_4 V_2 = V_1 V_3$임을 증명하시오.

(2) 4개의 열역학적 상태 1, 2, 3, 4에서의 압력을 구하시오.

(3) 4개의 열역학적 과정에서의 일을 각각 구하시오.

풀이 과정 1→2, 3→4는 등온과정, 4→1, 2→3은 등엔트로피 과정이다. 사이클은 과정 1→2에서 $Q_L = Q_{12} = 3.4\text{kJ}$의 열을 흡수하고, 3→4에서 Q_H의 열을 방출한다. $T_L = T_1 = T_2 = 250\text{K}$, $T_H = T_3 = T_4 = 300\text{K}$.

(1) 과정 4→1, 2→3은 등엔트로피 과정이므로 $TV^{k-1} = C$이다.

$$\frac{T_4}{T_1} = \frac{T_H}{T_L} = \left(\frac{V_1}{V_4}\right)^{k-1} \quad \cdots\cdots ①$$

$$\frac{T_3}{T_2} = \frac{T_H}{T_L} = \left(\frac{V_2}{V_3}\right)^{k-1} \quad \cdots\cdots ②$$

식 ①, ②에서

$$\frac{V_1}{V_4} = \frac{V_2}{V_3} \qquad \therefore\ V_4 V_2 = V_1 V_3 \quad \cdots\cdots ③$$

(2) 이산화탄소(CO_2)의 기체상수 $R=\frac{\overline{R}}{M}=\frac{8.314}{44}=0.1889[\text{kJ/kg}\cdot\text{K}]$

이고, 상태방정식으로부터 점 4의 압력을 구하면

$$P_4=\frac{mRT_4}{V_4}=\frac{0.1(0.1889)(300)}{0.01}=566.7[\text{kPa}]$$

이다. 과정 4→1(등엔트로피 과정)에서 $TP^{(1-k)/k}=C$이므로

$$P_1=P_4\left(\frac{T_4}{T_1}\right)^{k/(1-k)}=566.7\left(\frac{300}{250}\right)^{1.289/(1-1.289)}=251.3[\text{kPa}]$$

이다. 과정 4→1(등엔트로피 과정)에서 $TV^{k-1}=C$이고

$$V_1=V_4\left(\frac{T_4}{T_1}\right)^{1/(k-1)}=0.01\left(\frac{300}{250}\right)^{1/(1.289-1)}=0.01879[\text{m}^3]$$

이고, 등온과정 1→2에서 전달열량 $Q_{12}=3.4\text{kJ}$로부터

$$Q_{12}=P_1V_1\ln\left(\frac{V_2}{V_1}\right)=P_1V_1\ln\left(\frac{P_1}{P_2}\right)$$

$$\therefore\ P_2=\frac{P_1}{\exp(Q_{12}/P_1V_1)}=\frac{251.3}{\exp[3.4/(251.3\times0.01879)]}$$

$$=122.3[\text{kPa}]$$

이다. 그리고 과정 2→3(등엔트로피 과정)에서 $TP^{(1-k)/k}=C$이므로

$$P_3=P_2\left(\frac{T_2}{T_3}\right)^{k/(1-k)}=122.3\left(\frac{250}{300}\right)^{1.289/(1-1.289)}=275.8[\text{kPa}]$$

(3) • 과정 1→2(등온과정) : 제1법칙으로부터 $Q=\Delta U+W=W$

$$W_{12}=Q_{12}=3.4\text{kJ}$$

• 과정 2→3(단열과정) : 제1법칙으로부터 $Q=\Delta U+W=0$

$$W_{23} = -\Delta U = mC_v(T_2 - T_3) = \frac{mR}{k-1}(T_2 - T_3)$$
$$= \frac{0.1(0.1889)}{1.289-1}(250-300)$$
$$= -3.268[\text{kJ}]$$

• 과정 3→4(등온과정) : $PV = P_4V_4 = P_3V_3$

$$W_{34} = \int PdV = P_4V_4\int \frac{1}{V}dV = P_4V_4\ln\left(\frac{V_4}{V_3}\right) = P_4V_4\ln\left(\frac{P_3}{P_4}\right)$$
$$= 566.7(0.01)\ln\left(\frac{275.8}{566.7}\right)$$
$$= -4.081[\text{kJ}]$$

• 과정 4→1(단열과정) : 제1법칙으로부터 $Q = \Delta U + W = 0$

$$W_{41} = -\Delta U = -mC_v(T_1 - T_4) = -mC_v(T_2 - T_3)$$
$$= -W_{23} = 3.268[\text{kJ}]$$

[체크] 주어진 냉동 사이클은 1→2에서 $Q_L = 3.4\,\text{kJ}$을 저온부(냉동실)로부터 흡수하고, 3→4에서 $Q_H = 4.081\,\text{kJ}$을 고온부로 방출한다.

• 냉동기 성능계수 $\text{COP}_\text{R} = \dfrac{Q_L}{Q_H - Q_L} = \dfrac{3.4}{4.081-3.4} = 4.993$

$$\text{COP}_\text{R} = \frac{T_L}{T_H - T_L} = \frac{250}{300-250} = 5$$

[문제 6.5] 다음 그림과 같이 공기를 냉매로 하는 이상적인 브레이튼(Brayton) 냉동사이클이 있다. 압축기 입구(상태 1)에서의 공기는 120kPa, 300K이다. 압축기와 터빈의 등엔트로피 효율은 각각 80%와 100%이다. 압축비가 3이고 터빈 입구(상태 3)의 온도가 350K일 때, 다음 물음에 답하시오. (단, 공기는 기체상수 $R=0.287\text{kJ/kg}\cdot\text{K}$, 정압비열 $C_p=1.0045\text{kJ/kg}\cdot\text{K}$인 이상기체로 가정한다. 또한 공기의 질량 유량은 1kg/s이다) (총 15점) [5급(기술) 공채 제2차시험(2013)]

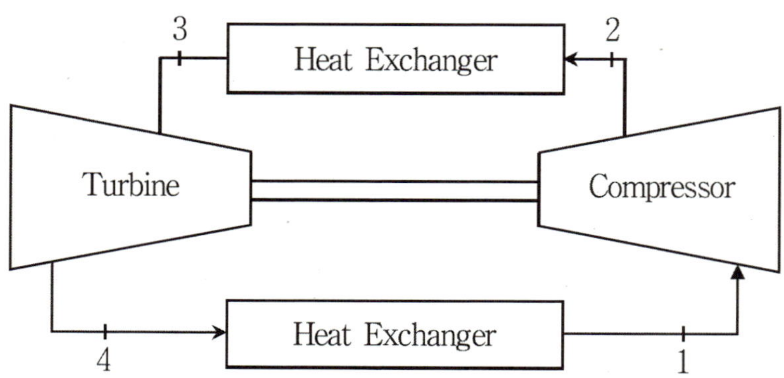

(1) 압축기의 등엔트로피 효율이 100%일 경우와 비교하여 본 시스템을 $T-s$ 선도 상에 간략히 비교하시오. (단, 선도상에 엔트로피 값은 표기할 필요가 없으며 문제에서 서술된 온도와 압력만을 표기한다) (2점)

(2) 상태 2 및 4의 온도를 계산하고 압축기 구동에 필요한 동력을 구하시오. (8점)

(3) 본 사이클의 냉방 성능계수(COP)를 구하시오. (5점)

풀이 주어진 값은 다음과 같다. 압축비가 3이므로 압력 $P_2=3P_1=360\text{kPa}$이고, 정적비열 $C_v=C_p-R=0.7175\text{kJ/kg}\cdot\text{K}$이므로 비열비 $k=\dfrac{C_p}{C_v}=1.4$이다.

- $T_1 = 300\mathrm{K}$, $P_1 = 120\mathrm{kPa}$
- $T_2 =$ (미지수), $P_2 = 360\mathrm{kPa}$
- $T_3 = 350\mathrm{K}$, $P_3 = P_2 = 360\mathrm{kPa}$
- $T_4 =$ (미지수), $P_4 = P_1 = 120\mathrm{kPa}$
- 압축기 등엔트로피 효율 $\eta_{sc} = 0.8$
- 터빈 등엔트로피 효율 $\eta_{st} = 1$
- 공기 질량유량 $\dot{m} = 1\mathrm{kg/s}$

(1) 브레이튼 냉동사이클의 $T-s$ 선도는 그림과 같다. 그림에서 1→2s→3→4→1은 압축기의 등엔트로피 효율이 100%인 경우이고, 1→2→3→4→1은 본 시스템의 사이클이다.

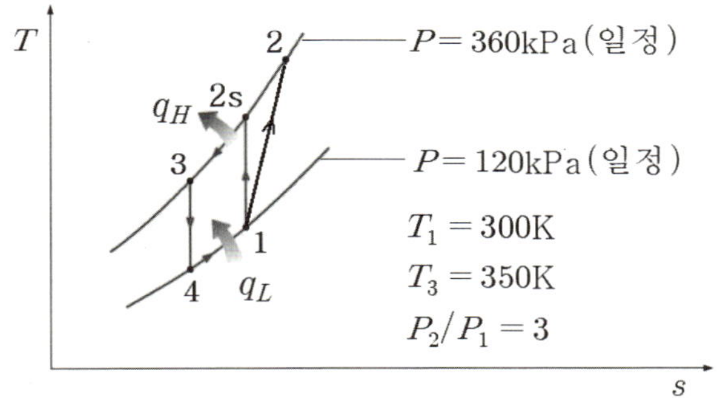

[그림] 브레이튼 냉동사이클의 $T-s$ 선도

(2) • 상태 2의 온도(T_2) : 먼저 관계식 $TP^{\frac{1-k}{k}} = C$로부터 등엔트로피 과정의 온도 T_{2s}를 구한다.

$$T_{2s} = T_1\left(\frac{P_2}{P_1}\right)^{\frac{k-1}{k}} = 300 \times (3)^{\frac{1.4-1}{1.4}} = 411\,[\mathrm{K}]$$

이때 압축기 등엔트로피 효율 $\eta_{sc} = 0.8$이므로 다음과 같이 T_2가 구해진다.

$$\eta_{sc} = \frac{h_{2s} - h_1}{h_2 - h_1} = \frac{T_{2s} - T_1}{T_2 - T_1}$$

$$\therefore \quad T_2 = T_1 + \frac{T_{2s} - T_1}{\eta_{sc}} = 300 + \frac{411 - 300}{0.8} = 439[\mathrm{K}]$$

• 상태 4의 온도(T_4) : 터빈의 등엔트로피 효율은 100%이므로 과정 3→4는 등엔트로피 과정이고 T_4는 다음과 같다.

$$T_4 = T_3\left(\frac{P_4}{P_3}\right)^{\frac{k-1}{k}} = 350 \times \left(\frac{1}{3}\right)^{\frac{1.4-1}{1.4}} = 256[\mathrm{K}]$$

• 공기 질량유량 $\dot{m} = 1\mathrm{kg/s}$이므로 압축기 구동에 필요한 동력($\dot{W}_c$)은 다음과 같다.

$$\dot{W}_c = \dot{m}\, C_p(T_2 - T_1) = 1(1.0045)(439 - 300) = 139.63[\mathrm{kW}]$$

(3) 사이클의 냉방 성능계수(COP) :

$$\mathrm{COP} = \frac{q_L}{w_{net,\,in}} = \frac{q_L}{w_c - w_t} = \frac{C_p(T_1 - T_4)}{C_p(T_2 - T_1) - C_p(T_3 - T_4)}$$

$$= \frac{(300 - 256)}{(439 - 300) - (350 - 256)}$$

$$= 0.978$$

[문제 6.6] **대기온도(T_0)가 30℃ 일 때 냉동기를 사용하여 냉동실의 온도(T_L)를 −30℃ 로 유지하고자 한다. 이 냉동기를 구동하기 위해 고온열원($T_H = 200$℃)과 대기 사이에서 작동하는 열기관의 출력 일을 이용한다. 모든 열역학적 과정은 가역적이라고 가정한다.**

[행정고등고시(기술직) 제2차시험(2005)]

(1) 고온열원, 대기, 냉동실의 온도를 표시하고, 열과 일의 출입이 표시된 열기관-냉동기 복합 시스템을 그림으로 나타내시오.

(2) 냉동기가 흡수한 열량에 대한 열기관으로 전달된 열량의 비를 구하시오.

풀이 열기관의 출력 일을 W라 하고 이 일로써 냉동기를 구동한다. 그리고 냉동기가 흡수한 열량을 Q_L, 열기관으로 전달된 열량을 Q_H로 한다.

(1) 주어진 시스템엔 대한 [그림]은 다음과 같다.

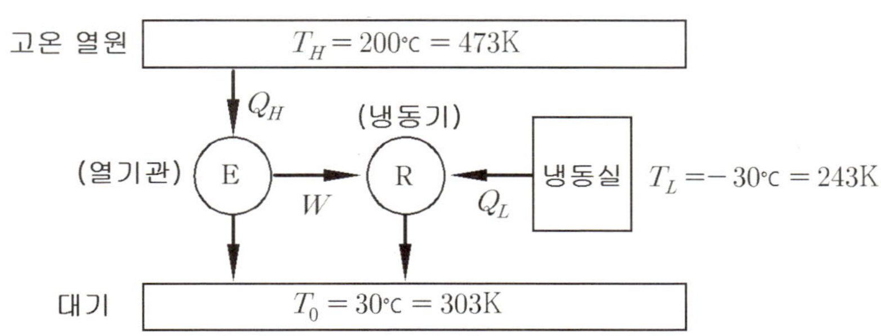

[그림] 열기관-냉동기 복합 시스템

(2) 두 열원 T_H와 T_0 사이에서 작동하는 열기관의 열효율(η)에서

$$\eta = \frac{W}{Q_H} = \frac{T_H - T_0}{T_H}$$

$$\therefore\ Q_H = \left(\frac{T_H}{T_H - T_0}\right) W \quad \cdots\cdots ①$$

이고, 두 열원 T_L과 T_0 사이에서 작동하는 냉동기의 성능계수($\mathrm{COP_R}$)로부터

$$\mathrm{COP_R} = \frac{Q_L}{W} = \frac{T_L}{T_0 - T_L}$$

$$\therefore \; Q_L = \left(\frac{T_L}{T_0 - T_L}\right) W \cdots\cdots ②$$

이다. 식 ①, ②로부터 냉동기가 흡수한 열량(Q_L)에 대한 열기관으로 전달된 열량(Q_H)의 비는 다음과 같다.

$$\begin{aligned}\frac{Q_H}{Q_L} &= \left(\frac{T_H}{T_H - T_0}\right) W \times \frac{1}{W}\left(\frac{T_0 - T_L}{T_L}\right) \\ &= \left(\frac{T_H}{T_H - T_0}\right)\left(\frac{T_0 - T_L}{T_L}\right) \\ &= \left(\frac{473}{473 - 303}\right)\left(\frac{303 - 243}{243}\right) = 0.687\end{aligned}$$

[문제 6.7] **피스톤을 가진 왕복식 압축기 내에 온도 300K, 압력 100kPa, 부피 60L의 공기가 들어있다. 가역단열과정으로 공기를 압축하여 공기의 압력이 300kPa이 되었다. 다음을 구하시오. (단, 공기는 분자량이 29인 이원자분자이고, 압축기는 외부와 단열되어 있다고 가정한다)**

(1) 공기의 기체상수, 정적비열, 정압비열
(2) 공기의 질량과 최종 상태 공기의 온도
(3) 공기의 압축에 소요된 압축기 일
(4) 이 과정에서의 엔트로피 생성률

풀이 초기상태 공기의 온도 $T_1 = 300\mathrm{K}$, 압력 $P_1 = 100\mathrm{kPa}$, 부피 $V_1 = 60\mathrm{L}$이고, 최종상태 압력 $P_2 = 300\mathrm{kP}$이다.

(1) 공기의 기체상수(R), 정적비열(C_v), 정압비열(C_p) : 공기의 분자량 $M=$

29kg/kmol이고, 이원자 분자 기체이므로

- $R = \dfrac{\overline{R}}{M} = \dfrac{8.314}{29} = 0.287[\mathrm{kJ/kg \cdot K}]$
- $C_v = \dfrac{5}{2}R = \dfrac{5}{2} \times 0.287 = 0.717[\mathrm{kJ/kg \cdot K}]$
- $C_p = \dfrac{7}{2}R = \dfrac{7}{2} \times 0.287 = 1.004[\mathrm{kJ/kg \cdot K}]$

(2) 공기의 질량(m)과 최종 상태 공기의 온도(T_2) : 공기의 초기상태로부터 공기의 질량은 다음과 같다. $1\mathrm{L} = 10^3\mathrm{cm}^3 = 10^{-3}\mathrm{m}^3$이다.

$$m = \frac{P_1 V_1}{R T_1} = \frac{100(60 \times 10^{-3})}{0.287(300)} = 0.0697[\mathrm{kg}]$$

공기의 비열비(k)는

$$k = \frac{C_p}{C_v} = \frac{7}{5} = \frac{7}{5} = 1.4$$

이고, 가역단열과정에서 $TP^{\frac{1-k}{k}} = C$로부터 최종 상태 공기의 온도 (T_2)는 다음과 같다.

$$T_2 = T_1\left(\frac{P_2}{P_1}\right)^{\frac{k-1}{k}} = 300\left(\frac{300}{100}\right)^{\frac{1.4-1}{1.4}} = 411[\mathrm{K}]$$

(3) 공기의 압축에 소요된 압축기 일(W_c) : 단열과정이므로 공기로의 열전달 $Q = 0$이고, 열역학 제1법칙

$$Q = \Delta U + W = 0$$

로부터 기체가 한 일(W)은

$$\begin{aligned} W &= -\Delta U = -mC_v(T_2 - T_1) \\ &= -0.0697(0.717)(411 - 300) = -5.547[\mathrm{kJ}] \end{aligned}$$

이다. $W<0$이므로 공기는 압축기로부터 5.547kJ의 일을 받았다. 즉, 공기의 압축에 소요된 압축기 일 $W_c = 5.547$kJ이다.

(4) 이 과정에서의 엔트로피 생성률 : 압축기가 외부와 단열되어 있으므로 외부의 엔트로피 변화는 0이다. 그리고 압축과정은 가역단열과정(등엔트로피과정)이므로 공기의 엔트로피가 일정하다. 따라서 이 과정에서 엔트로피 생성률은 0이다.

[문제 6.8] **압축기의 단 사이에서 기체를 초기 온도로 냉각하는 두 개의 중간 냉각기를 갖는 3단 등엔트로피 압축 시스템이 있다. 중간 냉각 과정을 $T-s$ 선도에 나타내고, 3단 압축 시스템의 압축 일을 최소로 하는 중간냉각기 압력 P_x, P_y가 다음과 같음을 증명하시오. P_1과 P_2는 각각 압축기 입구와 출구 압력을 나타낸다.**

$$P_x = \left(P_1^2 P_2\right)^{1/3}, \quad P_y = \left(P_1 P_2^2\right)^{1/3}$$

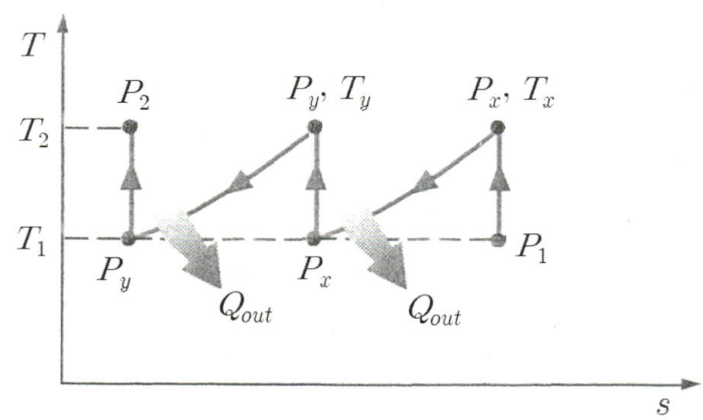

[그림] 2개의 중간냉각과정의 $T-s$ 선도

풀이 중간 냉각 과정에 대한 $T-s$ 선도는 [그림]과 같다.

압축과정이 등엔트로피 과정이므로 $T_2 = T_1\left(\dfrac{P_2}{P_1}\right)^{\frac{k-1}{k}}$ 이고, 하나의 압축기에 대한 단위질량당 투입 일 $w_1 = C_p \Delta T$이다. 따라서 3개의 압축기에

대한 단위 질량당 전체 압축 일(w)은 다음과 같이 표현된다.

$$
\begin{aligned}
w &= w_{comp,1} + w_{comp,2} + w_{comp,3} \\
&= C_p(T_x - T_1) + C_p(T_y - T_1) + C_p(T_2 - T_1) \\
&= C_p T_1\left[\left(\frac{P_x}{P_1}\right)^{\frac{k-1}{k}} - 1\right] + C_p T_1\left[\left(\frac{P_y}{P_x}\right)^{\frac{k-1}{k}} - 1\right] \\
&\quad + C_p T_1\left[\left(\frac{P_2}{P_y}\right)^{\frac{k-1}{k}} - 1\right] \\
&= C_p T_1\left[\left(\frac{P_x}{P_1}\right)^{\frac{k-1}{k}} + \left(\frac{P_y}{P_x}\right)^{\frac{k-1}{k}} + \left(\frac{P_2}{P_y}\right)^{\frac{k-1}{k}} - 3\right] \\
&= C_p T_1\left[\left(\frac{x}{P_1}\right)^{N} + \left(\frac{y}{x}\right)^{N} + \left(\frac{P_2}{y}\right)^{N} - 3\right] \quad \cdots\cdots \text{①}
\end{aligned}
$$

이상에서 $N = (k-1)/k$, $x = P_x$, $y = P_y$이다. 식 ①의 우변에서

$$
F = \left(\frac{x}{P_1}\right)^{N} + \left(\frac{y}{x}\right)^{N} + \left(\frac{P_2}{y}\right)^{N} - 3 \quad \cdots\cdots \text{②}
$$

의 값이 최소가 될 때 압축기 일(w)이 최소가 된다. 이 식을 미분하여 $\frac{\partial F}{\partial x} = 0$, $\frac{\partial F}{\partial y} = 0$가 되는 x, y를 구한다.

$$
\frac{\partial F}{\partial x} = P_1^{-N}(N)x^{N-1} - Ny^{N}x^{-N-1} = 0
$$

$$
\therefore\ x^{2N} = (P_1 y)^{N} \quad \cdots\cdots \text{③}
$$

$$
\frac{\partial F}{\partial y} = x^{-N}Ny^{N-1} + P_2^{N}(-N)y^{-N-1} = 0
$$

$$
\therefore\ y^{2N} = (P_2 x)^{N} \quad \cdots\cdots \text{④}
$$

식 ③에서 $y^{2N} = x^{4N}P_1^{-2N}$을 식 ④에 대입하면

$$
x^{4N}P_1^{-2N} = P_2^{N}x^{N}
$$

$$
x^{3N} = \left(P_1^2 P_2\right)^{N}
$$

$$\therefore\ x=\left(P_1^2P_2\right)^{1/3} \cdots\cdots ⑤$$

이고, 식 ④에서 $x^{2N}=y^{4N}P_2^{-2N}$을 식 ③에 대입하면

$$y^{4N}P_2^{-2N}=P_1^Ny^N$$
$$y^{3N}=\left(P_1P_2^2\right)^N$$
$$\therefore\ y=\left(P_1P_2^2\right)^{1/3} \cdots\cdots ⑥$$

이다. 식 ⑤, ⑥으로부터 3단 압축 시스템의 압축 일을 최소로 하는 중간 냉각기 압력은 $P_x=\left(P_1^2P_2\right)^{1/3}$, $P_y=\left(P_1P_2^2\right)^{1/3}$이다.

[문제 6.9] **압축기에서 냉매의 압축과정을 가역 단열 변화라 할 때, 온도와 압력 사이에는 $\frac{T_2}{T_1}=\left(\frac{P_2}{P_1}\right)^{\frac{k-1}{k}}$의 관계가 성립함을 증명하시오. 단, T는 온도, P는 압력, k는 단열지수이며, 첨자 1과 2는 각각 변화 전, 후의 상태를 나타낸다.** [중등교사임용시험 – 냉동(2002)]

풀이 가역단열과정에서 $Tds=dh-vdP=0$이므로

$$0=dh-vdP$$
$$\therefore\ C_pdT=vdP \cdots\cdots ①$$

여기에서 $C_p=\frac{kR}{k-1}$, $v=\frac{RT}{P}$를 대입하면

$$\frac{kR}{k-1}dT=\frac{RT}{P}dP$$
$$\therefore\ \frac{1}{T}dT=\left(\frac{k-1}{k}\right)\frac{1}{P}dP \cdots\cdots ②$$

이다. 과정 $1\rightarrow 2$에서 식 ②를 적분하면

$$\int_1^2 \frac{1}{T} dT = \left(\frac{k-1}{k}\right) \int_1^2 \frac{1}{P} dP$$

$$\ln\left(\frac{T_2}{T_1}\right) = \frac{k-1}{k} \ln\left(\frac{P_2}{P_1}\right)$$

$$\ln\left(\frac{T_2}{T_1}\right) = \ln\left(\frac{P_2}{P_1}\right)^{\frac{k-1}{k}}$$

$$\therefore \ \frac{T_2}{T_1} = \left(\frac{P_2}{P_1}\right)^{\frac{k-1}{k}} \quad \cdots\cdots ③$$

제7장 가용에너지와 비가역성

[문제 7.1] **에너지 저장 방안의 하나로 10,000m^3의 지하 공간에 대기조건(압력 100kPa, 온도 20°C)의 공기를 압축하여 공급한 결과 지하 공간 내의 공기 상태가 300kPa, 150°C에 도달하였다. 지하 공간 내 공기의 초기 상태는 대기조건과 동일하고, 압축과정 동안 압축기와 지하 공간은 외부로부터 단열되어 있다고 가정한다. 공기는 이상기체이며, 정압비열(C_p)과 기체상수(R)는 각각 $C_p = 1.004\text{kJ/kg}\cdot\text{K}$, $R = 0.287\text{kJ/kg}\cdot\text{K}$ 이다. 다음 물음에 답하시오. (총 15점)**

[5급(기술) 공채 제2차시험(2015)]

(1) 압축기를 통하여 지하 공간에 공급되는 공기의 질량을 구하시오. (5점)

(2) 압축과정에 소요된 일을 구하시오. (5점)

(3) 압축과정에서 엑서지 손실(exergy loss/destruction)을 구하시오. (5점)

풀이 지하 공간 내 기체의 초기 상태를 1, 최종상태를 2, 유입되는 기체를 i로 표시한다. 각 상태에 대한 주어진 값은 다음과 같다.

- $T_1 = 20℃ = 293\text{K}$, $V_1 = V = 10{,}000\text{m}^3$, $P_1 = 100\text{kPa}$
- $T_2 = 150℃ = 423\text{K}$, $V_2 = V = 10{,}000\text{m}^3$, $P_2 = 300\text{kPa}$
- $T_i = 20℃ = 293\text{K}$, $P_i = 100\text{kPa}$
- 정적비열 $C_v = C_p - R = 1.004 - 0.287 = 0.717[\text{kJ/kg}\cdot\text{K}]$

(1) 지하공간에 공급되는 공기의 질량 m_i : 처음상태와 최종상태 공기의 질량은 각각

$$m_1 = \frac{P_1 V_1}{RT_1} = \frac{100(10{,}000)}{0.287(293)} = 11{,}892[\text{kg}]$$

$$m_2 = \frac{P_2 V_2}{RT_2} = \frac{300(10{,}000)}{0.287(423)} = 24{,}712[\text{kg}]$$

이므로 공급되는 공기의 질량(m_i)은 다음과 같다.

$$m_i = m_2 - m_1 = 24{,}711.5 - 11{,}891.9 = 12{,}820[\text{kg}]$$

(2) 압축과정에 소요된 일 W : 열역학 제1법칙(에너지 보존 식)에서

$$m_i h_i + W = m_2 u_2 - m_1 u_1$$

$$\begin{aligned}\therefore\ W &= m_2 u_2 - m_1 u_1 - m_i h_i = m_2 C_v T_2 - m_1 C_v T_1 - m_i C_p T_i \\ &= 24712(0.717)(423) - 11892(0.717)(293) - 12820(1.004)(293) \\ &= 1{,}225{,}359[\text{kJ}]\end{aligned}$$

(3) 압축과정에서 엑서지 손실 X_{loss} : 대기온도 $T_0 = 20℃ = 293\text{K}$이다. 지하 공간 내 공기의 초기 상태가 대기조건(유입조건)과 동일하므로 생성 엔트로피(S_{gen})는

$$\begin{aligned}S_{gen} &= m_1\left[C_p \ln\left(\frac{T_2}{T_1}\right) - R\ln\left(\frac{P_2}{P_1}\right)\right] \\ &\qquad + (m_2 - m_1)\left[C_p \ln\left(\frac{T_2}{T_1}\right) - R\ln\left(\frac{P_2}{P_1}\right)\right] \\ &= m_2\left[C_p \ln\left(\frac{T_2}{T_1}\right) - R\ln\left(\frac{P_2}{P_1}\right)\right] \\ &= 24{,}712\left[1.004\ln\left(\frac{423}{293}\right) - 0.287\ln\left(\frac{300}{100}\right)\right] \\ &= 1319[\text{kJ/K}]\end{aligned}$$

이고, 엑서지 손실은 다음과 같다.

$$X_{loss} = T_0 S_{gen} = 293(1319) = 386{,}467\ [\text{kJ}]$$

[문제 7.2] **공기 압축기로 100kPa, 300K(상태 i)의 주위 공기를 유입하여 1MPa, 500K(상태 e)로 배출한다. 압축과정에서 공기의 단위 질량(kg)당 60kJ의 열이 방출된다. 공기는 이상기체로 취급하며, 정압비열(C_p)과 기체상수(R)는 다음과 같다.**

$$C_p = 1.004\text{kJ/kg}\cdot\text{K},\ R = 0.287\text{kJ/kg}\cdot\text{K}$$

공기의 단위 질량당에 대하여 아래 문제에 답하시오. (총 30점)

[기술고등고시 제2차시험(2003)]

(1) 가역일을 구하시오. (10점)

(2) 실제 압축기 일을 구하시오. (10점)

(3) 비가역성을 구하시오. (10점)

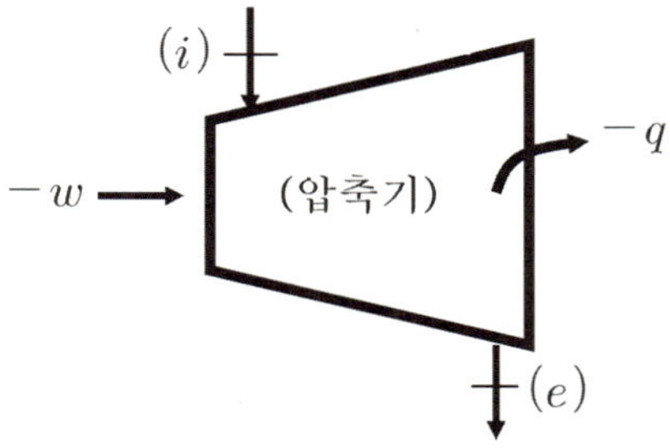

[그림] 공기 압축기

풀이 주위 온도 $T_0 = 300\text{K}$이고, 입구(i)와 출구(e) 값은 다음과 같다.

- $T_i = 300\text{K},\quad P_i = 100\text{kPa}$
- $T_e = 500\text{K},\quad P_e = 1\text{MPa} = 1000\text{kPa}$

(1) 가역일 w_{rev} : $Tds = dh - vdP = C_p dT - vdP$로부터 입구와 출구의 엔트로피 차이는

$$s_e - s_i = C_p \ln\left(\frac{T_e}{T_i}\right) - R\ln\left(\frac{P_e}{P_i}\right)$$

$$= 1.004\ln\left(\frac{500}{300}\right) - 0.287\ln\left(\frac{1000}{100}\right) = -0.148[\text{kJ/K}]$$

이고, 가역 열전달(q_{rev})은

$$q_{rev} = T_0(s_e - s_i) = 300(-0.148) = -44.4[\mathrm{kJ/kg}]$$

이며, 가역일(w_{rev})은 다음과 같다.

$$\begin{aligned} w_{rev} = h_i - h_e + q_{rev} &= C_p(T_i - T_e) + q_{rev} \\ &= 1.004(300-500) - 44.4 \\ &= -245.2[\mathrm{kJ/kg}] \end{aligned}$$

(2) **실제 압축기 일** w_{ac} : 실제 압축기에 대한 에너지 방정식에서 실제 일을 구한다. 주어진 조건에서 압축기로의 실제 유입열량 $q_{ac} = -60$ [kJ/kg]이다.

$$h_i + q_{ac} = h_e + w_{ac}$$

$$\begin{aligned} \therefore\ w_{ac} = h_i - h_e + q_{ac} &= C_p(T_i - T_e) + q_{ac} \\ &= 1.004(300-500) - 60 \\ &= -260.8[\mathrm{kJ/kg}] \end{aligned}$$

(3) **비가역성** i : 비가역성의 정의로부터 공기의 단위 질량당 비가역성은 다음과 같다.

$$i = w_{rev} - w_{ac} = -245.2 - (-260.8) = 15.6[\mathrm{kJ/kg}]$$

† 이상에서 압축기로의 유입열량을 양(+), 압축기가 한 일을 양(+)으로 하였다. 비가역성은 $i = q_{rev} - q_{ac} = -44.4 - (-60) = 15.6[\mathrm{kJ/kg}]$와 같다.

[문제 7.3] 고온열원 T_H =1200K와 저온열원 300K 사이에서 작동하는 열기관이 고온열원으로부터 800kJ/s의 열을 받고 일을 한 다음 저온열원으로 열을 방출한다. 기관의 출력동력이 360kW일 때 기관에 대해 다음을 구하여라.

(1) 가역동력(kW)
(2) 비가역성(kW)
(3) 제2법칙 효율

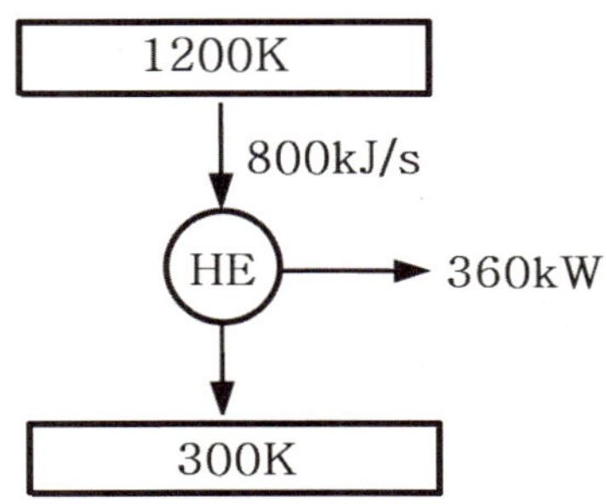

[그림] 두 열원 사이에서 작동하는 열기관

풀이 고온열원 온도 T_H =1200K, 저온열원 온도 T_L =300K, 고온열원으로부터 받는 열량 $\dot{Q}_H$ =800kJ/s이다.

(1) 가역동력 $\dot{W}_{rev}$: 카르노 열기관은 열효율이 최대가 되는 가역 열기관이므로 가역동력은 카르노 열기관의 동력과 같다.

$$\eta_{th,\,rev} = \eta_{th,\,Carnot} = 1 - \frac{T_L}{T_H} = 1 - \frac{300}{1200} = 0.75$$

$$\dot{W}_{rev} = \eta_{th,\,rev}\,\dot{Q}_H = 0.75(800) = 600\,[\mathrm{kW}]$$

(2) 비가역성 $\dot{I}$: 기관의 실제 출력 동력 $\dot{W}_{ac}$=360kW이므로

$$\dot{I} = \dot{W}_{rev} - \dot{W}_{ac} = 600 - 360 = 240\,[\mathrm{kW}]$$

(3) **제2법칙 효율** η_{II} : 제2법칙 효율의 정의로부터

$$\eta_{II} = \frac{\dot{W}_{ac}}{\dot{W}_{rev}} = \frac{360}{600} = 0.6 = 60\%$$

[문제 7.4] **[그림]과 같은 냉동기가 180kJ/min의 열을 저온부로부터 흡수하여 저온부의 온도를 $-3℃$ 로 유지하고 있다. 주위온도는 $24℃$ 이고, 냉동기 입력동력은 0.75kW일 때 냉동기에 대해 다음을 구하여라.**

(1) 가역동력(kW)

(2) 비가역성(kW)

(3) 제2법칙 효율

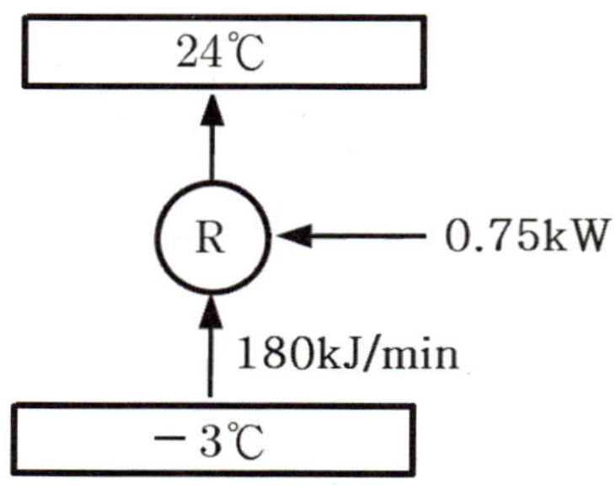

[그림] 두 열원 사이에서 작동하는 냉동기

풀이 저온열원 온도 $T_L = -3℃ = 270\text{K}$, 고온열원 온도 $T_H = 24℃$, 저온열원으로부터 흡수하는 열량 $\dot{Q}_L = 180\text{kJ/min}$이다.

(1) **가역동력** $\dot{W}_{rev,in}$: 카르노 냉동기가 투입되는 일이 최소가 되는 가역냉동기이므로 가역동력은 카르노 냉동기의 동력과 같다.

$$\text{COP}_{rev} = \text{COP}_{\text{Carnot}} = \frac{T_L}{T_H - T_L} = \frac{270}{24-(-3)} = 10$$

$$\dot{W}_{rev,in} = \frac{\dot{Q}_L}{\text{COP}_{rev}} = \frac{180}{10} \times \frac{1}{60} = 0.3[\text{kW}]$$

(2) 비가역성 $\dot{I}$: 냉동기 실제 입력 동력 $\dot{W}_{ac,in} = 0.75\text{kW}$이므로

$$\dot{I} = \dot{W}_{ac,in} - \dot{W}_{rev,in} = 0.75 - 0.3 = 0.45[\text{kW}]$$

(3) 제2법칙 효율 η_{II} : 제2법칙 효율의 정의로부터

$$\eta_{\text{II}} = \frac{\dot{W}_{rev,in}}{\dot{W}_{ac,in}} = \frac{0.3}{0.75} = 0.4 = 40\%$$

[문제 7.5] **단열된 얇은 2중관 대향류 열교환기에서 3kg/s의 유량으로 흐르는 액체 A가 입구 온도 $15℃$ 로부터 출구 온도 $55℃$ 로 가열된다. 액체 A를 가열하기 위해 4kg/s의 유량으로 흐르는 입구 온도 $90℃$ 의 액체 B가 사용된다. 열교환은 두 액체 사이에서만 이루어지고, 액체 A와 B의 비열이 각각 $4\text{kJ/kg}\cdot\text{K}$, $2\text{kJ/kg}\cdot\text{K}$ 이며, 주위온도가 $20℃$ 일 때 다음을 구하여라.**

(1) 액체 A가 받는 열전달률(kW)
(2) 액체 B의 출구 온도(℃)
(3) 열교환기 내의 엔트로피 생성률(kW/K)
(4) 엑서지 파괴율(kW)

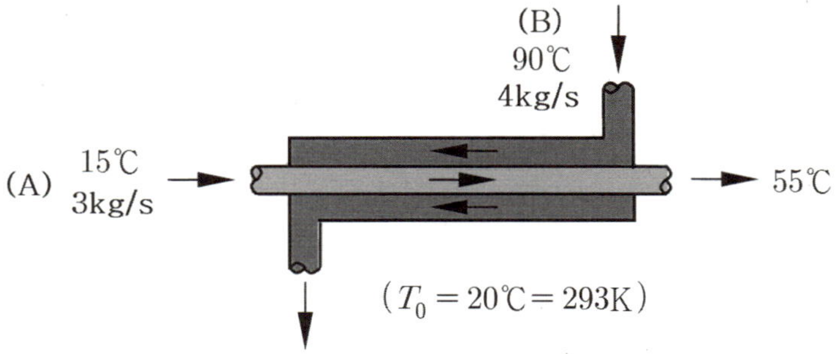

[그림] 2중관 대향류 열교환기

풀이 주어진 값은 다음과 같다. 첨자 A와 B는 각각 액체 A와 B를 나타낸다.

- $\dot{m}_A = 3\text{kg/s}$, $T_{A,in} = 15℃$, $T_{A,out} = 55℃$, $C_A = 4\text{kJ/kg}\cdot\text{K}$
- $\dot{m}_B = 4\text{kg/s}$, $T_{B,in} = 90℃$, $T_{B,out} = (\text{미지수})$, $C_B = 2\text{kJ/kg}\cdot\text{K}$
- 주위온도 $T_0 = 20℃ = 293\text{K}$

(1) 액체 A가 받는 열전달률 $\dot{Q}$(kW) : 액체 A는 B로부터 열을 받고 온도가 상승하였다.

$$\dot{Q} = \dot{m}_A C_A (T_{A,out} - T_{A,in}) = 3(4)(55-15) = 480[\text{kW}]$$

(2) 액체 B의 출구 온도 $T_{B,out}$(℃) : 액체 B는 A에 열을 전달하고 온도가 떨어지고, 액체 B가 잃은 열량은 A가 받은 열량과 크기가 같다.

$$\dot{Q} = \dot{m}_B C_B (T_{B,in} - T_{B,out})$$

$$\therefore \ T_{B,out} = T_{B,in} - \frac{\dot{Q}}{\dot{m}_B C_B} = 90 - \frac{480}{4(2)} = 30[℃]$$

(3) 열교환기 내의 엔트로피 생성률 $\dot{S}_{gen}$(kW/K) : 정상상태의 열교환기 전체에 대해 엔트로피 평형을 적용하면

$$(\dot{S}_{in} - \dot{S}_{out}) + \dot{S}_{gen} = 0$$

$$\dot{m}_A(s_{A,in} - s_{A,out}) + \dot{m}_B(s_{B,in} - s_{B,out}) + \dot{S}_{gen} = 0$$

$$\therefore \ \dot{S}_{gen} = \dot{m}_A(s_{A,out} - s_{A,in}) + \dot{m}_B(s_{B,out} - s_{B,in}) \ \cdots\cdots (\bigstar)$$

이고, 비압축성 액체에서 $Tds = dh - vdP = C_p dT$로부터 식 $(\bigstar)$의 값은 다음과 같다.

$$\dot{S}_{gen} = \dot{m}_A C_A \ln\left(\frac{T_{A,out}}{T_{A,in}}\right) + \dot{m}_B C_B \ln\left(\frac{T_{B,out}}{T_{B,in}}\right)$$

$$= 3(4)\ln\left(\frac{55+273}{15+273}\right) + 4(2)\ln\left(\frac{30+273}{90+273}\right) = 0.115[\text{kW/K}]$$

(4) 엑서지 파괴율 $\dot{X}_{destroyed}$(kW) : 엑서지 파괴율의 정의로부터

$$\dot{X}_{destroyed} = T_0 \dot{S}_{gen} = 293(0.115) = 33.7[\text{kW}]$$

[문제 7.6] [그림]과 같이 가장 낮은 온도 T_L의 냉동실과 중간온도 T_C의 냉장실로부터 열을 흡수하여 가장 높은 온도 T_H의 주위로 열을 방출하는 냉장고가 있다. 여기에서 냉동실과 냉장실의 열전달률이 같을 때 ($\dot{Q}_L = \dot{Q}_C$) 냉장고에 공급해야 할 최소 동력($\dot{W}_{\min}$)을 $\dot{Q}_L$과 온도 (T_L, T_C, T_H)로 나타내어라.

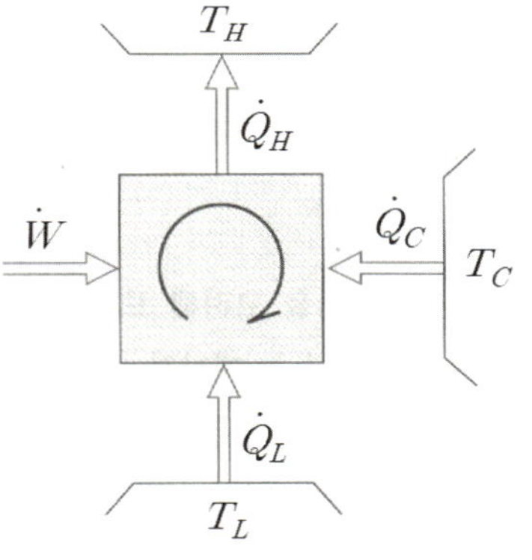

[그림] 냉장고의 열전달 구조 : $T_L < T_C < T_H$.

풀이 열역학 제1법칙으로부터

$$\dot{Q}_L + \dot{Q}_C + \dot{W}_{\min} = \dot{Q}_H \quad \cdots\cdots ①$$

이고, 총 엔트로피 변화가 0인 가역과정에서 최소동력이 되므로

$$\frac{\dot{Q}_L}{T_L} + \frac{\dot{Q}_C}{T_C} - \frac{\dot{Q}_H}{T_H} = 0 \quad \cdots\cdots ②$$

이다. 여기에서 $\dot{Q}_L = \dot{Q}_C$일 때 식 ①, ②는 각각

$$2\dot{Q}_L + \dot{W}_{\min} = \dot{Q}_H \cdots\cdots ③$$

$$\dot{Q}_L\left(\frac{1}{T_L} + \frac{1}{T_C}\right) = \frac{\dot{Q}_H}{T_H} \cdots\cdots ④$$

이고, 식 ④에서 $\dot{Q}_H = \dot{Q}_L T_H\left(\frac{1}{T_L} + \frac{1}{T_C}\right)$를 ③에 대입하여 $\dot{W}_{\min}$을 구한다.

$$\dot{W}_{\min} = \dot{Q}_H - 2\dot{Q}_L$$
$$= \dot{Q}_L T_H\left(\frac{1}{T_L} + \frac{1}{T_C}\right) - 2\dot{Q}_L = \dot{Q}_L\left(\frac{T_H}{T_L} + \frac{T_H}{T_C} - 2\right)$$

[문제 7.7] **[그림]과 같은 압축 시스템이 있다. 여기에서 100kPa, 25℃의 공기를 단열 압축기로 흡입하여 200kPa로 압축한다. 그리고 엔진으로 공기가 유입되기 전에 중간냉각기에서 공기가 냉각되어 공기 온도가 냉각기 유입 전보다 70℃ 떨어진다. 중간냉각기 출구 압력이 180kPa이고, 압축기의 등엔트로피 효율이 70%일 때 다음을 구하여라. 단, 정상상태 정상유동이고, 공기의 비열비는 1.4, 기체상수는 0.287kJ/kg·K, 정압비열은 1.004kJ/kg·K이고, 압축 시스템 주위 온도는 25℃이다.**

(1) 엔진으로 유입되는(엔진 입구) 공기 온도

(2) 압축과 냉각과정(과정 ①→③)에서 비가역성

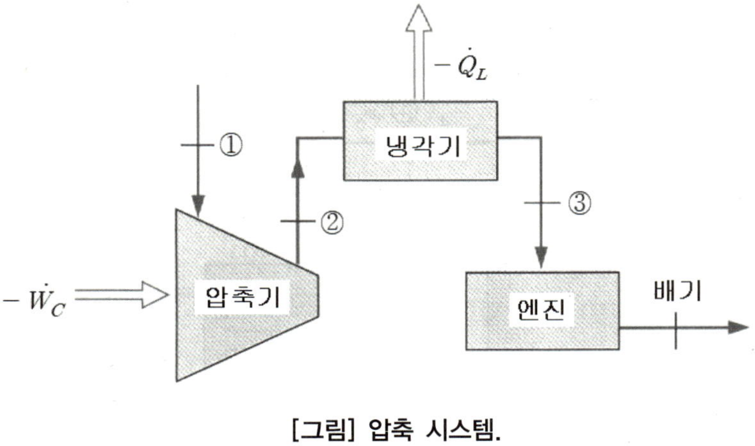

[그림] 압축 시스템.

풀이 주어진 조건은 다음과 같다.

- 압축기 입구 : $P_1 = 100\text{kPa}$, $T_1 = 25℃ = 298\text{K}$
- 압축기 등엔트로피 효율 : $\eta = 0.7$
- 중간 냉각기 냉각 : $T_2 - T_3 = 70[℃]$
- 냉각기 출구 : $P_3 = 180\text{kPa}$
- 공기의 비열비 $k = 1.4$, 기체상수 $R = 0.287\text{kJ/kg}\cdot\text{K}$

정압비열 $C_p = 1.004\text{kJ/kg}\cdot\text{K}$

- 주위 공기 온도 : $T_0 = 25℃ = 298\text{K}$

(1) **엔진 입구 공기 온도** T_3 : 먼저 압축기에서 등엔트로과정일 때 압축기 출구 온도(T_{2s})는

$$T_{2s} = T_1\left(\frac{P_2}{P_1}\right)^{\frac{k-1}{k}} = 298\left(\frac{200}{100}\right)^{\frac{1.4-1}{1.4}} = 363[\text{K}]$$

이고, 등엔트로 과정에서 압축기 일(w_s)은

$$w_s = h_{2s} - h_1 = C_p(T_{2s} - T_1) = 1.004(363 - 298)$$
$$= 65.3[\text{kJ/kg}]$$

이다. 다음에 압축기 등엔트로피 효율 $\eta = 0.7$로부터 실제 압축기 출구 온도(T_2)를 구한다. 실제 압축기 일(w)은

$$w = h_1 - h_2 = C_p(T_1 - T_2)$$

이므로 압축기 출구온도(냉각기 입구온도, T_2)는

$$w = C_p(T_1 - T_2) = \frac{w_s}{\eta}$$

$$\therefore\ T_2 = T_1 + \frac{w_s}{\eta C_p} = 298 + \frac{65.3}{0.7(1.004)} = 391[\text{K}]$$

이다. 따라서 냉각기에서 공기가 냉각되어 공기 온도가 냉각기 유입 전보다 70℃ 떨어지므로 냉각기 출구(엔진 입구) 온도 T_3는 다음과 같다.

$$T_3 = T_2 - 70 = 391 - 70 = 321\,[\mathrm{K}]$$

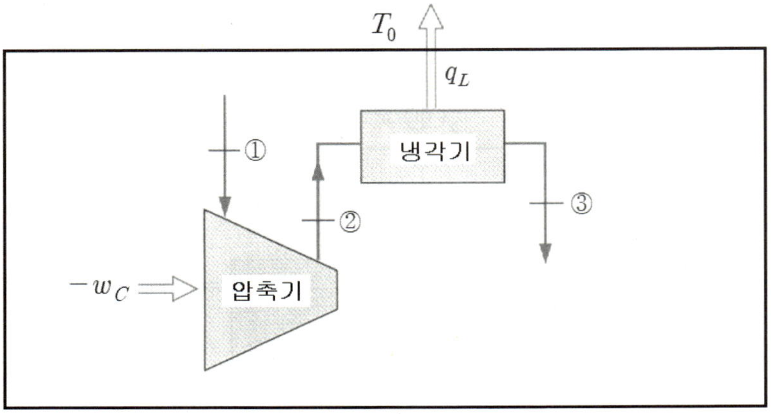

[그림] 압축과 냉각 과정을 포함하는 계

(2) 압축과 냉각과정(과정 ①→③)에서 비가역성 i : [그림]과 같이 압축기와 냉각기를 포함하는 계를 잡고 이 계의 엔트로피 생성을 구한다. 중간 냉각기에서 방출열량(q_L)은

$$q_L = h_2 - h_3 = C_p(T_2 - T_3) \quad \cdots\cdots ①$$

이고, 정상상태 정상유동에서 엔트로피 평형으로부터

$$s_{in} - s_{out} + s_{gen} = \Delta s_{sys}$$

$$-\frac{q_L}{T_0} + s_{gen} = (s_3 - s_1)$$

$$\therefore\ s_{gen} = (s_3 - s_1) + \frac{q_L}{T_0} \quad \cdots\cdots ②$$

이며, $Tds = dh - vdP$ 로부터

$$s_3 - s_1 = C_p \ln\left(\frac{T_3}{T_1}\right) - R\ln\left(\frac{P_3}{P_1}\right) \cdots\cdots ③$$

이다. 식 ①, ②, ③으로부터 과정 ①→③에서 엔트로피 생성(s_{gen})은

$$\begin{aligned} s_{gen} = (s_3 - s_1) + \frac{q_L}{T_0} &= C_p \ln\left(\frac{T_3}{T_1}\right) - R\ln\left(\frac{P_3}{P_1}\right) + \frac{C_p(T_2 - T_3)}{T_0} \\ &= 1.004\ln\left(\frac{321}{298}\right) - 0.287\ln\left(\frac{180}{100}\right) + \frac{1.004(70)}{298} \\ &= 0.142[\text{kJ/kg} \cdot \text{K}] \end{aligned}$$

이고, 비가역성(i)은 다음과 같다.

$$i = T_0 s_{gen} = 298 \times 0.142 = 42.3[\text{kJ/kg}]$$

[문제 7.8] **질량이 2kg인 금속이 500℃ 열원으로부터 열을 받고 온도가 20℃에서 300℃까지 상승하였다. 주위 온도가 20℃일 때 다음을 구하여라. (단, 금속은 비압축성 물질이고, 금속의 비열은 0.5kJ/kg·K이다.)**

(1) 금속이 열원으로부터 받은 열량(kJ)
(2) 금속의 엔트로피 변화(kJ/K)
(3) 금속의 온도 상승 과정의 비가역성(kJ)

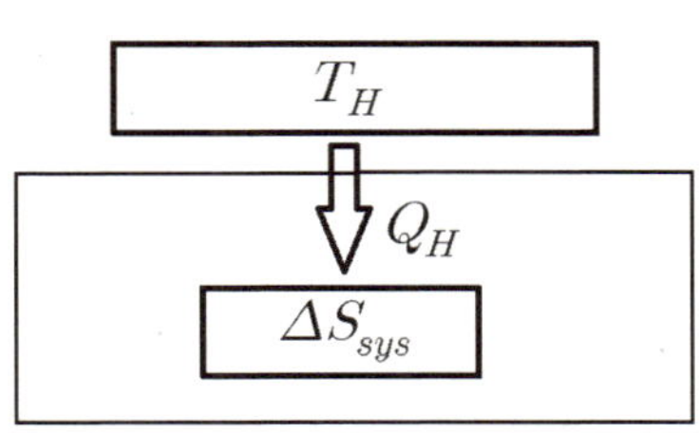

[그림] 열전달과 엔트로피 변화

풀이 금속의 질량 $m=2\text{kg}$이고, 초기상태 온도(T_1)와 최종상태 온도(T_2) 및 열원온도(T_H)와 주위 온도(T_0)는 다음과 같다.

- $T_1=20℃=293\text{K},\quad T_2=300℃=573\text{K}$
- $T_H=500℃=773\text{K},\quad T_0=20℃=293\text{K}$

(1) 금속이 열원으로부터 받은 열량 Q_H : 금속의 부피가 일정하고 금속의 온도가 T_1에서 T_2로 상승하였으므로

$$Q_H=mC(T_2-T_1)=2(0.5)(300-20)=280\,[\text{kJ}]$$

(2) 금속의 엔트로피 변화 ΔS_{sys} : 비압축성 물질($dV=0$)에서

$$TdS=dU+PdV=dU=mCdT$$

를 적분하면

$$\Delta S_{sys}=S_2-S_1=mC\ln\left(\frac{T_2}{T_1}\right)=2(0.5)\ln\left(\frac{573}{293}\right)=0.671\,[\text{kJ/K}]$$

(3) 온도 상승 과정의 비가역성 I : [그림]과 같이 금속을 포함하는 계를 잡는다. 여기에서 엔트로피 평형 조건을 적용하면

$$S_{in}-S_{out}+S_{gen}=\Delta S_{sys}$$

$$\frac{Q_H}{T_H}+S_{gen}=\Delta S_{sys}$$

$$\therefore\ S_{gen}=\Delta S_{sys}-\frac{Q_H}{T_H}=0.671-\frac{280}{773}=0.309\,[\text{kJ/K}]$$

이고, 비가역성(I)은 다음과 같다.

$$I=T_0S_{gen}=293\times0.309=90.5\,[\text{kJ}]$$

[문제 7.9] **질량이 0.4kg인 견고한 금속 용기 안에 압력 500kPa의 이상기체 50L가 들어있다. 초기상태에서 용기와 기체의 온도는 모두 20℃ 이고, 이 용기를 실외에 두어 용기와 기체가 모두 −13℃ 의 대기온도까지 냉각되었다. 금속의 비열은 0.9kJ/kg·K 이고, 기체의 정적비열은 0.62kJ/kg·K, 기체상수는 0.41kJ/kg·K 일 때 다음을 구하여라. (단, 금속은 비압축성 물질이다)**

(1) 기체의 질량(kg)

(2) 용기와 기체가 외부로 방출한 총열량(kJ)

(3) 용기와 기체의 총 엔트로피 변화(kJ/K)

(4) 이 과정의 비가역성(kJ)

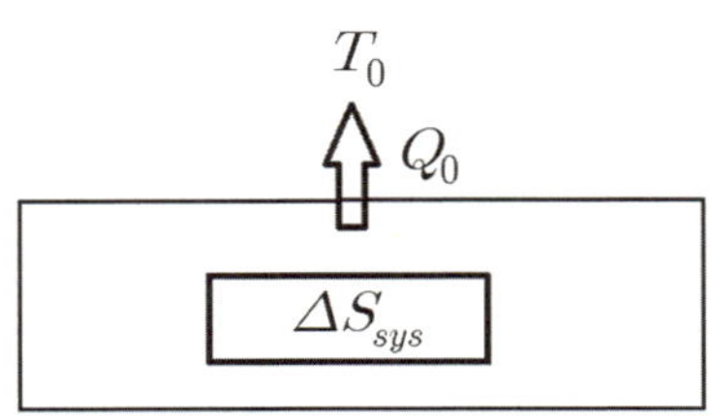

[그림] 열전달과 엔트로피 변화

풀이 금속과 기체를 각각 1, 2, 초기상태와 최종상태를 각각 i, f로 표시한다.

- $m_1 = 0.4\text{kg}$
- $T_i = 20℃ = 293\text{K}$, $T_f = -13℃ = 260\text{K}$
- 기체의 압력 $P_i = 500\text{kPa}$, 부피 $V_i = 50\text{L} = 0.05\text{m}^3$
- 기체의 질량 $m_2 =$ (미지수)
- 대기온도 $T_0 = -13℃ = 260\text{K}$

(1) 기체의 질량 m_2 : 초기상태에서 이상기체 상태방정식으로부터

$$m_2 = \frac{P_i V_i}{R T_i} = \frac{500(0.05)}{0.41(293)} = 0.208\,[\text{kg}]$$

(2) 용기와 기체가 외부로 방출한 총열량 Q_0 : 견고한 용기이므로 부피가 일

정하여 경계일이 0이고, 온도가 모두 T_i에서 T_f로 내려갔으므로

$$\begin{aligned}Q_0 &= m_1(u_{1,i} - u_{1,f}) + m_2(u_{2,i} - u_{2,f}) \\ &= m_1 C(T_i - T_f) + m_2 C_v (T_i - T_f) \\ &= (m_1 C + m_2 C_v)(T_i - T_f) \\ &= (0.4 \times 0.9 + 0.208 \times 0.62)[20 - (-13)]\,[\mathrm{kJ}] \\ &= 16.14\,[\mathrm{kJ}]\end{aligned}$$

(3) 용기와 기체의 총 엔트로피 변화 ΔS_{sys} : 부피가 일정하므로($dV = 0$)

$$TdS = dU + PdV = dU = mCdT$$

를 적분하면

$$\begin{aligned}\Delta S_{sys} = \Delta S_1 + \Delta S_2 &= m_1 C \ln\left(\frac{T_f}{T_i}\right) + m_2 C_v \ln\left(\frac{T_f}{T_i}\right) \\ &= (m_1 C + m_2 C_v)\ln\left(\frac{T_f}{T_i}\right) \\ &= (0.4 \times 0.9 + 0.208 \times 0.62)\ln\left(\frac{260}{293}\right) \\ &= -0.0584\,[\mathrm{kJ/K}]\end{aligned}$$

(4) 비가역성 I : [그림]과 같이 금속 용기를 포함하는 계를 잡는다. 여기에서 엔트로피 평형 조건을 적용하면

$$S_{in} - S_{out} + S_{gen} = \Delta S_{sys}$$

$$-\frac{Q_0}{T_0} + S_{gen} = \Delta S_{sys}$$

$$\therefore \; S_{gen} = \Delta S_{sys} + \frac{Q_0}{T_0} = -0.0584 + \frac{16.14}{260} = 3.68 \times 10^{-3}\,[\mathrm{kJ/K}]$$

이고, 비가역성(I)은 다음과 같다.

$$I = T_0 S_{gen} = 260 \times (3.68 \times 10^{-3}) = 0.957\,[\mathrm{kJ}]$$

[문제 7.10] 부피가 일정한 탱크(A) 안의 온도는 900K이고, 압력이 일정한 피스톤-실린더 장치(B) 안의 온도는 300K이다. A와 B 사이에 설치된 열기관은 고온의 A에서 열을 흡수하여 일을 하고 저온의 B로 열을 방출한다. A와 B에 모두 5kg의 이상기체가 들어있을 때 다음을 구하여라. (단, 기체의 기체상수는 0.3kJ/kg·K, 비열비는 1.4이다.)

(1) 열기관이 최대 일을 할 때 A와 B의 최종 온도(K)
(2) 기체의 정적비열과 정압비열(kJ/kg·K)
(3) 열기관의 최대 일(kJ)

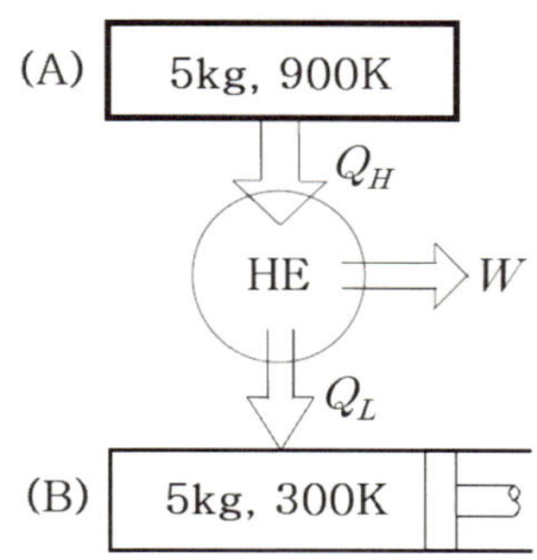

[그림] 열기관

풀이 초기상태를 i, 최종상태를 f로 표시한다. 최종상태에서 A와 B의 온도(T_f)는 같다.

- $T_{A,i} = 900\text{K}$, $T_{B,i} = 300\text{kPa}$
- 질량 $m = 5\text{kg}$, 기체상수 $R = 0.3\text{kJ/kg}\cdot\text{K}$, 비열비 $k = 1.4$

(1) 부피가 일정한 탱크 A에서 $Tds = du + Pdv = C_v dT$로부터 A의 엔트로피 변화(ΔS_A)는

$$\Delta S_A = mC_v \ln\left(\frac{T_f}{T_{A,i}}\right) \cdots\cdots ①$$

이고, 압력이 일정한 B에서 $Tds = dh - vdP = C_p dT$로부터 B의 엔트로피 변화(ΔS_B)는

$$\Delta S_B = mC_p \ln\left(\frac{T_f}{T_{B,i}}\right) \cdots\cdots ②$$

이다. 여기에서 계의 총 엔트로피 변화가 0인 가역과정에서 열기관의 일이 최대가 된다.

$$\Delta S_{total} = \Delta S_A + \Delta S_B = mC_v \ln\left(\frac{T_f}{T_{A,i}}\right) + mC_p \ln\left(\frac{T_f}{T_{B,i}}\right)$$

$$= m\left[C_v \ln\left(\frac{T_f}{T_{A,i}}\right) + C_p \ln\left(\frac{T_f}{T_{B,i}}\right)\right] = 0$$

$$\therefore \quad C_v \ln\left(\frac{T_f}{T_{A,i}}\right) + C_p \ln\left(\frac{T_f}{T_{B,i}}\right) = 0 \cdots\cdots ③$$

식 ③의 양변을 C_v로 나눠주면 $k = C_p / C_v$이므로

$$\ln\left(\frac{T_f}{T_{A,i}}\right) + k \ln\left(\frac{T_f}{T_{B,i}}\right) = 0$$

$$\ln\left[\left(\frac{T_f}{T_{A,i}}\right)\left(\frac{T_f}{T_{B,i}}\right)^k\right] = 0$$

$$\therefore \quad \left(\frac{T_f}{T_{A,i}}\right)\left(\frac{T_f}{T_{B,i}}\right)^k = \frac{(T_f)^{k+1}}{(T_{A,i} T_{B,i}^k)} = 1$$

로부터 열기관이 최대 일을 할 때 A와 B의 최종 온도(T_f)는 다음과 같다.

$$T_f = \left(T_{A,i} T_{B,i}^k\right)^{\frac{1}{k+1}} = T_f = \left(900 \times 300^{1.4}\right)^{\frac{1}{1.4+1}} = 474[\mathrm{K}]$$

(2) 기체의 정적비열(C_v)과 정압비열(C_p) :

$$C_v = \frac{R}{k-1} = \frac{0.3}{1.4-1} = 0.75[\mathrm{kJ/kg \cdot K}]$$

$$C_p = kC_v = 1.4(0.75) = 1.05[\mathrm{kJ/kg \cdot K}]$$

(3) 열기관의 최대 일 W_{max} : 열역학 제1법칙으로부터

$$W_{max} = Q_H - Q_L = mC_v(T_{A,i} - T_f) - mC_p(T_f - T_{B,i})$$
$$= 5(0.75)(900-474) - 5(1.05)(474-300)$$
$$= 684[kJ]$$

[문제 7.11] **질량 유량 2.5kg/s의 연소가스가 700℃, 1MPa의 상태로 터빈에 유입되어 600℃, 500kPa의 상태로 나간다. 터빈에서 외부로의 열손실이 20kW일 때 다음을 구하여라. (단, 연소가스의 정압비열과 기체상수는 각각 1.2kJ/kg·K, 0.3kJ/kg·K 이고, 주위 상태는 20℃, 100kPa이다.)**

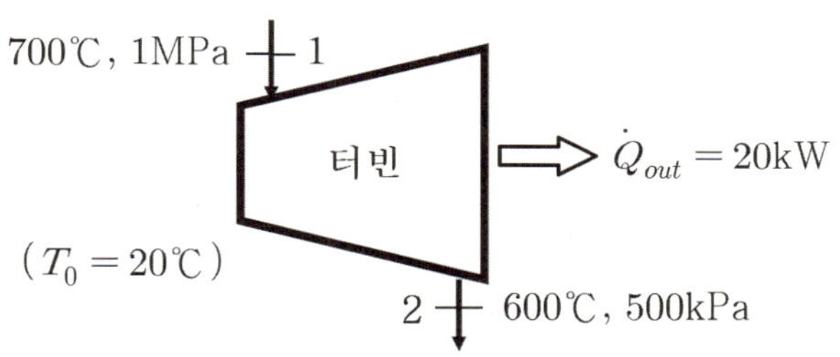

[그림] 터빈

(1) 실제 터빈의 출력동력(kW)
(2) 터빈의 가역동력(kW)
(3) 터빈의 제2법칙 효율
(4) 터빈 입구에서 연소가스의 단위 질량당 엑서지(kJ/kg)
(5) 터빈 내에서 총 엑서지 파괴율(kW)

풀이 터빈 입구와 출구를 각각 1, 2로 표시한다.

- $T_1 = 700℃ = 973K, \quad P_1 = 1MPa = 1000kPa$
- $T_2 = 600℃ = 873K, \quad P_2 = 500kPa$

- 정압비열 $C_p = 1.2\text{kJ/kg} \cdot \text{K}$, 기체상수 $R = 0.3\text{kJ/kg} \cdot \text{K}$
- 질량 유량 $\dot{m} = 2.5\text{kg/s}$, 열손실 $\dot{Q}_{out} = 20\text{kW}$
- 대기온도 $T_0 = 20℃ = 293\text{K}$, $P_0 = 100\text{kPa}$

(1) 실제 터빈의 출력동력 $\dot{W}_a$: 터빈에서 열역학 제1법칙을 적용하면 단위 질량당 실제 터빈 일(w_a)은

$$h_1 = h_2 + w_a + q_{out}$$
$$\therefore \; w_a = h_1 - h_2 - q_{out} = C_p(T_1 - T_2) - q_{out}$$

이고, 출력동력($\dot{W}_a$)은 다음과 같다.

$$\begin{aligned}\dot{W}_a = \dot{m}w_a &= \dot{m}C_p(T_1 - T_2) - \dot{m}q_{out} \\ &= \dot{m}C_p(T_1 - T_2) - \dot{Q}_{out} \\ &= 2.5(1.2)(700 - 600) - 20 = 280[\text{kW}]\end{aligned}$$

(2) 터빈의 가역동력 $\dot{W}_{rev}$: $Tds = dh - vdP = C_p dT - vdP$로부터 입구와 출구의 단위 질량당 엔트로피 차이(Δs)는

$$\begin{aligned}\Delta s = s_1 - s_2 &= C_p \ln\left(\frac{T_1}{T_2}\right) - R\ln\left(\frac{P_1}{P_2}\right) \\ &= 1.2\ln\left(\frac{973}{873}\right) - 0.3\ln\left(\frac{1000}{500}\right) \\ &= -0.0778[\text{kJ/kg} \cdot \text{K}]\end{aligned}$$

이고, 엔탈피 차이(Δh)는

$$\Delta h = h_1 - h_2 = C_p(T_1 - T_2) = 1.2(700 - 600) = 120[\text{kJ/kg}]$$

이므로 가역동력($\dot{W}_{rev}$)은 다음과 같다.

$$\dot{W}_{rev} = \dot{m}(\Delta h - T_0 \Delta s) = 2.5[120 - 293(-0.0778)] = 357[\text{kW}]$$

(3) 터빈의 제2법칙 효율 η_{II} : (1), (2)로부터

$$\eta_{\text{II}} = \frac{\dot{W}_a}{\dot{W}_{rev}} = \frac{280}{357} = 0.784 = 78.4\%$$

(4) 터빈 입구에서 연소가스의 단위 질량당 엑서지 Ψ_1 :

$$\begin{aligned}\Psi_1 &= h_1 - h_0 - T_0(s_1 - s_0) \\ &= C_p(T_1 - T_0) - T_0\left[C_p \ln\left(\frac{T_1}{T_0}\right) - R\ln\left(\frac{P_1}{P_0}\right)\right] \\ &= 1.2(700 - 20) - 293\left[1.2\ln\left(\frac{973}{293}\right) - 0.3\ln\left(\frac{1000}{100}\right)\right] \\ &= 596\,[\text{kJ/kg}]\end{aligned}$$

(5) 터빈 내에서 총 엑서지 파괴율 $\dot{X}_{destroyed}$:

$$\dot{X}_{destroyed} = \dot{W}_{rev} - \dot{W}_a = 357 - 280 = 77\,[\text{kW}]$$

제8장 열역학 일반 관계식

[문제 8.1] **압력과 온도 변화에 따른 물질의 상태 변화를 나타내는 $P-T$ 선도와 관련하여 다음 물음에 답하시오. (총 15점)**

[국가공무원 5급(기술) 제2차시험(2019)]

(1) Helmholtz 함수 a는 완전미분의 성질을 갖는다. 이를 활용하여 다음 Maxwell 관계식을 유도하시오. (단, $a = u - Ts$ 이고, $Tds = du + Pdv$ 이다) (5점)

$$\left(\frac{\partial P}{\partial T}\right)_v = \left(\frac{\partial s}{\partial v}\right)_T$$

(2) (1)의 Maxwell 관계식을 이용하여 액체-기체 간의 상변화 과정에서 다음 관계식을 유도하시오. (단, 하첨자 sat는 포화상태를 나타내며, $h_{fg} = h_g - h_f$ 이고, $v_{fg} = v_g - v_f$ 이다. 하첨자 f와 g는 각각 액상과 기상을 나타낸다) (5점)

$$\left(\frac{dP}{dT}\right)_{sat} = \frac{h_{fg}}{T_{sat}v_{fg}}$$

(3) (2)의 관계식은 고체-액체 간의 상변화 과정에서도 적용할 수 있다. 물의 경우, 그림으로 주어진 $P-T$ 선도의 융해곡선이 A, B 중 어떤 형태로 나타날지 관계식을 이용하여 설명하시오. (5점)

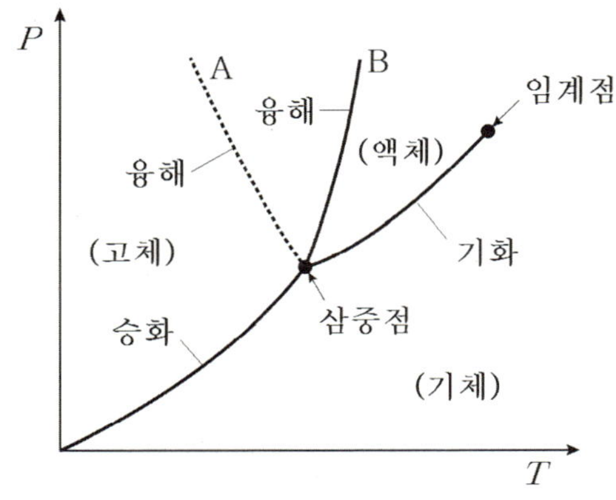

풀이 함수 $u=u(x,y)$의 전미분

$$du=\left(\frac{\partial u}{\partial x}\right)_y dx+\left(\frac{\partial u}{\partial y}\right)_x dy=Mdx+Ndy \quad\cdots\cdots\cdots ①$$

일 때, 다음 관계식이 성립한다.

$$\left(\frac{\partial M}{\partial y}\right)_x=\left(\frac{\partial N}{\partial x}\right)_y \quad\cdots\cdots\cdots ②$$

(1) 함수 $a=u-Ts$를 미분하면

$$da=du-Tds-sdT$$

이고, $Tds=du+Pdv$로부터 $du-Tds=-Pdv$를 위 식에 대입하면

$$da=-Pdv-sdT \quad\cdots\cdots\cdots ③$$

이다. 식 ①, ②, ③을 비교하면 함수 a가 완전미분의 성질을 가질 때 다음 관계식이 성립한다.

$$\left(\frac{\partial P}{\partial T}\right)_v=\left(\frac{\partial s}{\partial v}\right)_T \quad\cdots\cdots\cdots ④$$

(2) 상변화 과정 동안 압력은 포화압력(P_{sat})을 유지하고 포화압력은 온도

만의 함수이다. 즉, $P_{sat} = f(T_{sat})$이므로 편미분 $\left(\frac{\partial P}{\partial T}\right)_{sat} = \left(\frac{dP}{dT}\right)_{sat}$로 쓸 수 있고, 이 값은 온도가 동일한($T=$일정) 두 개의 포화상태에 대해 식 ④를 적분하는 동안 일정한 값을 가진다고 할 수 있다. 이때 액체-기체 간의 상변화 과정에서 식 ④를 적분하면

$$(v_g - v_f)\left(\frac{dP}{dT}\right)_{sat} = (s_g - s_f)$$

$$\therefore \left(\frac{dP}{dT}\right)_{sat} = \frac{s_g - s_f}{v_{fg}} \quad \cdots\cdots ⑤$$

이다. 한편 상변화 과정에서 압력이 일정($dP=0$)하므로

$$Tds = dh - vdP = dh$$

이고, 이 식을 적분하면

$$\int_f^g Tds = \int_f^g dh$$

$$T_{sat}(s_g - s_f) = h_g - h_f = h_{fg}$$

$$\therefore (s_g - s_f) = \frac{h_{fg}}{T_{sat}} \quad \cdots\cdots ⑥$$

이다. 식 ⑥을 식 ⑤에 대입하면 다음 관계식이 구해진다.

$$\left(\frac{dP}{dT}\right)_{sat} = \frac{h_{fg}}{T_{sat}v_{fg}} \quad \cdots\cdots ⑦$$

(3) 식 ⑦을 고체-액체 간의 상변화 과정에 적용하면 다음과 같이 쓸 수 있다. 여기에서 하첨자 s는 고체(solid)를 나타내고, $h_{sf} = h_f - h_s$이고, $v_{sf} = v_f - v_s$이다.

$$\left(\frac{dP}{dT}\right)_{sat} = \frac{h_{sf}}{T_{sat}v_{sf}} \quad \cdots\cdots ⑧$$

대부분의 물질에서는 액체→고체(solid)로 변할 때 비체적이 감소한다

(밀도가 증가한다). 그러나 물은 응고할 때 팽창하며, 액체의 비체적이 고체(얼음)의 비체적보다 작다($v_f < v_s$). 따라서 식 ⑧에서 $v_{sf} = v_f - v_s < 0$이고, $T_{sat} > 0$, $h_{sf} > 0$이므로 $\left(\frac{dP}{dT}\right)_{sat} < 0$이다. 즉, 그림으로 주어진 $P-T$선도에서 융해곡선의 기울기가 영보다 작으므로 물의 융해곡선은 A의 형태로 나타난다.

[문제 8.2] **다음 그림은 어느 기체의 줄-톰슨 계수($\mu_{JT} = \left(\frac{\partial T}{\partial P}\right)_h$)를 구하기 위한 실험의 개략도이다.**

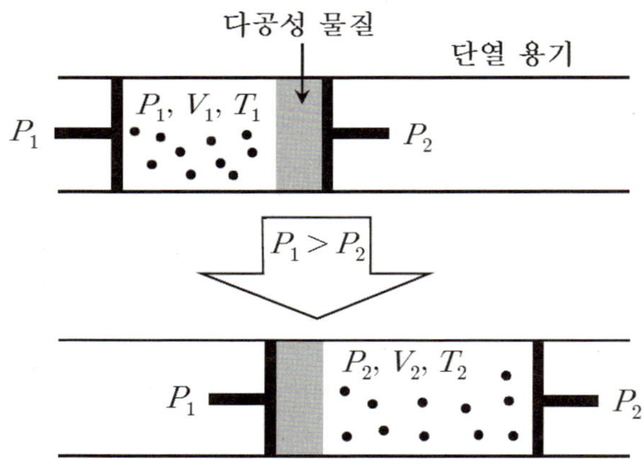

단열 용기 안에서 초기에 (P_1, T_1, V_1) 상태의 기체가 다공성 물질을 통과하여 저압부로 나와 (P_2, T_2, V_2) 상태로 변화한다. 물음에 답하시오. (단, 다공성 물질의 질량과 다공성 물질 내부에 존재하는 기체의 질량은 무시한다) (총 15점)

[국가공무원 5급(기술) 제2차시험(2018)]

(1) 용기 내 기체를 검사질량으로 하여 위의 상태변화가 등엔탈피 과정임을 보이시오. (3점)

(2) 줄-톰슨 계수(μ_{JT})를 기체의 정압비열($C_p = \left(\frac{\partial h}{\partial T}\right)_P$), 부피($V$), 온도($T$)의 함수로 나타내시오. (5점)

(3) (2)의 결과로부터 이상기체는 줄-톰슨 효과를 이용한 냉동기에 사용할 수 없음을 설명하시오. (2점)

(4) 용기 안의 기체가 이상기체(기체상수 R)이고 최종 압력이 초기 압력의 $\frac{1}{2}$인 경우, 이 과정에서의 엔트로피 생성량을 초기 상태 물성치(P_1, T_1, V_1)를 이용하여 나타내시오. (5점)

풀이 (1) 단열계에서 운동에너지와 위치에너지 변화를 무시하고 검사질량의 에너지 보존식을 쓰면

$$Q = \Delta U + W = (U_2 - U_1) + W = 0 \quad \cdots\cdots ①$$

이고, 그림에서 고정된 다공성 물질을 기준으로 단면적 A인 피스톤 1, 2가 이동한 거리를 각각 l_1, l_2라 하면

$$W = P_2 A l_2 - P_1 A l_1 = P_2 V_2 - P_1 V_1 \quad \cdots\cdots ②$$

이다. 식 ②를 ①에 대입하여 정리하면

$$(U_2 - U_1) + (P_2 V_2 - P_1 V_1) = 0$$

$$(U_2 + P_2 V_2) - (U_1 + P_1 V_1) = 0 \quad \cdots\cdots ③$$

가 된다. 여기에서 엔탈피 $H = U + PV$이므로 식 ③은

$$H_2 = H_1 \quad \cdots\cdots ④$$

로 쓸 수 있다. 따라서 주어진 상태변화는 등엔탈피 과정이다.

(2) 엔탈피와 정압비열에 대한 관계식

$$dh = C_p dT + \left[v - T\left(\frac{\partial v}{\partial T}\right)_p\right] dP$$

을 등엔탈피 과정($dh=0$)에 대해 적용하면 줄-톰슨 계수(μ_{JT})에 대한 다음 표현식이 얻어진다.

$$dh = C_p dT + \left[v - T\left(\frac{\partial v}{\partial T}\right)_p\right]dP = 0$$

$$C_p dT = \left[T\left(\frac{\partial v}{\partial T}\right)_p - v\right]dP$$

$$\therefore \ \mu_{JT} = \left(\frac{\partial T}{\partial P}\right)_h = \frac{1}{C_p}\left[T\left(\frac{\partial v}{\partial T}\right)_p - v\right]$$

$$= \frac{1}{mC_p}\left[T\left(\frac{\partial V}{\partial T}\right)_p - V\right] \cdots\cdots\cdots\cdots (\star)$$

여기에서 m은 질량이다.

(3) 이상기체는 상태방정식 $Pv=RT$를 만족하는 기체이다. 여기에서 비체적 $v=\dfrac{RT}{P}$이고

$$T\left(\frac{\partial v}{\partial T}\right)_p - v = T\left(\frac{R}{P}\right) - v = \frac{RT}{P} - v = 0$$

가 된다. 즉, 이상기체에서는 식 ($\star$)의 줄-톰슨 계수가 항상 0이므로 압력강하에 따른 온도변화가 없다. 따라서 이상기체는 줄-톰슨 효과를 이용한 냉동기에 사용할 수 없다.

(4) 등엔탈피 과정($dh=0$)에서 $Tds = dh - vdP = -vdP$로부터 엔트로피 생성량(S_{gen})은 다음과 같다.

$$S_{gen} = \Delta S = -mR\ln\left(\frac{P_2}{P_1}\right)$$

$$= -\left(\frac{P_1 V_1}{RT_1}\right)R\ln\left(\frac{P_1/2}{P_1}\right)$$

$$= \frac{P_1 V_1}{T_1}\ln 2$$

[문제 8.3] **다음의 상태방정식은 이상기체식으로 기술하기 어려운 많은 압력, 부피 및 온도에 대한 실험 자료를 나타낼 수 있는 수단으로 제시된 실험식이다. 물음에 답하시오. (단, P는 압력, V는 1몰당 부피, T는 온도, U는 내부에너지 그리고 a와 b는 기체 고유의 반데르발스 계수들이다. 기체상수는 $R = 8.314\mathrm{J/mol \cdot K}$ 이다)**

[국가공무원 5급(기술) 제2차시험(2017)]

$$P = \frac{RT}{V-b} - \frac{a}{V^2}$$

(1) 주어진 실험식을 따르는 반데르발스 기체의 경우, 다음 관계식을 증명하시오.

$$\left(\frac{\partial U}{\partial V}\right)_T = \frac{a}{V^2}$$

(2) 1몰의 반데르발스 기체가 일정한 온도 300K에서 부피가 $0.02\mathrm{m^3}$에서 $0.06\mathrm{m^3}$로 가역적으로 팽창하였다. 이 경우, 주어진 반데르발스 기체가 한 일의 절댓값[J]을 구하시오. (단, 이 기체의 반데르발스 계수는 $a = 0.556\mathrm{m^6 \cdot Pa/mol^2}$와 $b = 0.000064\mathrm{m^3/mol}$이다)

(3) (2)번 문제의 경우에 내부에너지의 변화 ΔU[J]와 발생한 열의 절댓값[J]을 구하시오.

풀이 (1) Maxwell 관계식으로부터

$$\left(\frac{\partial U}{\partial V}\right)_T = -P + T\left(\frac{\partial P}{\partial T}\right)_V = -\left(\frac{RT}{V-b} - \frac{a}{V^2}\right) + T\left(\frac{R}{V-b}\right) = \frac{a}{V^2}$$

(2) 일정한 온도 $T = 300\mathrm{K}$, 초기상태 1몰당 부피 $V_1 = 0.02\mathrm{m^3/mol}$, 최종상태 1몰당 부피 $V_2 = 0.06\mathrm{m^3/mol}$이다. 1몰의 기체가 한 일($W$)은 다음과 같다.

$$W=\int P dV=\int_{V_1}^{V_2}\left(\frac{RT}{V-b}-\frac{a}{V^2}\right)dV$$

$$=RT\ln\left(\frac{V_2-b}{V_1-b}\right)+a\left(\frac{1}{V_2}-\frac{1}{V_1}\right)$$

$$=8.314(300)\ln\left(\frac{0.06-0.000064}{0.02-0.000064}\right)$$

$$+0.556\left(\frac{1}{0.06}-\frac{1}{0.02}\right)$$

$$=2726.96[\mathrm{J}]$$

(3) 등온과정에서 $\left(\frac{\partial U}{\partial V}\right)_T=\frac{a}{V^2}$ 으로부터 1몰의 기체의 내부에너지 변화 (ΔU)는

$$\Delta U=\int_{V_1}^{V_2}\frac{a}{V^2}dV=-a\left(\frac{1}{V_2}-\frac{1}{V_1}\right)$$

$$=-0.556\left(\frac{1}{0.06}-\frac{1}{0.02}\right)=18.53[\mathrm{J}]$$

이고, 열역학 제1법칙으로부터 1몰의 기체로 전달된 열량(Q)은 다음과 같다.

$$Q=\Delta U+W=18.53+2726.96=2745.49[\mathrm{J}]$$

즉, 발생한 열량은 2745.49[J]이다.

또는, $Q=\int dU+\int P dV=\int\frac{a}{V^2}dV+\int\left(\frac{RT}{V-b}-\frac{a}{V^2}\right)dV$

$$=\int\left(\frac{RT}{V-b}\right)dV=RT\ln\left(\frac{V_2-b}{V_1-b}\right)$$

$$=8.314(300)\ln\left(\frac{0.06-0.000064}{0.02-0.000064}\right)$$

$$=2745.49[\mathrm{J}]$$

[문제 8.4] **기체 상태방정식과 Maxwell 관계식은 다음과 같다. 다음 물음에 답하시오. (총 10점)**

[행정고등고시(기술직) 제2차시험(2010)]

- 기체 상태방정식

$$v=\frac{RT}{P}+b-\frac{aP}{RT}$$

(단, R은 기체상수, T는 절대온도, P는 압력, a와 b는 상수이다.)

- Maxwell 관계식

$$\left(\frac{\partial T}{\partial v}\right)_s=-\left(\frac{\partial P}{\partial s}\right)_v \qquad \left(\frac{\partial T}{\partial P}\right)_s=\left(\frac{\partial v}{\partial s}\right)_P$$

$$\left(\frac{\partial P}{\partial T}\right)_v=\left(\frac{\partial s}{\partial v}\right)_T \qquad \left(\frac{\partial v}{\partial T}\right)_P=-\left(\frac{\partial s}{\partial P}\right)_T$$

(1) 등온과정에 대한 엔트로피 변화(s_2-s_1)를 a, R, T, P_1, P_2로 나타내시오. (2점)

(2) Joule-Thomson계수 μ_{JT}에 대한 식을 a, b, R, T, P, C_p로 나타내시오. (3점)

(단, C_p는 정압비열이며, $\mu_{JT}=-\left(\frac{\partial T}{\partial P}\right)_h$ 이다)

(3) 이 기체에 대한 역전온도(inverse temperature) T_i를 구하시오. 또한 $T\to 0$, $T\to\infty$ 일 때, μ_{JT}의 값을 각각 구하시오. (4점)

(4) 등압과정에서 온도 T에 대한 μ_{JT}의 변화를 그래프로 그리시오. (1점)

풀이 (1) 등온과정에서 Maxwell 관계식으로부터

$$\left(\frac{\partial s}{\partial P}\right)_T=-\left(\frac{\partial v}{\partial T}\right)_P=-\left(\frac{R}{P}+\frac{aP}{RT^2}\right)$$

이고, 이 식을 적분하면 엔트로피 변화(s_2-s_1)는 다음과 같다.

$$\Delta s = s_2 - s_1 = -\int_{P_1}^{P_2}\left(\frac{R}{P} + \frac{aP}{RT^2}\right)dP$$
$$= -R\ln\left(\frac{P_2}{P_1}\right) - \frac{a}{2RT^2}\left(P_2^2 - P_1^2\right)$$

(2) 엔탈피와 정압비열에 대한 관계식

$$dh = C_p dT + \left[v - T\left(\frac{\partial v}{\partial T}\right)_p\right]dP$$

을 등엔탈피 과정($dh = 0$)에 대해 적용하면 μ_{JT}에 대한 다음 관계식이 얻어진다.

$$dh = C_p dT + \left[v - T\left(\frac{\partial v}{\partial T}\right)_p\right]dP = 0$$
$$C_p dT = \left[T\left(\frac{\partial v}{\partial T}\right)_p - v\right]dP$$
$$\therefore \ \mu_{JT} = \left(\frac{\partial T}{\partial P}\right)_h = \frac{1}{C_p}\left[T\left(\frac{\partial v}{\partial T}\right)_p - v\right] \quad \cdots\cdots ①$$

식 ①에서 $v = \dfrac{RT}{P} + b - \dfrac{aP}{RT}$를 대입하면

$$T\left(\frac{\partial v}{\partial T}\right)_p - v = T\left(\frac{R}{P} + \frac{aP}{RT^2}\right) - \left(\frac{RT}{P} + b - \frac{aP}{RT}\right) = -b + \frac{2aP}{RT}$$

이고, 줄-톰슨 계수(μ_{JT})는 다음과 같이 표현된다.

$$\mu_{JT} = \frac{1}{C_p}\left(-b + \frac{2aP}{RT}\right) \quad \cdots\cdots ②$$

(3) 식 ②에서 줄-톰슨 계수 $\mu_{JT} = 0$일 때 역전온도(T_i)는 다음과 같다.

$$\mu_{JT} = \frac{1}{C_p}\left(-b + \frac{2aP}{RT_i}\right) = 0$$
$$\therefore \ T_i = \frac{2aP}{bR} \quad \cdots\cdots ③$$

식 ②에서 $T \to 0$일 때 $\mu_{JT} \to \infty$ 이고, $T \to \infty$ 일 때 $\mu_{JT} = -\dfrac{b}{C_p}$ 이다.

(4) (3)의 결과로부터 온도 T에 대한 μ_{JT}의 그래프는 [그림]과 같다. 그림에서 두 개의 점근선은 $T=0$, $\mu_{JT} = -\dfrac{b}{C_p}$ 이다.

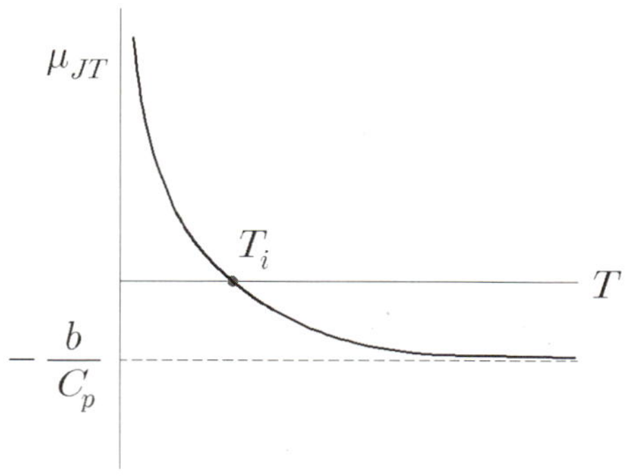

[그림] 줄-톰슨 계수

[문제 8.5] Van der Waals의 상태방정식은 다음과 같다. (여기서 b는 분자가 차지하는 공간을 고려하는 상수, $\dfrac{a}{v^2}$ 은 분자 간 인력에 대한 수정을 나타낸다) (총 25점) [행정고등고시(기술직) 제2차시험(2004)]

$$P = \frac{RT}{v-b} - \frac{a}{v^2}$$

(1) 다음 조건을 사용하여 a, b를 임계점 온도(T_c)와 압력(P_c)으로 표시하시오. (15점)

$$\left(\frac{\partial P}{\partial v}\right)_T = 0, \quad \left(\frac{\partial^2 P}{\partial v^2}\right)_T = 0$$

(2) 임계점에서의 압축성 인자를 구하시오. (10점)

풀이 Van der Waals의 상태방정식

$$P = \frac{RT}{v-b} - \frac{a}{v^2} \quad \cdots\cdots ①$$

(1) 주어진 조건대로 식 ①로 주어진 P를 미분하면

$$\left(\frac{\partial P}{\partial v}\right)_T = -\frac{RT}{(v-b)^2} + \frac{2a}{v^3} = 0 \quad \cdots\cdots ②$$

$$\left(\frac{\partial^2 P}{\partial v^2}\right)_T = +\frac{2RT}{(v-b)^3} - \frac{6a}{v^4} = 0 \quad \cdots\cdots ③$$

이고, ②$\times \frac{3}{v}$+③을 하여 a를 소거하면

$$-\frac{3RT}{v(v-b)^2} + \frac{2RT}{(v-b)^3} = 0 \quad \cdots\cdots ④$$

이다. 여기에서 ④$\times \frac{(v-b)^2}{RT}$을 하여 b를 구하고

$$-\frac{3}{v} + \frac{2}{(v-b)} = 0$$

$$-3(v-b) + 2v = 0$$

$$\therefore \ b = \frac{1}{3}v \quad \cdots\cdots ⑤$$

이 값을 ②에 대입하여 a를 구한다.

$$-\frac{RT}{(v-v/3)^2} + \frac{2a}{v^3} = 0$$

$$-\frac{9RT}{4v^2} + \frac{2a}{v^3} = 0$$

$$\frac{1}{v^2}\left(-\frac{9RT}{4} + \frac{2a}{v}\right) = 0$$

$$\therefore \ a = \frac{9RTv}{8} \quad \cdots\cdots ⑥$$

식 ⑤, ⑥의 a와 b를 ①에 대입하면

$$P = \frac{RT}{v - v/3} - \frac{(9RTv/8)}{v^2} = \frac{3RT}{2v} - \frac{9RT}{8v} = \frac{3RT}{2v}$$

$$\therefore \ v = \frac{3RT}{8P} \quad \cdots\cdots\cdots ⑦$$

이다. 식 ⑦의 v를 ⑤, ⑥에 대입하면 다음과 같이 a, b가 임계점 온도 (T_c)와 압력(P_c)으로 표현된다.

$$a = \frac{9RT_c v}{8} = \frac{9RT_c}{8} \times \frac{3RT_c}{8P_c} = \frac{27(RT_c)^2}{64P_c} \quad \cdots\cdots\cdots ⑧$$

$$b = \frac{1}{3}v = \frac{1}{3} \times \frac{3RT_c}{8P_c} = \frac{RT_c}{8P_c} \quad \cdots\cdots\cdots ⑨$$

(2) 임계점에서 압축성 인자(Z) 값 : 식 ⑤에서 $v = 3b$를 ①에 대입하면

$$P = \frac{RT}{v-b} - \frac{a}{v^2} = \frac{RT}{3b-b} - \frac{a}{(3b)^2} = \frac{RT}{2b} - \frac{a}{9b^2} \quad \cdots\cdots\cdots ⑩$$

이고, 여기에서 식 ⑧, ⑨로부터

$$\frac{a}{9b^2} = \frac{1}{9} \times \frac{27(RT)^2}{64P} \times \left(\frac{8P}{RT}\right)^2 = 3P$$

이므로 식 ⑩에서

$$P = \frac{RT}{2b} - 3P$$

$$\therefore \ P = \frac{RT}{8b} \quad \cdots\cdots\cdots ⑪$$

이다. 식 ⑪에 식 ⑤의 $b = \frac{1}{3}v$를 대입하면 다음과 같이 임계점에서 압축성 인자(Z)의 값이 구해진다.

$$P = \frac{RT}{8b} = \frac{RT}{8(v/3)} = \frac{3RT}{8v}$$

$$\therefore \ Z = \frac{Pv}{RT} = \frac{3}{8} \quad \cdots\cdots\cdots ⑫$$

[문제 8.6] 그림과 같이 부피가 모두 V_0인 2개의 단열 용기가 밸브를 통해 연결되어 있다. 왼쪽 용기에는 1몰의 반데르발스 기체가 채워져 있고, 오른쪽 용기는 진공 상태이다.

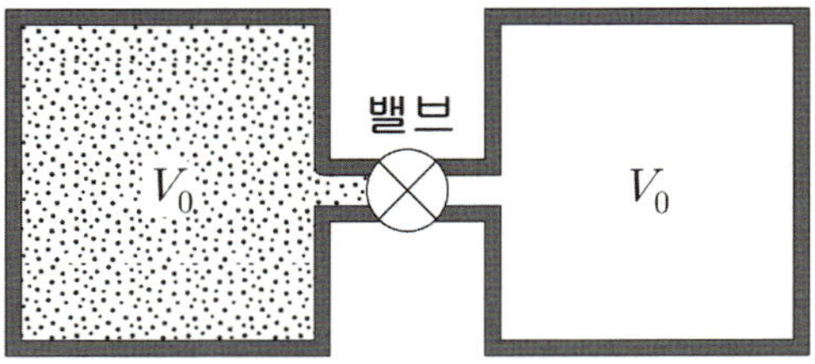

잠겨 있던 밸브를 열었더니 기체가 자유롭게 팽창하여 부피가 $2V_0$이 되고 평형 상태에 도달하였다. 이 과정에서 기체는 일을 하지 않는다.

기체의 내부 에너지 변화 ΔE를 구하고, 〈자료〉를 참고하여 기체의 온도 변화 ΔT 를 풀이 과정과 함께 구하시오. (단, 용기와 밸브의 비열은 무시하며, 팽창하는 동안 기체의 정적 비열 C_V는 일정하다고 가정한다.)

[중등교사 임용시험–물리(2018)]

〈자료〉

• 1몰의 반데르발스 기체의 상태 방정식은 다음과 같다.

$$\left(p+\frac{a}{V^2}\right)(V-b)=RT$$

a와 b는 상수, p는 기체의 압력, V는 기체의 부피, T는 기체의 절대 온도, R는 기체 상수이다.

• 기체의 내부 에너지 E의 미소변화는 다음과 같다.

$$dE=C_V dT+\left[T\left(\frac{\partial p}{\partial T}\right)_V-p\right]dV$$

풀이 밀폐계에 대한 열역학 제1법칙은 다음과 같다.

$$\delta Q=\Delta E+\delta W \quad \cdots\cdots ①$$

여기에서 단열과정이므로 $\delta Q = 0$이고, 이 과정에서 기체는 일을 하지 않으므로 $\delta W = 0$이다. 따라서 기체의 내부 에너지 변화는

$$\Delta E = 0 \quad \cdots\cdots ②$$

이다. 주어진 1몰의 반데르발스 기체의 상태 방정식으로부터

$$p = \frac{RT}{V-b} - \frac{a}{V^2}$$

$$\left(\frac{\partial p}{\partial T}\right)_V = \frac{R}{V-b}$$

$$\therefore \quad T\left(\frac{\partial p}{\partial T}\right)_V - p = \frac{a}{V^2} \quad \cdots\cdots ③$$

이고, 식 ②, ③을 기체의 내부 에너지 E의 미소변화에 대입하면

$$dE = C_V dT + \left[T\left(\frac{\partial p}{\partial T}\right)_V - p\right] dV$$

$$0 = C_V dT + \left(\frac{a}{V^2}\right) dV \quad \cdots\cdots ④$$

의 관계식을 얻는다. 식 ④를 적분하면 다음과 같이 기체의 온도 변화 ΔT가 구해진다.

$$0 = C_V \int_1^2 dT + \int_1^2 \left(\frac{a}{V^2}\right) dV$$

$$0 = C_V \Delta T - \left[\frac{a}{V}\right]_{V_0}^{2V_0}$$

$$C_V \Delta T = a\left(\frac{1}{2V_0} - \frac{1}{V_0}\right) = -\frac{a}{2V_0}$$

$$\therefore \quad \Delta T = -\frac{a}{2C_V V_0}$$

이상에서 기체의 부피는 $V_1 = V_0$에서 $V_2 = 2V_0$로 변화하였다.

[문제 8.7] **다음은 순수한 액체에 적용할 수 있는 증발잠열식(Clapeyron 식)과, x 축은 $\frac{1}{T}$, y 축은 $\ln P^{sat}$로 증발잠열의 관계를 나타낸 그래프이다. 〈자료〉를 이용하여 〈작성 방법〉에 따라 서술하시오.**

[중등교사 임용시험-화공 · 섬유(2019)]

$$\frac{dP^{sat}}{dT} = \frac{\Delta H^{vap}}{T\Delta V}$$

여기서,

P^{sat} : 액체의 증기압

T : 온도

ΔH^{vap} : 증발잠열

ΔV : 상변화시에 수반되는 부피변화

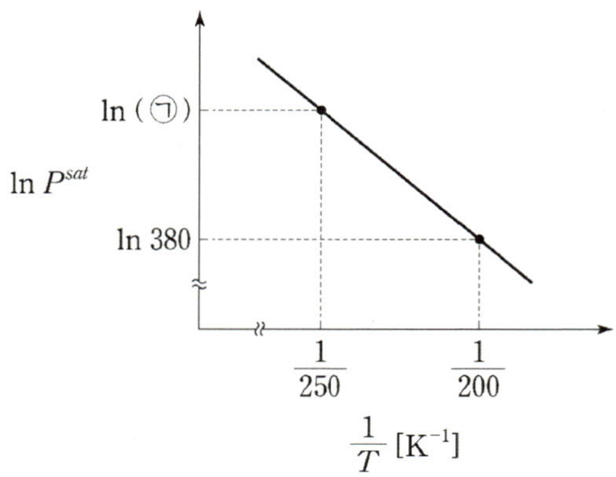

〈자료〉

- 액체의 증기압은 200K에서 380mmHg이고, 정상끓는점(normal boiling point)은 250K이다.
- 기체상수(R)는 8.3J $mol^{-1}K^{-1}$로 한다.
- ln2는 0.69로 한다.
- 증기(vapor)는 이상기체로 가정한다.
- 200K에서 250K까지 증발잠열은 일정하다고 가정한다.
- 액체의 몰부피는 기체의 몰부피에 비해 무시할 수 있을 만큼 작다고 가정한다.

〈작성 방법〉

- 증발에 따른 압축인자 변화(ΔZ)의 값을 제시할 것.
- 증발잠열식은 $d\left(\frac{1}{T}\right)$과 $d(\ln P^{sat})$의 함수로 서술할 것.
- 그래프 괄호 안의 ㉠에 들어갈 값과 250K에서 이 액체의 증발잠열[J mol^{-1}]을 각각 제시할 것.

풀이 증발잠열(ΔH^{vap})은 액체 1 mol을 증발시키는데 필요한 에너지이고, 주어진 증발잠열식에서 ΔV는 1 mol당 부피변화(비체적 변화)를 나타낸다. 편의상 다음과 같이 간단하게 기호를 표시한다.

$$P^{sat} = P, \quad \Delta H^{vap} = \Delta H, \quad \Delta V = V_V - V_L \approx V_V = V$$

액체의 몰부피(V_L)는 기체의 몰부피(V_V)에 비해 무시할 수 있을 만큼 작다고 가정하였다〈자료〉. 첨자 V와 L은 각각 증기(vapor)와 액체(liquid)를 나타낸다.

(1) **증발에 따른 압축인자 변화(ΔZ)의 값** : 압축인자 $Z = \dfrac{PV}{RT}$로 정의되고, 액체에서 증기로의 증발이 일어날 때 압축인자 변화(ΔZ)는 다음과 같이 표현된다.

$$\Delta Z = Z_V - Z_L = \left(\frac{PV}{RT}\right)_V - \left(\frac{PV}{RT}\right)_L$$

여기에서 증기를 이상기체로 가정하면 증기는 상태방정식 $PV = RT$를 만족하므로 증기의 압축인자 $Z_V = 1$이 된다. 그런데 액체의 몰부피(V_L)는 증기의 몰부피(V_V)에 비해 무시할 수 있을 만큼 작으므로 액체의 압축인자 Z_L은 Z_V에 비해 아주 작은 값을 가진다 : $Z_L \to 0$. 따라서 증발에 따른 압축인자 변화(ΔZ)의 값은 1에 가까운 값이 된다 : $\Delta Z \to 1$.

(2) **증발잠열식을 $d\left(\dfrac{1}{T}\right)$과 $d(\ln P^{sat})$의 함수로 서술** : 주어진 증발잠열식은 다음과 같이 쓸 수 있다.

$$\frac{dP}{dT} = \frac{\Delta H^{vap}}{T\Delta V} = \frac{\Delta H}{TV}$$

여기에서 상태방정식 $PV = RT$에서 $V = RT/P$를 대입하면

$$\frac{dP}{dT} = \frac{P\Delta H}{RT^2}$$

이고, 이 식은 다음과 같이 표현된다.

$$\frac{dP}{P} = \frac{\Delta H}{R}\left(\frac{dT}{T^2}\right)$$

$$\therefore\ d(\ln P) = -\frac{\Delta H}{R}d\left(\frac{1}{T}\right) \cdots\cdots (\bigstar)$$

즉, $d(\ln P^{sat}) = -\frac{\Delta H^{vap}}{R}d\left(\frac{1}{T}\right)$의 관계식이 성립한다.

(3) ㉠에 들어갈 값 : 정상끓는점은 표준기압(1atm)에서 액체의 끓는점이고 1atm=760mmHg이다. 따라서 자료에서 정상끓는점이 250K이므로 그래프에서 ㉠의 값은 760이다.

(4) 250K에서 이 액체의 증발잠열[$\mathrm{J\,mol^{-1}}$] : 그래프에 주어진 두 점을 각각 1, 2로 한다. 상태 1에서 온도와 압력은 각각 $T_1 = 200\mathrm{K}$, $P_1 = 380\mathrm{mmHg}$이고, 상태 2에서의 온도와 압력은 각각 $T_2 = 250\mathrm{K}$, $P_2 = 760\mathrm{mmHg}$이다. 식 (★)를 적분하면

$$\int_1^2 d(\ln P) = -\frac{\Delta H}{R}\int_1^2 d\left(\frac{1}{T}\right)$$

$$\therefore\ \ln\left(\frac{P_2}{P_1}\right) = -\frac{\Delta H}{R}\left(\frac{1}{T_2} - \frac{1}{T_1}\right)$$

이고, 주어진 값을 대입하면

$$\ln\left(\frac{760}{380}\right) = -\frac{\Delta H}{8.3}\left(\frac{1}{250} - \frac{1}{200}\right)$$

$$\therefore\ \Delta H = 8300\ln 2 = 8300 \times 0.69 = 5727[\mathrm{J\,mol^{-1}}]$$

이다. 즉, 250K에서 이 액체의 증발잠열(ΔH^{vap})은 5727[$\mathrm{J\,mol^{-1}}$]이다.

[Note] 여기에서 기호 V는 부피가 아니고 비체적(v, 단위 몰당 부피)을 나타낸다. 기계공학에서는 부피를 V, 비체적 V/n을 v로 구분하여 나타내는데 화공 · 섬유에서는 구분하지 않고 나타내는 모양이다.
일반적으로 Clapeyron 식에서 $P-T$ 선도의 기울기가 주어질 때 증발잠열을 구하고, 역으로 증발잠열이 주어지면 포화압력 값을 구한다.

설명 •• 정상끓는점

(1) **정상끓는점(normal boiling point)** : 정상끓는점은 외부 압력이 표준기압(1atm, 760mmHg)일 때 나타나는 용액의 끓는점(끓는 온도)으로 정의된다. 즉, 정상끓는점은 액체의 증기압이 1atm=760mmHg일 때의 끓는점이다.

(2) **끓는점(boiling point)** : 끓는점은 액체의 증기압이 외부 압력과 같아져 액체가 끓기 시작하는 온도로 정의된다. 외부 압력이나 물질의 조성에 변화가 있으면 끓는 온도도 변화한다. 정상끓는점의 압력은 1atm이지만 끓는점은 압력 변화에 따라 변화한다.

(3) **증발(evaporation)과 끓음(boiling)** : 액체 표면의 원자나 분자가 끓는점 미만에서 기화하는 현상을 증발이라고 한다. 액체의 온도가 높아져서 액체의 증기 압력이 외부 압력과 같아지게 되면 액체 표면에서 뿐만 아니라 액체 내부에서도 기화가 일어나게 되는데, 이러한 현상을 끓음이라 한다. 즉, 끓음은 액체 내부에서 액체가 기체로 변화하는 기화가 일어나는 현상이고, 증발은 액체의 표면에서 기화가 일어나는 현상이다. 증발과 끓음은 기화의 대표적인 현상이다.

[문제 8.8] 상태방정식이 $(P+a)(v-b)=RT$로 주어지는 $1\,\mathrm{mol}$의 기체가 있다. P, v, T는 각각 압력, 부피, 온도이고 R는 기체상수이며 a, b는 양의 상수이다. 엔트로피의 변화는 다음 방정식을 만족한다.

$$Tds = c_v dT + T\left(\frac{\partial P}{\partial T}\right)_v dv$$

여기서 s, c_v는 각각 $1\,\mathrm{mol}$에 대한 엔트로피와 정적비열이다. 이 기체가 온도 T_0에서 가역 등온과정을 통해 부피가 v_1에서 v_2로 변했을 때, 기체가 한 일을 구하고, 이때 기체의 엔트로피 변화를 위 식을 사용하여 풀이 과정과 함께 구하시오.

[중등교사임용시험 – 물리(2014)]

풀이 상태방정식에서 압력 $P=\dfrac{RT}{v-b}-a$이고 온도 T_0인 등온과정이다.

(1) 기체가 한 일(w) :

$$w=\int P dv = \int_{v_1}^{v_2}\left(\frac{RT_0}{v-b}-a\right)dv = RT_0\,[\ln(v-b)]_{v_1}^{v_2} - a[v]_{v_1}^{v_2}$$

$$= RT_0 \ln\left(\frac{v_2-b}{v_1-b}\right) - a(v_2-v_1)$$

(2) 기체의 엔트로피 변화($\triangle s$) : $P=\dfrac{RT}{v-b}-a$이므로

$$\left(\frac{\partial P}{\partial T}\right)_v = \frac{R}{v-b}$$

이고, 등온과정이므로 $dT=0$이다. 따라서

$$Tds = c_v dT + T\left(\frac{\partial P}{\partial T}\right)_v dv = T\left(\frac{R}{v-b}\right)dv$$

$$\therefore\ ds = \left(\frac{R}{v-b}\right)dv$$

이고, 이 식을 적분하면 엔트로피 변화(Δs)가 구해진다.

$$\Delta s = \int_{v_1}^{v_2} \left(\frac{R}{v-b} \right) dv = R \ln \left(\frac{v_2 - b}{v_1 - b} \right)$$

제9장 이상기체 혼합물

[문제 9.1] 다음 그림과 같이 주어진 온도와 압력 상태에 있는 n_A 몰의 이상 기체 A와 n_B 몰의 이상 기체 B를 격막을 제거하여 단열 정적 과정으로 혼합한다. 혼합물은 이상기체로 취급하며 일반기체상수는 $\overline{R}$로 표시한다. 여기서 혼합물의 화학반응은 무시한다. 다음 물음에 답하시오. (총 13점)

[행정고등고시(기술직) 제2차시험(2007)]

<그림 1> 혼합 전

T_1, P_1	T_1, P_1
n_A	n_B
V_A	V_B

<그림 2> 혼합 후

T_2, P_2
$n_2 = n_A + n_B$
$V_2 = V_A + V_B$

(1) 혼합 전후에 시스템의 온도가 변하지 않음을 보이시오. (3점)
(2) 혼합 전후에 시스템의 압력이 변하지 않음을 보이시오. (4점)
(3) 이 과정 동안 시스템의 엔트로피 변화를 계산하시오. (3점)
(4) 열역학 제2법칙에 근거하여 이러한 과정이 가능한지 여부를 판단하시오. (3점)

풀이 단열 정적 과정이므로 전달 열량(Q)과 경계일(W)이 0이다.

(1) 열역학 제1법칙 $Q = \Delta U + W$로부터 내부에너지 변화 $\Delta U = 0$이다. 따라서 기체 A와 B의 정적비열을 각각 $C_{v,A}$, $C_{v,B}$라고 하면

$$\Delta U = \Delta U_A + \Delta U_B = n_A C_{v,A}(T_2 - T_1) + n_B C_{v,B}(T_2 - T_1)$$
$$= (n_A C_{v,A} + n_B C_{v,B})(T_2 - T_1) = 0$$

이므로 $T_2 = T_1$이다.

(2) 이상기체 상태 방정식 $PV = n\overline{R}T$로부터 혼합 후 압력(P_2)은 다음과 같이 표현된다.

$$P_2 = \frac{n_2\overline{R}T_2}{V_2} = \frac{(n_A + n_B)\overline{R}T_1}{V_A + V_B} = \frac{(n_A\overline{R}T_1 + n_B\overline{R}T_1)}{V_A + V_B}$$

여기에서 $n_A\overline{R}T_1 = P_1V_A$, $n_B\overline{R}T_1 = P_1V_B$를 위 식에 대입하면

$$P_2 = \frac{(n_A\overline{R}T_1 + n_B\overline{R}T_1)}{V_A + V_B} = \frac{P_1V_A + P_1V_B}{V_A + V_B}$$
$$= \frac{P_1(V_A + V_B)}{V_A + V_B} = P_1$$

이다. 즉, 혼합 전후에 시스템의 압력이 변하지 않는다.

(3) 혼합 후 A와 B의 분압(P_A, P_B)은 각각

$$P_A = \left(\frac{n_A}{n_A + n_B}\right)P_1$$
$$P_B = \left(\frac{n_B}{n_A + n_B}\right)P_1$$

이고, 등온과정에서 $Tds = dh - vdP = -vdP$로부터 시스템의 엔트로피 변화(ΔS_{sys})는 다음과 같다.

$$\Delta S_{sys} = \Delta S_A + \Delta S_B = -n_A\overline{R}\ln\left(\frac{P_A}{P_1}\right) - n_B\overline{R}\ln\left(\frac{P_B}{P_1}\right)$$
$$= -n_A\overline{R}\ln\left(\frac{n_A}{n_A + n_B}\right) - n_B\overline{R}\ln\left(\frac{n_B}{n_A + n_B}\right)$$
$$= \overline{R}\left[n_A\ln\left(\frac{n_A + n_B}{n_A}\right) + n_B\ln\left(\frac{n_A + n_B}{n_B}\right)\right]$$
$$= \overline{R}\left[n_A\ln\left(1 + \frac{n_B}{n_A}\right) + n_B\ln\left(1 + \frac{n_A}{n_B}\right)\right] \cdots\cdots\cdots\cdots (\bigstar)$$

(4) 식 (★)에서 $\ln\left(1+\frac{n_B}{n_A}\right)>0$, $\ln\left(1+\frac{n_A}{n_B}\right)>0$이므로 시스템의 엔트로피 변화 $\Delta S_{sys}>0$이고, 단열 정적 과정으로 혼합하므로 주위의 엔트로피 변화는 $\Delta S_{surr}=0$이다. 따라서 총 엔트로피 변화(ΔS_{total})는

$$\Delta S_{total}=\Delta S_{sys}+\Delta S_{surr}>0$$

가 되므로 이 과정은 열역학 제2법칙을 만족하는 실현 가능한 과정이다.

[문제 9.2] **어떤 이상기체 혼합물이 6kg의 이산화탄소와 4kg의 질소로 구성되어 있다. 이 때 아래 표를 이용하여 다음 물음에 답하시오. (총 15점)**

[행정고등고시(기술직) 제2차시험(2006)]

(1) 이 혼합물의 비열비 k를 구하시오. (5점)

(2) 이 혼합물을 마찰이 없는 피스톤–실린더 장치에서 온도 27°C, 압력 100kPa 상태로부터 압력 300kPa 상태까지 등엔트로피 상태로 압축시키는 데 필요한 일을 kJ/kg의 단위로 구하시오. (5점)

(3) 이 혼합물을 마찰이 없는 피스톤–실린더 장치에서 온도 27°C, 압력 100kPa 상태로부터 압력 300kPa 상태까지 등온 상태로 압축시키는 데 필요한 일을 kJ/kg의 단위로 구하시오. (5점)

gas	C_p(kJ/kg·K)	C_v(kJ/kg·K)	k	M(kg/kmol)
CO_2	0.846	0.657	1.288	44
N_2	1.039	0.743	1.398	28

풀이 이산화탄소와 질소를 각각 A, B로 표시한다. 이산화탄소와 질소의 질량은

$$m_A = 6\text{kg}$$
$$m_B = 4\text{kg}$$

이고, 혼합물 전체 질량(m)은

$$m = m_A + m_B = 10\text{kg}$$

이므로 각 기체의 질량분율(y_A, y_B)은 다음과 같다.

$$y_A = \frac{m_A}{m} = \frac{6}{10} = 0.6$$
$$y_B = \frac{m_B}{m} = \frac{4}{10} = 0.4$$

(1) 혼합물의 비열비 k : 주어진 표에서 두 기체의 정압비열과 정적비열은 각각

$$C_{p,A} = 0.846[\text{kJ/kg}\cdot\text{K}],\quad C_{p,B} = 1.039[\text{kJ/kg}\cdot\text{K}]$$
$$C_{v,A} = 0.657[\text{kJ/kg}\cdot\text{K}],\quad C_{v,B} = 0.743[\text{kJ/kg}\cdot\text{K}]$$

이고, 혼합물의 정압비열(C_p)과 정적비열(C_v)은

$$C_p = y_A C_{p,A} + y_B C_{p,B}$$
$$= 0.6\times 0.846 + 0.4\times 1.039 = 0.9232[\text{kJ/kg}\cdot\text{K}] \cdots\cdots ①$$
$$C_v = y_A C_{v,A} + y_B C_{v,B}$$
$$= 0.6\times 0.657 + 0.4\times 0.743 = 0.6914[\text{kJ/kg}\cdot\text{K}] \cdots\cdots ②$$

이다. 따라서 혼합물의 비열비(k)는 다음과 같다.

$$k = \frac{C_p}{C_v} = \frac{0.9232}{0.6914} = 1.335 \cdots\cdots ③$$

(2) 초기상태 온도 $T_1 = 27°C = 300K$, 압력 $P_1 = 100kPa$이고, 최종상태 압력 $P_2 = 300kPa$이다.

등엔트로피 과정이므로 최종상태 온도(T_2)는

$$T_2 = T_1\left(\frac{P_2}{P_1}\right)^{\frac{k-1}{k}} = 300 \times \left(\frac{300}{100}\right)^{\frac{1.335-1}{1.335}} = 395[K]$$

이고, 등엔트로피 과정은 단열과정($Q=0$)이므로 기체가 한 일(W)은 다음과 같다.

$$\begin{aligned} & Q = \Delta U + W = 0 \\ \therefore\ & W = -\Delta U = -\Delta U_A - \Delta U_B \\ & \quad = -m_A C_{v,A}(T_2 - T_1) - m_B C_{v,B}(T_2 - T_1) \\ & \quad = -(m_A C_{v,A} + m_B C_{v,B})(T_2 - T_1) \\ & \quad = -(6 \times 0.657 + 4 \times 0.743)(395 - 300) \\ & \quad = -656.8[kJ] \end{aligned}$$

$W < 0$이므로 기체는 일을 받았다. 즉, 기체를 압축시키는 데 필요한 일은 $W_c = 656.8[kJ]$이고, 단위질량당일(w_c)은

$$w_c = \frac{W_c}{m} = \frac{656.8}{10} = 65.68[kJ/kg]$$

이다.

(3) (1)에서 구한 혼합물의 정압비열(C_p)과 정적비열(C_v)로부터 혼합물의 기체상수(R)는 다음과 같다.

$$R = C_p - C_v = 0.9232 - 0.6914 = 0.2318[kJ/kg \cdot K]$$

초기상태 온도 $T_1 = T = 27℃ = 300K$, 압력 $P_1 = 100kPa$이고, 최종상태 압력 $P_2 = 300kPa$이다. 등온 상태($Pv = RT = C$)로 압축될 때 단위 질량당 기체가 한 일(w)은 다음과 같다.

$$w = \int_{v_1}^{v_2} P dv = \int_{v_1}^{v_2} \left(\frac{RT}{v}\right) dv = RT \ln\left(\frac{v_2}{v_1}\right)$$
$$= RT \ln\left(\frac{P_1}{P_2}\right) = 0.2318(300) \ln\left(\frac{100}{300}\right)$$
$$= -76.4[\text{kJ/kg}]$$

$w < 0$이므로 기체는 일을 받았다. 즉, 기체를 압축시키는 데 필요한 단위 질량당 일은 76.4[kJ/kg]이다.

[Note] 혼합기체의 정적비열 $C_v = 0.6914[\text{kJ/kg} \cdot \text{K}]$를 사용하여 (2)에서 기체를 압축시키는 데 필요한 단위질량당 일(w_c)을 구하면 다음과 같다. 기체가 한 단위질량당 일(w)은

$$w = -\Delta u = -C_v(T_2 - T_1)$$
$$= -0.6914(395 - 300) = -65.68[\text{kJ/kg}]$$

이고, $w_c = 65.68[\text{kJ/kg}]$이다.

또한 (2)에서 질량분율을 사용하면 기체가 한 단위질량당 일(w)은

$$w = -\Delta u = -(y_A C_{v,A} + y_B C_{v,B})(T_2 - T_1)$$
$$= -(0.6 \times 0.657 + 0.4 \times 0.743)(395 - 300)$$
$$= -65.68[\text{kJ/kg}]$$

이다.

[문제 9.3] **산소(O_2)와 이산화탄소(CO_2)의 물성치는 [표]와 같다. 몰 기준으로 혼합물 조성이 60% 산소(O_2)와 40% 이산화탄소(CO_2)일 때 다음을 구하여라.**

gas	C_p(kJ/kg·K)	C_v(kJ/kg·K)	k
O_2	0.918	0.658	1.395
CO_2	0.846	0.657	1.289

(1) 각 성분의 질량분율

(2) 혼합물의 분자량(kg/kmol)

(3) 혼합물의 기체상수(kJ/kg·K)

(4) 혼합물의 정압비열(kJ/kg·K), 정적비열(kJ/kg·K), 비열비

풀이 산소(O_2)와 이산화탄소(CO_2)를 각각 첨자 1, 2로 표시한다. 각 기체의 분자량(M_i)과 몰분율(y_i)은 다음과 같다.

- $M_1 = 2 \times 16 = 32[\text{kg/kmol}], \quad y_1 = 0.6$
- $M_2 = 12 + 2 \times 16 = 44[\text{kg/kmol}], \quad y_2 = 0.4$

편의상 혼합물의 총 몰수를

$$n_{mix} = 100\text{kmol}$$

이라 하면 산소와 이산화탄소의 몰수는 각각

$$n_1 = 60\text{kmol}$$
$$n_2 = 40\text{kmol}$$

이다.

(1) 각 성분의 질량분율 c_i : 몰수의 정의 $n = m/M$으로부터 산소와 이산화탄소의 질량 및 혼합물의 총질량(m_{mix})은 각각

$$m_1 = n_1 M_1 = 60(32) = 1920\,[\mathrm{kg}]$$
$$m_2 = n_2 M_2 = 40(44) = 1760\,[\mathrm{kg}]$$
$$m_{mix} = m_1 + m_2 = 1920 + 1760 = 3680\,[\mathrm{kg}]$$

이고, 각 성분의 질량분율(c_i)은 다음과 같다.

$$c_1 = \frac{m_1}{m_{mix}} = \frac{1920}{3680} = 0.522 = 52.2\%$$

$$c_2 = \frac{m_2}{m_{mix}} = \frac{1760}{3680} = 0.478 = 47.8\%$$

(2) 혼합물의 분자량 M_{mix} : 몰수의 정의 $n = m/M$에 의해

$$M_{mix} = \frac{m_{mix}}{n_{mix}} = \frac{3680}{100} = 36.8\,[\mathrm{kg/kmol}]$$

(3) 혼합물의 기체상수 R_{mix} : 기체상수의 정의에 의해

$$R_{mix} = \frac{\overline{R}}{M_{mix}} = \frac{8.314}{36.8} = 0.226\,[\mathrm{kJ/kg \cdot K}]$$

(4) 혼합물의 정압비열 $C_{p,mix}$, **정적비열** $C_{v,mix}$, **비열비** k_{mix} : [표]의 값과 (1)의 질량분율(c_i)로부터

$$C_{p,mix} = c_1 C_{p,1} + c_2 C_{p,2}$$
$$= 0.522(0.918) + 0.478(0.846) = 0.884\,[\mathrm{kJ/kg \cdot K}]$$
$$C_{v,mix} = c_1 C_{v,1} + c_2 C_{v,2}$$
$$= 0.522(0.658) + 0.478(0.657) = 0.658\,[\mathrm{kJ/kg \cdot K}]$$
$$k_{mix} = \frac{C_{p,mix}}{C_{v,mix}} = \frac{0.884}{0.658} = 1.34$$

† (4)의 결과로부터

$$R_{mix} = C_{p,mix} - C_{v,mix} = 0.884 - 0.658 = 0.226\,[\mathrm{kJ/kg \cdot K}]$$

[문제 9.4] **질소(N_2)와 산소(O_2) 및 이산화탄소(CO_2) 기체의 혼합물의 온도와 압력이 각각 350K, 500kPa이고, 혼합물 전체 부피는 60% 질소, 30% 산소, 10% 이산화탄소로 구성된다. 각 기체의 질량분율과 분압을 구하여라.**

풀이 질소(N_2)와 산소(O_2) 및 이산화탄소(CO_2)를 각각 첨자 1, 2, 3으로 표시한다. 각 기체의 분자량(M)은 다음과 같다.

- $M_1 = 2 \times 14 = 28[\text{kg/kmol}]$
- $M_2 = 2 \times 16 = 32[\text{kg/kmol}]$
- $M_3 = 12 + 2 \times 16 = 44[\text{kg/kmol}]$

(1) **질량분율** c_i : 편의상 100kmol의 혼합물을 고려한다. 이때 이상기체의 몰분율(y_i)은 부피분율과 같으므로 각 기체의 몰수는

$$y_1 = 0.6,\ y_2 = 0.3,\ y_3 = 0.1$$
$$n_1 = 60[\text{kmol}],\ n_2 = 30[\text{kmol}],\ n_3 = 10[\text{kmol}]$$

이고, 질량은

$$m_1 = n_1 M_1 = 60 \times 28 = 1680[\text{kg}]$$
$$m_2 = n_2 M_2 = 30 \times 32 = 960[\text{kg}]$$
$$m_3 = n_3 M_3 = 10 \times 44 = 440[\text{kg}]$$
$$m_{total} = m_1 + m_2 + m_3 = 1680 + 960 + 440 = 3080[\text{kg}]$$

이다. 따라서 각 기체의 질량분율은 다음과 같다.

$$c_1 = \frac{m_1}{m_{total}} = \frac{1680}{3080} = 0.545 = 54.5\%$$
$$c_2 = \frac{m_2}{m_{total}} = \frac{960}{3080} = 0.312 = 31.2\%$$
$$c_3 = \frac{m_3}{m_{total}} = \frac{440}{3080} = 0.143 = 14.3\%$$

(2) 분압 P_i : 혼합기체의 총 압력 $P_0 = 500\,\text{kPa}$이다. 이상기체의 압력분율은 몰분율(y_i)과 같으므로 각 기체의 분압(P_i)은 다음과 같다.

$$P_1 = y_1 P_0 = 0.6 \times 500 = 300\,[\text{kPa}]$$
$$P_2 = y_2 P_0 = 0.3 \times 500 = 150\,[\text{kPa}]$$
$$P_3 = y_3 P_0 = 0.1 \times 500 = 50\,[\text{kPa}]$$

† 이상기체 혼합물에서 압력분율과 부피분율 및 몰분율(y_i)은 동일한 값을 가진다.

$$\frac{P_i}{P_0} = \frac{V_i}{V_0} = \frac{n_i}{n_0} = y_i$$

여기에서 P_0, V_0, n_0는 각각 혼합물의 총압력, 총부피, 총 몰수이고, P_i, V_i, n_i는 각각 성분압력(분압), 성분체적, 성분몰수이다.

[문제 9.5] **그림과 같이 한쪽 용기에는 질량 10kg, 온도 25℃, 압력 300kPa의 질소(N_2)가 담겨있고, 다른 쪽 용기에는 질량 30kg, 온도 25℃, 압력 500kPa의 산소(O_2)가 담겨있다. 두 용기를 연결하는 밸브를 열어 두 기체가 혼합되었을 때 다음을 구하여라. 단, 용기는 외부와 단열되었고 연결관의 부피와 밸브에서 손실은 무시하며, 각 용기의 부피는 일정하다.**

(1) 각 용기의 부피(m^3)
(2) 혼합물의 최종온도(℃)
(3) 혼합물의 최종 압력(kPa)

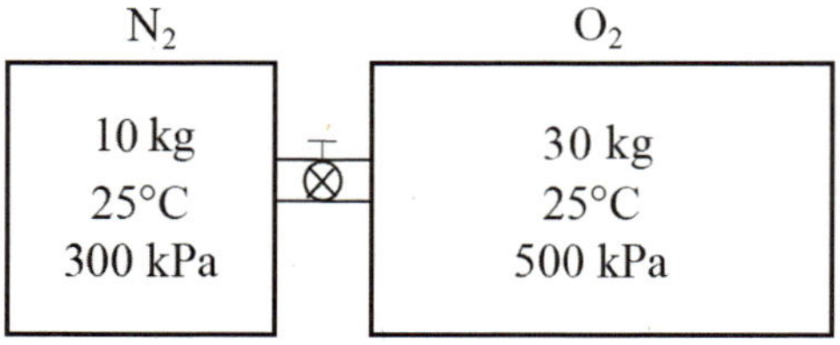

풀이 질소(N_2)와 산소(O_2)를 각각 첨자 1, 2로 표시한다. 각 기체의 분자량(M)은 다음과 같다.

- $M_1 = 2 \times 14 = 28\,[\text{kg/kmol}]$
- $M_2 = 2 \times 16 = 32\,[\text{kg/kmol}]$

(1) **각 용기의 부피** : 이상기체 상태방정식 $PV = mRT = m\left(\dfrac{\overline{R}}{M}\right)T$로부터

$$V_1 = \frac{m_1 \overline{R} T_1}{P_1 M_1} = \frac{10(8.314)(25+273)}{300(28)} = 2.949\,[\text{m}^3]$$

$$V_2 = \frac{m_2 \overline{R} T_2}{P_2 M_2} = \frac{30(8.314)(25+273)}{500(32)} = 4.645\,[\text{m}^3]$$

(2) **혼합물의 최종온도** T_f : 단열이므로 외부와의 열전달 $Q=0$이고, 용기의 부피가 일정하므로 경계일 $W=0$이다. 따라서 열역학 제1법칙 $Q = \Delta U + W$로부터 내부에너지 변화 $\Delta U = 0$이므로 혼합물의 최종온도는 초기온도와 같다($T_f = 25℃$).

(3) **혼합물의 최종 압력** P_f : 혼합기체의 총 몰수(n_f)와 총부피(V_f)는

$$n_f = n_1 + n_2 = \frac{m_1}{M_1} + \frac{m_2}{M_2} = \frac{10}{28} + \frac{30}{32} = 1.295\,[\text{kmol}]$$

$$V_f = V_1 + V_2 = 2.949 + 4.645 = 7.594\,[\text{m}^3]$$

이고, 혼합물의 최종 압력(P_f)은 다음과 같다.

$$P_f = \frac{n_f \overline{R} T_f}{V_f} = \frac{1.295(8.314)(25+273)}{7.594} = 422.5\,[\text{kPa}]$$

† 몰수를 사용하면 모든 이상기체에 대해 동일한 일반기체상수($\overline{R}$)를 사용할 수 있으므로 편리하게 압력을 구할 수 있다.

[문제 9.6] **그림과 같이 분리 판으로 분할된 용기의 한쪽에는 2kmol, 200kPa, 27℃ 의 이산화탄소(CO_2)가 들어있고, 다른 한쪽에는 7kmol, 400kPa, 40℃ 의 수소(H_2)가 들어있다. 분리판을 제거하여 두 기체가 혼합되었을 때 다음을 구하여라. 단, 이산화탄소와 수소의 정적비열은 각각 0.657kJ/kg · ℃. 10.2kJ/kg · ℃ 로 일정하다. 그리고 판을 제거할 때 손실은 무시하며, 용기의 부피는 일정하다고 가정한다.**

(1) 용기가 외부와 단열되었을 때 혼합물의 최종 평형상태 온도(℃)와 압력(kPa)

(2) 기체를 혼합하는 과정에서 1000kJ의 열이 주위 공기로 방출되었을 때 혼합물의 최종 평형상태 온도(℃)와 압력

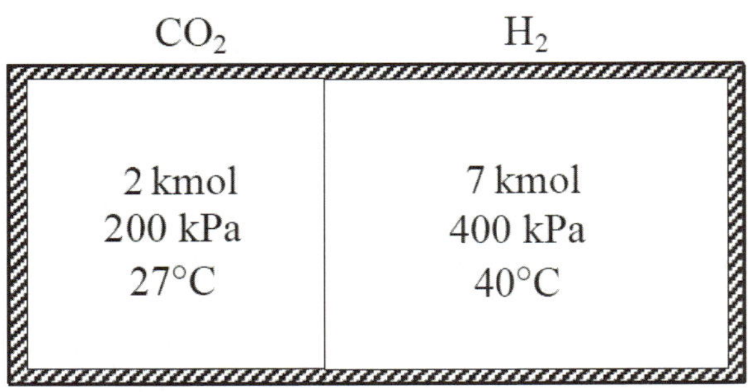

풀이 이산화탄소(CO_2)와 수소(H_2)를 각각 첨자 1, 2로 표시하고, 초기상태와 최종상태를 각각 i와 f로 나타낸다. 각 기체의 분자량(M)은 다음과 같다.

- $M_1 = 12 + 2 \times 16 = 44\,[\text{kg/kmol}]$
- $M_2 = 2 \times 1 = 2\,[\text{kg/kmol}]$

(1) 용기가 외부와 단열되었을 때

- 최종 평형상태 온도 T_f : 단열이므로 외부와의 열전달 $Q = 0$이고, 용기의 부피가 일정하므로 경계일 $W = 0$이다. 따라서 열역학 제1법칙 $Q = \Delta U + W$로부터 총 내부에너지 변화 $\Delta U_{total} = 0$이다.

$$\begin{aligned}\Delta U_{total} &= \Delta U_1 + \Delta U_2 = m_1 C_{v,1}(T_f - T_{1,i}) + m_2 C_{v,2}(T_f - T_{2,i}) \\ &= n_1 M_1 C_{v,1}(T_f - T_{1,i}) + n_2 M_2 C_{v,2}(T_f - T_{2,i}) = 0\end{aligned}$$

$$\therefore \quad T_f = \frac{n_1 M_1 C_{v,1} T_{1,i} + n_2 M_2 C_{v,2} T_{2,i}}{n_1 M_1 C_{v,1} + n_2 M_2 C_{v,2}}$$

$$= \frac{2(44)(0.657)(27) + 7(2)(10.2)(40)}{2(44)(0.657) + 7(2)(10.2)} = 36.3[℃]$$

- 최종 평형상태 압력 P_f : 이상기체 상태방정식 $PV = n\overline{R}T$로부터 초기상태에서 각 기체의 부피는

$$V_{1,i} = \frac{n_1 \overline{R} T_{1,i}}{P_{1,i}} = \frac{2(8.314)(27+273)}{200} = 24.94[\mathrm{m}^3]$$

$$V_{2,i} = \frac{n_2 \overline{R} T_{2,i}}{P_{2,i}} = \frac{7(8.314)(40+273)}{400} = 45.54[\mathrm{m}^3]$$

이므로 최종상태에서 혼합기체의 총 부피(V_f)와 총 몰수(n_f)는

$$V_f = V_{1,i} + V_{2,i} = 24.94 + 45.54 = 70.48[\mathrm{m}^3]$$
$$n_f = n_1 + n_2 = 2 + 7 = 9[\mathrm{kmol}]$$

이고, 최종 평형상태 압력(P_f)은 다음과 같다.

$$P_f = \frac{n_f \overline{R} T_f}{V_f} = \frac{9(8.314)(36.3+273)}{70.48} = 328[\mathrm{kPa}]$$

(2) 기체를 혼합하는 과정에서 1000kJ의 열이 주위 공기로 방출되었을 때

- 최종 평형상태 온도 T_f : $Q = 1000\mathrm{kJ}$의 열이 외부로 방출되었으므로 열역학 제1법칙으로부터

$$-Q = \Delta U_{total} = \Delta U_1 + \Delta U_2$$
$$= m_1 C_{v,1}(T_f - T_{1,i}) + m_2 C_{v,2}(T_f - T_{2,i})$$
$$= n_1 M_1 C_{v,1}(T_f - T_{1,i}) + n_2 M_2 C_{v,2}(T_f - T_{2,i})$$

$$\therefore \quad T_f = \frac{n_1 M_1 C_{v,1} T_{1,i} + n_2 M_2 C_{v,2} T_{2,i} - Q}{n_1 M_1 C_{v,1} + n_2 M_2 C_{v,2}}$$

$$= \frac{2(44)(0.657)(27) + 7(2)(10.2)(40) - 1000}{2(44)(0.657) + 7(2)(10.2)} = 31.3[℃]$$

• 최종 평형상태 압력 P_f :

$$P_f = \frac{n_f \overline{R} T_f}{V_f} = \frac{9(8.314)(31.3+273)}{70.48} = 323[\text{kPa}]$$

[문제 9.7] **그림과 같은 피스톤 실린더 장치에 5kg 수소(H_2)와 10kg 질소(N_2)가 들어있다. 초기상태에서 혼합기체의 압력과 온도는 각각 100kPa와 300K이고, 압력을 일정하게 유지하면서 혼합기체의 부피가 두 배로 될 때까지 열(Q)을 가한다. 수소와 질소의 정압비열은 각각 14.5kJ/kg · K, 1.05kJ/kg · K로 일정할 때 다음을 구하여라.**

(1) 혼합기체의 최종상태 온도(K)

(2) 혼합기체에 가한 열전달량(kJ)

(3) 혼합기체의 엔트로피 변화(kJ/K)

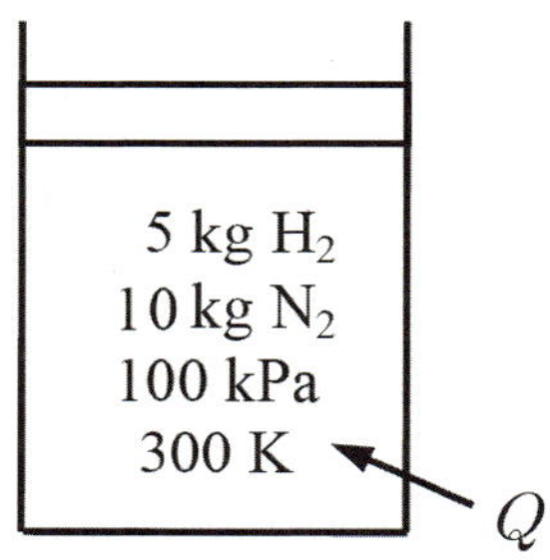

풀이 수소(H_2)와 질소(N_2)를 각각 첨자 1, 2로 표시하고, 초기상태와 최종상태를 각각 i와 f로 나타낸다.

• $m_1 = 5\text{kg}$, $m_2 = 10\text{kg}$

• $P_i = 100\text{kPa}$, $T_i = 300\text{K}$

• $P_f = P_i = 100\text{kPa}$, $V_f = 2V_i$, $T_f = $(미지수)

(1) 혼합기체의 최종상태 온도 T_f : 몰수(n)와 압력(P)이 일정한 과정이므로 이상기체 상태방정식 $PV = n\overline{R}T$로부터 $V/T = C$이다.

$$\frac{V_i}{T_i} = \frac{V_f}{T_f}$$

$$\therefore \quad T_f = \left(\frac{V_f}{V_i}\right) T_i = \left(\frac{2V_i}{V_i}\right) \times 300 = 600\,[\mathrm{K}]$$

(2) 혼합기체에 가한 열전달량 Q : 압력이 일정할 때 계로 전달된 열량은 계의 엔탈피 변화(ΔH)와 같다.

$$\begin{aligned} Q = \Delta U + W = \Delta H = \Delta H_1 + \Delta H_2 \\ &= m_1 C_{p,1}(T_f - T_i) + m_2 C_{p,2}(T_f - T_i) \\ &= (m_1 C_{p,1} + m_2 C_{p,2})(T_f - T_i) \\ &= (5 \times 14.5 + 10 \times 1.05)(600 - 300) \\ &= 24{,}900\,[\mathrm{kJ}] \end{aligned}$$

(3) 혼합기체의 엔트로피 변화 ΔS : 정압과정에서 $Tds = dh - vdP = C_p dT$ 로부터

$$\begin{aligned} \Delta S = \Delta S_1 + \Delta S_2 &= m_1 C_{p,1} \ln\left(\frac{T_f}{T_1}\right) + m_2 C_{p,2} \ln\left(\frac{T_f}{T_1}\right) \\ &= (m_1 C_{p,1} + m_2 C_{p,2}) \ln\left(\frac{T_f}{T_1}\right) \\ &= (5 \times 14.5 + 10 \times 1.05) \times \ln\left(\frac{600}{300}\right) \\ &= 57.53\,[\mathrm{kJ/K}] \end{aligned}$$

[문제 9.8] **그림과 같은 피스톤-실린더 장치 안에 수소(H_2) 12kg과 질소(N_2) 42kg이 들어있다. 실린더 안의 초기 상태 온도 160K, 압력 5MPa에서 압력을 일정하게 유지하면서 열을 가하여 최종상태 온도가 200K가 되었을 때 다음을 구하여라. 단, 실린더 주위 공기의 온도는 20℃ 이고, 수소와 산소는 이상기체이며 정압비열은 각각 13.6 kJ/kg·K, 1.04kJ/kg·K 라고 가정한다.**

(1) 기체(수소와 질소)에 전달된 열전달량(kJ)

(2) 총 엔트로피 생성(kJ/kg)

(3) 엑서지 손실(kJ)

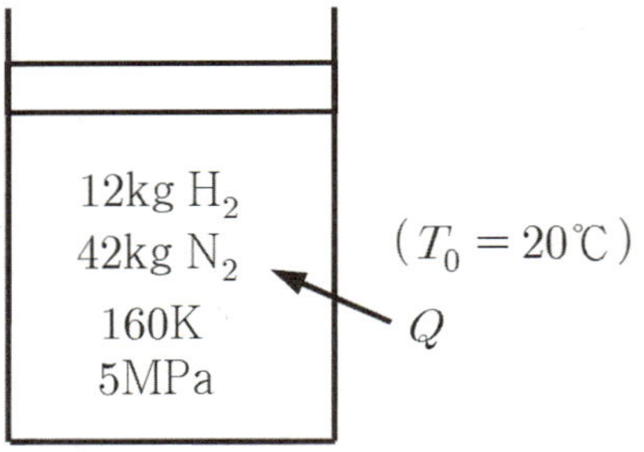

풀이 수소(H_2)와 질소(N_2)를 각각 첨자 1, 2로 표시하고, 초기상태와 최종상태를 각각 i와 f로 나타낸다.

- $T_i = 160\text{K}$, $P_i = P_f =$ 5MPa=5000kPa
- $m_1 = 12\text{kg}$, $m_2 = 42\text{kg}$
- $T_f = 200\text{K}$
- $C_{p,1} =$ 13.6kJ/kg·K, $C_{p,2} =$ 1.04kJ/kg·K
- 주위 온도 $T_0 = 20℃ = 293\text{K}$

(1) 기체에 전달된 열전달량 Q : 압력이 일정한 과정에서 계로 전달된 열량은 계의 엔탈피 변화량과 같다.

$$Q = \Delta U + W = \Delta H = \Delta H_1 + \Delta H_2$$
$$= m_1 C_{p,1}(T_f - T_i) + m_2 C_{p,2}(T_f - T_i)$$

$$= (m_1 C_{p,1} + m_2 C_{p,2})(T_f - T_i)$$
$$= [12(13.6) + 42(1.04)](200 - 160)$$
$$= 8275[\text{kJ}]$$

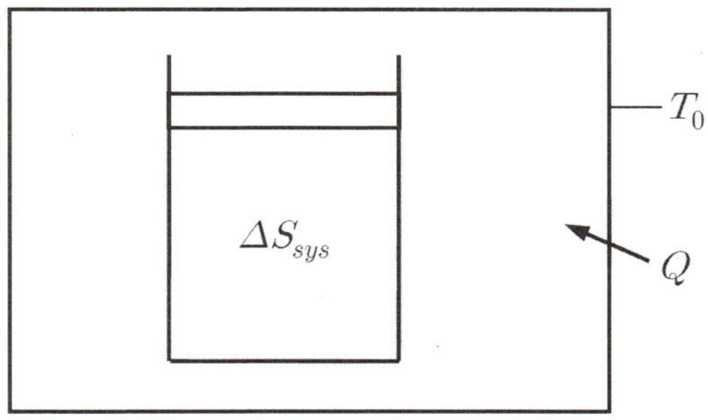

[그림] 실린더와 주위를 포함하는 검사 체적

(2) **총 엔트로피 생성** S_{gen} : [그림]과 같이 실린더와 주위를 포함하는 계를 잡는다. 이때 계 경계의 온도는 주위 온도(T_0)이고, 이 계에 대해 엔트로피 평형을 적용하면

$$S_{in} - S_{out} + S_{gen} = \Delta S_{sys}$$
$$\frac{Q}{T_0} + S_{gen} = m_1 \Delta s_1 + m_2 \Delta s_2$$
$$\therefore \ S_{gen} = m_1 \Delta s_1 + m_2 \Delta s_2 - \frac{Q}{T_0}$$

이다. 압력이 일정한 과정($dP = 0$)에서 $Tds = dh - vdP = C_p dT$로부터

$$\Delta s = C_p \ln\left(\frac{T_f}{T_i}\right)$$
$$\therefore \ S_{gen} = m_1 \Delta s_1 + m_2 \Delta s_2 - \frac{Q}{T_0}$$
$$= m_1 C_{p,1} \ln\left(\frac{T_f}{T_i}\right) + m_2 C_{p,2} \ln\left(\frac{T_f}{T_i}\right) - \frac{Q}{T_0}$$

$$= (m_1 C_{p,1} + m_2 C_{p,2}) \ln\left(\frac{T_f}{T_i}\right) - \frac{Q}{T_0}$$

$$= [12(13.6) + 42(1.04)] \ln\left(\frac{200}{160}\right) - \frac{8275}{293} [\text{kJ/K}]$$

$$= 17.92 [\text{kJ/K}]$$

(3) 엑서지 손실 X_{loss} : 엑서지 손실의 정의에 의해

$$X_{loss} = T_0 S_{gen} = 293(17.92) = 5251 [\text{kJ}]$$

제10장 증기 및 기체-증기 혼합물과 공기조화

[문제 10.1] **공기조화기 입구로 외부 공기(32°C, 101.3kPa, 상대습도 90%)가 $100m^3/min$의 유량으로 들어와 냉각 코일에 의해 냉각 제습되어 22°C, 101.3kPa, 60%의 상대습도로 나간다. 냉각에 의해 응축되는 물은 외부로 배출되며 물의 온도는 출구 공기 온도와 같은 22°C라고 가정한다. 다음 물음에 답하시오. (단, 공기와 수증기는 이상기체로 가정하고, 입구와 출구에서의 운동에너지와 위치에너지는 무시한다) (총 10점)** [국가공무원 5급(기술) 제2차시험(2018)]

(1) 공기조화기에서 1시간 동안 응축되어 제거되는 수분의 양은 얼마인가? (5점)

(2) 냉각코일에서 냉각과 제습에 필요한 열전달율은 몇 kW인가? (4점)

(3) 표준 대기압 조건(101.3kPa)의 습공기 선도(Psychrometric chart)에서 상대습도 40%인 선은 압력이 표준 대기압의 1.5배가 될 때 상대습도 몇 %인 선을 나타내는가? (1점)

※ 공기의 분자량 : $M_a = 28.97$kg/kmol

물의 분자량 : $M_v = 18.0$kg/kmol

일반기체상수 : $\overline{R} = 8.314$kJ/kmol · K

온도 (°C)	공기의 엔탈피 (kJ/kg)	포화 수증기압 (kPa)	포화수증기의 엔탈피 (kJ/kg)	액상 물의 엔탈피 (kJ/kg)
22	295.17	2.645	2541.7	92.33
32	305.22	4.759	2559.9	134.15

풀이 여기에서 첨자 a, v, g는 각각 건공기, 수증기, 포화공기를 나타내고, 1과 2는 입구와 출구를 나타낸다. 주어진 값은 다음과 같다.

- $T_1 = 32℃$, $P_1 = 101.3\text{kPa}$, $\phi_1 = 0.9$, $P_{g,1} = P_{sat,1} = 4.759\text{kPa}$
  $h_{a,1} = 305.22[\text{kJ/kg}]$, $h_{v,1} = 2559.9[\text{kJ/kg}]$
- $T_2 = 22℃$, $P_2 = 101.3\text{kPa}$, $\phi_2 = 0.6$, $P_{g,2} = P_{sat,2} = 2.645\text{kPa}$
  $h_{a,2} = 295.17[\text{kJ/kg}]$, $h_{v,2} = 2541.7[\text{kJ/kg}]$
- 입구에서 건공기 체적유량 $\dot{V}_a = 100\text{m}^3/\text{min}$
- 외부로 배출되는 22℃ 물의 엔탈피 $h_w = 92.33[\text{kJ/kg}]$

주어진 공기조화기의 대략적인 구조는 [그림]과 같다.

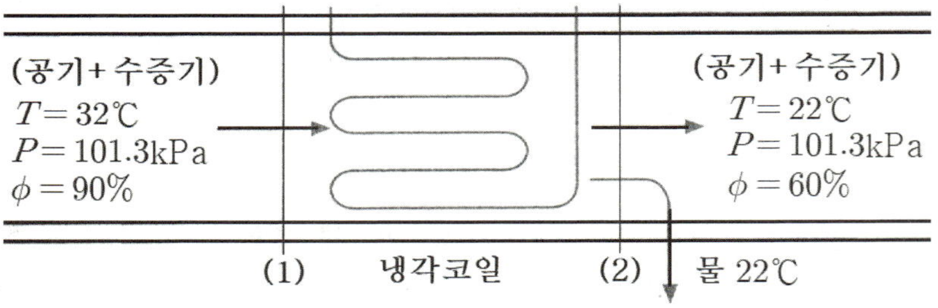

[그림] 공기조화기의 검사체적

- 건공기와 물의 분자량(M_a, M_v)로부터 절대습도(ω)는 다음과 같이 표현된다.

$$w = \frac{m_v}{m_a} = \frac{P_v V/R_v T}{P_a V/R_a T} = \left(\frac{R_a}{R_v}\right)\frac{P_v}{P_a} = \left(\frac{M_v}{M_a}\right)\frac{P_v}{P_a}$$

$$= \left(\frac{18}{28.97}\right)\frac{P_v}{P_a} = \frac{0.621P_v}{P_a} = \frac{0.621P_v}{P - P_v}$$

(1) 공기조화기에서 1시간 동안 응축되어 제거되는 수분의 양(m_w) : 상대습도 ϕ일 때 수증기 분압 $P_v = \phi P_g$이므로 입구에서 절대습도(w_1)는

$$P_{v,1} = \phi_1 P_{g,1} = 0.9(4.759) = 4.283[\text{kPa}]$$

$$\therefore \ w_1 = \frac{0.621 P_{v,1}}{P_1 - P_{v,1}} = \frac{0.621(4.283)}{101.3 - 4.283}$$

$$= 0.0274[\text{kg수증기/kg건공기}]$$

이고, 출구에서 절대습도(w_2)는

$$P_{v,2} = \phi_2 P_{g,2} = 0.6(2.645) = 1.587[\text{kPa}]$$

$$\therefore \ w_2 = \frac{0.621 P_{v,2}}{P_2 - P_{v,2}} = \frac{0.621(1.587)}{101.3 - 1.587}$$

$$= 9.88 \times 10^{-3}[\text{kg수증기/kg건공기}]$$

이다. 이때 입구 조건으로부터 건공기 질량유량($\dot{m}_a$)을 구하면

$$\dot{m}_a = \rho_a \dot{V}_a = \frac{P_{a,1} M_a}{\overline{R}\, T_1} \dot{V}_a = \frac{(P_1 - P_{v,1}) M_a}{\overline{R}\, T_1} \dot{V}_a$$

$$= \frac{(101.3 - 4.283)(28.97)}{8.314(273 + 32)} \times \frac{100}{60} = 1.847[\text{kg/s}]$$

이고, 수분(물)에 대한 질량 보존을 적용하면 다음과 같이 단위시간당 제거되는 수분의 양 $\dot{m}_w$[kg/s]가 구해진다.

$$\dot{m}_a w_1 = \dot{m}_a w_2 + \dot{m}_w$$

$$\therefore \ \dot{m}_w = \dot{m}_a (w_1 - w_2) = 1.847 \times (0.0274 - 0.00988)$$

$$= 0.0324[\text{kg/s}]$$

따라서 1시간($t = 3600\text{s}$) 동안 응축되어 제거되는 수분의 양(m_w)은 다음과 같다.

$$m_w = \dot{m}_w t = 0.0324(3600) = 116.64[\text{kg}]$$

(2) 냉각코일에서 냉각과 제습에 필요한 열전달율($\dot{Q}_{out}$) : (1)의 결과로부터 입구와 출구의 비엔탈피는 각각

$$h_1 = h_{a,1} + w_1 h_{v,1} = 305.22 + 0.0274(2559.9)$$
$$= 375.36[\text{kJ/kg건공기}]$$
$$h_2 = h_{a,2} + w_2 h_{v,2} = 295.17 + 9.88 \times 10^{-3}(2541.7)$$
$$= 320.3[\text{kJ/kg건공기}]$$

이고, 에너지 평형으로부터

$$\dot{m}_a h_1 = \dot{m}_a h_2 + \dot{Q}_{out} + \dot{m}_w h_w$$
$$\therefore \quad \dot{Q}_{out} = \dot{m}_a(h_1 - h_2) - \dot{m}_w h_w$$
$$= 1.847(375.36 - 320.3) - 0.0324(92.33)[\text{kW}]$$
$$= 98.7[\text{kW}]$$

이다.

(3) 절대습도(w)와 상대습도(ϕ)는 각각 다음과 같이 표현된다.

$$w = \frac{0.621P_v}{P - P_v} \quad \cdots\cdots ①$$

$$\phi = \frac{m_v}{m_g} = \frac{P_v V/RT}{P_g V/RT} = \frac{P_v}{P_g} \quad \cdots\cdots ②$$

식 ②에서 $P_v = \phi P_g$를 ①에 대입하여 ϕ를 압력(P)의 함수로 구하면

$$w = \frac{0.621P_v}{P - P_v} = \frac{0.621(\phi P_g)}{P - \phi P_g}$$
$$w(P - \phi P_g) = 0.621(\phi P_g)$$
$$\therefore \quad \phi = \frac{wP}{(0.621 + w)P_g} \quad \cdots\cdots ③$$

이다. 식 ③에서 표준대기압 $P_1 = P_{atm} = 101.3\text{kPa}$일 때 상대습도 ($\phi_1$)가 40%이면

$$\phi_1 = \frac{wP_{atm}}{(0.621 + w)P_g} = 0.4$$

이고, 압력이 표준 대기압의 1.5배($P_2 = 1.5P_{atm}$)일 때 상대습도(ϕ_2)는 다음과 같다.

$$\phi_2 = \frac{wP_2}{(0.621+w)P_g} = \frac{w(1.5P_{atm})}{(0.621+w)P_g} = 1.5\left[\frac{wP_{atm}}{(0.621+w)P_g}\right]$$
$$= 1.5\phi_1 = 1.5 \times 0.4 = 0.6 = 60\%$$

이상에서 상태 1과 2의 온도가 같은 것으로 가정하여 포화압력 P_g가 동일한 것으로 계산하였다. 절대습도 w는 온도에 무관하게 같은 값을 가진다.

[Note] 용기에 기체 혼합물이 있을 때 각 성분의 부피는 용기의 부피와 동일하다.

[문제 10.2] 가습기를 활용하여 겨울철 실내 습도를 조절하려고 한다. 이 장치에서 온도가 20°C이고, 상대습도가 20%인 외부공기를 $5\text{m}^3/\text{min}$으로 일정하게 유입하여 20°C, 상대습도 50%인 공기로 배출하려고 한다. 압력은 대기압(100kPa)으로 일정하고 정상상태이며, 모든 기체는 이상기체로 가정한다. 가습기 입구와 출구에서 가습공기의 위치에너지와 운동에너지 변화는 무시한다. 다음 물음에 답하시오. (단, 공기의 기체상수는 0.287kJ/kg·K, 정압비열은 1.005 kJ/kg·K이며, 수증기 기체상수는 0.4615kJ/kg·K이고, 20°C 물의 상태량은 다음 표와 같다) (총 10점)

[5급(기술) 공채 제2차시험(2013)]

포화압력(kPa)	비체적(m^3/kg)		엔탈피(kJ/kg)	
	포화액	포화증기	포화액	포화증기
2.3392	0.001002	57.762	83.915	2537.4

(1) 가습을 위해 필요한 열에너지 공급률(kW)을 구하시오. (5점)

(2) 일정 습도를 유지하기 위하여 하루 동안 필요한 물의 양(kg/day)을 구하시오. (5점)

풀이 여기에서 첨자 a, v, g는 각각 건공기, 수증기, 포화공기를 나타내고, 1과 2는 입구와 출구를 나타낸다. 주어진 값은 다음과 같다.

- $T_1 = T_0 = 20℃$, $P_1 = 100\,\text{kPa}$, $\phi_1 = 0.2$,
  $P_{g,1} = P_{sat,1} = 2.3392\,\text{kPa}$, $h_{v,1} = h_g = 2537.4\,[\text{kJ/kg}]$
- $T_2 = T_0 = 20℃$, $P_2 = 100\,\text{kPa}$, $\phi_2 = 0.5$,
  $P_{g,2} = P_{sat,2} = 2.3392\,\text{kPa}$, $h_{v,2} = h_g = 2537.4\,[\text{kJ/kg}]$
- 입구에서 건공기 체적유량 $\dot{V}_a = 5\text{m}^3/\text{min}$
- 공기 $R_a = 0.287\text{kJ/kg}\cdot\text{K}$, $C_p = 1.005\text{kJ/kg}\cdot\text{K}$
- 수증기 $R_v = 0.4615\text{kJ/kg}\cdot\text{K}$

건공기와 물의 기체상수(R_a, R_v)로부터 절대습도(ω)는 다음과 같이 표현된다.

$$w = \frac{m_v}{m_a} = \frac{P_v V/R_v T}{P_a V/R_a T} = \left(\frac{R_a}{R_v}\right)\frac{P_v}{P_a}$$

$$= \left(\frac{0.287}{0.4615}\right)\frac{P_v}{P_a} = \frac{0.622P_v}{P_a} = \frac{0.622P_v}{P - P_v}$$

(1) **가습을 위해 필요한 열에너지 공급률($\dot{Q}_{in}$)** : 유입되는 물의 상태가 주어져 있지 않으므로 이 물의 에너지는 무시한다. 상대습도가 ϕ일 때 수증기 분압 $P_v = \phi P_g$이므로 입구에서 절대습도(w_1)는

$$P_{v,1} = \phi_1 P_{g,1} = 0.2(2.3392) = 0.4678\,[\text{kPa}]$$

$$\therefore\ w_1 = \frac{0.622P_{v,1}}{P_1 - P_{v,1}} = \frac{0.622(0.4678)}{100 - 0.4678}$$

$$= 2.923\times 10^{-3}\,[\text{kg수증기/kg건공기}]$$

이고, 출구에서 절대습도(w_2)는

$$P_{v,2} = \phi_2 P_{g,2} = 0.5(2.3392) = 1.1696\,[\text{kPa}]$$

$$\therefore\ w_2 = \frac{0.622P_{v,2}}{P_2 - P_{v,2}} = \frac{0.622(1.1696)}{100 - 1.1696}$$

$$= 7.361 \times 10^{-3} [\text{kg수증기/kg건공기}]$$

이다. 이때 입구 조건으로부터 건공기 질량유량($\dot{m}_a$)을 구하면

$$\dot{m}_a = \rho_a \dot{V}_a = \frac{P_{a,1}}{R_a T_1} \dot{V}_a = \frac{(P_1 - P_{v,1})}{R_a T_1} \dot{V}_a$$
$$= \frac{(100 - 0.4678)}{0.287(273 + 20)} \times \frac{5}{60} = 0.0986 [\text{kg/s}]$$

이고, 입구와 출구의 비엔탈피는 각각

$$h_1 = h_{a,1} + w_1 h_{v,1} = C_p T_0 + w_1 h_g \ [\text{kJ/kg건공기}]$$
$$h_2 = h_{a,2} + w_2 h_{v,2} = C_p T_0 + w_2 h_g \ [\text{kJ/kg건공기}]$$

이다. 이상으로부터 에너지 평형을 적용하면 다음과 같이 가습을 위해 필요한 열에너지 공급률($\dot{Q}_{in}$)이 구해진다.

$$\dot{m}_a h_1 + \dot{Q}_{in} = \dot{m}_a h_2$$
$$\therefore \ \dot{Q}_{in} = \dot{m}_a (h_2 - h_1) = \dot{m}_a (w_2 - w_1) h_g$$
$$= 0.0986(7.361 - 2.923) \times 10^{-3} (2537.4) [\text{kW}]$$
$$= 1.11 [\text{kW}]$$

(2) 일정 습도를 유지하기 위하여 하루 동안 필요한 물의 양(m_w) : 입구와 출구에서 수분(물)에 대한 질량 보존을 적용하면 단위시간당 투입해야 할 수분의 양 $\dot{m}_w$은

$$\dot{m}_a w_1 + \dot{m}_w = \dot{m}_a w_2$$
$$\therefore \ \dot{m}_w = \dot{m}_a (w_2 - w_1)$$
$$= 0.0986(7.361 - 2.923) \times 10^{-3} = 4.376 \times 10^{-4} [\text{kg/s}]$$

이고, 하루($t = 24 \times 3600\text{s}$) 동안 필요한 물의 양($m_w$)은 다음과 같다.

$$m_w = \dot{m}_w t = 4.376 \times 10^{-4} (24 \times 3600) = 37.81 [\text{kg}]$$

[문제 10.3] 다음 그림과 같이 CO_2를 사용하는 초임계 증기압축식 열펌프사이클이 있다. 증발기 출구는 0°C의 포화증기 상태이며, 압축기는 단열 가역과정으로 CO_2를 10MPa까지 압축한다. 가스냉각기의 출구는 30°C이며, 팽창밸브는 단열되어 있다. 각 구성 요소와 배관에서의 압력손실을 무시할 때, 다음 물음에 답하시오. (단, CO_2의 임계압력은 7,380kPa이고, 초임계 상태와 포화증기 물성치는 아래의 표와 같다) (총 12점)

[5급(기술) 공채 제2차시험(2012)]

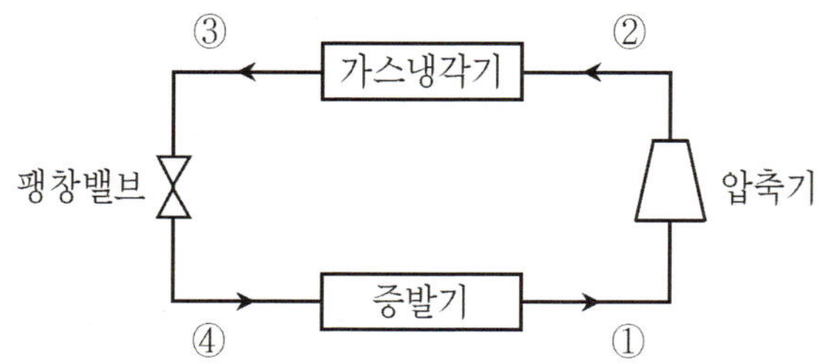

〈표1 : CO_2의 10MPa 초임계 상태 물성치〉

온도[°C]	비엔탈피[kJ/kg]	비엔트로피[kJ/kg · K]
30	−235.2	−1.517
40	−194	−1.384
50	−122.7	−1.159
60	−81.76	−1.034
70	−56.13	−0.9586
80	−35.93	−0.9006
90	−18.47	−0.8518
100	−2.642	−0.8088

〈표2 : CO_2의 포화증기 물성치〉

온도[°C]	압력[kPa]	비엔탈피[kJ/kg]	비엔트로피[kJ/kg · K]
0	3,485	−75.88	−0.8937

(1) $T-s$ 선도 상에 초임계 열펌프사이클을 표시하시오. (4점)

(2) 압축기 출구의 온도와 비엔탈피를 구하시오. (4점)

(3) 이 사이클의 난방 성적계수(COP)를 구하시오. (4점)

풀이 압축기는 가역단열과정(등엔트로피 과정)이고, 팽창밸브는 등엔탈피 과정이라고 가정한다. 표로부터 주어진 물성치는 다음과 같다.

- $h_1 = -75.88$ [kJ/kg], $s_1 = -0.8937$ [kJ/kg · K]
- $h_2 =$ (미지수), $T_2 =$ (미지수), $s_2 = s_1 = -0.8937$ [kJ/kg · K]
- $h_3 = -235.2$ [kJ/kg], $s_3 = -1.517$ [kJ/kg · K]
- $h_4 = h_3 = -235.2$ [kJ/kg]

(1) 주어진 열펌프사이클의 $T-s$ 선도는 [그림(1)]과 같다.

- 압축기(①→②) : 등엔트로피 과정($s_2 = s_1$)이고 냉매가 압축기 일을 받아서 임계점 이상으로 온도가 상승한다.
- 가스냉각기(②→③) : 열을 방출하고 온도와 엔트로피가 감소한다.
- 팽창밸브(③→④) : 엔탈피가 일정한 과정이다. 냉매가 팽창함에 따라 온도가 떨어지고 엔트로피가 증가한다.
- 증발기(④→①) : 열을 흡수하고 엔트로피가 증가한다. 이 과정은 습증기(포화액+포화증기) 영역에서 일어나므로 온도가 일정하다.

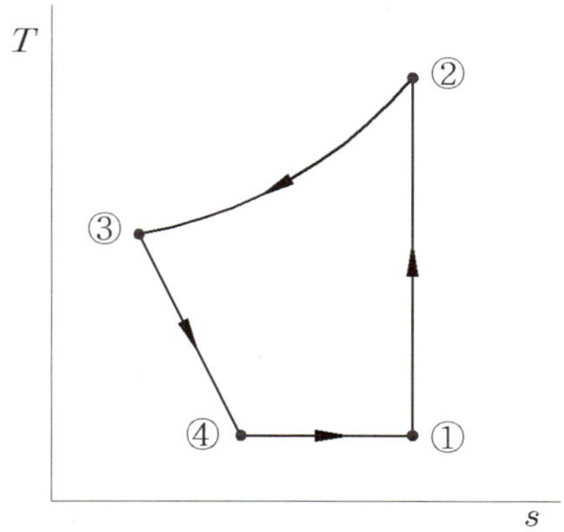

[그림(1)] 열펌프사이클의 $T-s$ 선도

참고로 [그림(2)]에 일반적으로 많이 사용하는 초임계냉동사이클의 $P-h$ 선도를 나타내었다. 그림은 가스 냉각기에서 냉각과정이 임계점 이상에서 일어난다는 것을 보여주고 있다.

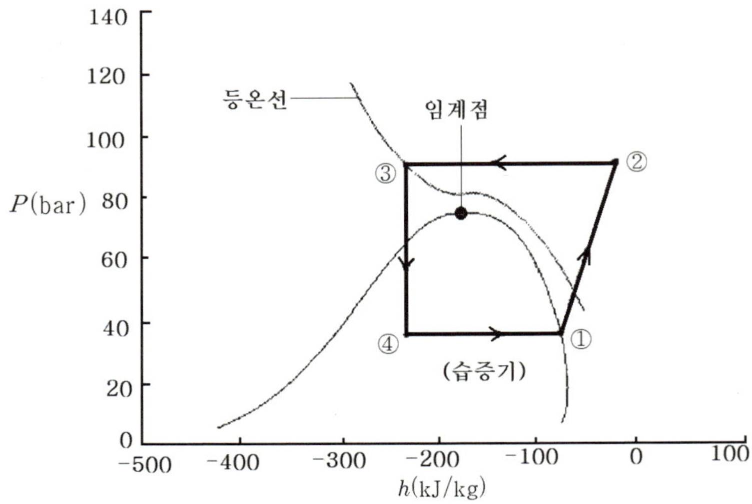

[그림(2)] 초임계 냉동사이클의 $P-h$ 선도

(2) 압축기 출구의 온도(T_2)와 비엔탈피(h_2) : 압축기 출구에서 비엔트로피 값 $s_2=-0.8937$ [kJ/kg · K]는 표에서 온도 80℃와 90℃ 사이에 있다. 여기에서 선형 보간법을 사용하여 T_2와 h_2를 구한다.
그림(3)에서 두 점 (x_1, y_1), (x_2, y_2)를 잇는 직선의 방정식은 다음과 같다.

$$y=\frac{y_2-y_1}{x_2-x_1}\times(x-x_1)+y_1$$

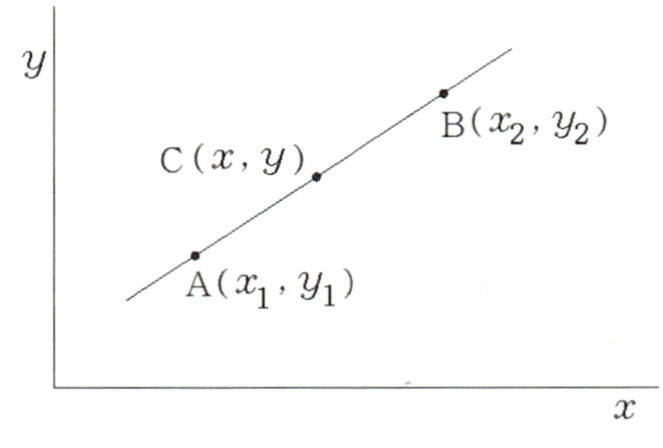

[그림(3)] 선형 보간법

온도 80℃와 90℃를 각각 점 A, B로 C점 온도를 구하면 C점 온도는 다음 세 점이 한 직선 위에 있을 때 온도(T_2)이다. 여기에서 x좌표 값은 각 점의 비엔트로피이고, y 좌표 값은 온도이다.

$$A(-0.9006, 80),\ C(-0.8937, T_2),\ B(-0.8518, 90)$$

$$T_2 = y = \frac{y_2 - y_1}{x_2 - x_1} \times (x - x_1) + y_1$$

$$= \frac{90 - 80}{-0.8518 - (-0.9006)} \times [-0.8937 - (-0.9006)] + 80$$

$$= 81.4[℃]$$

같은 방법으로 x좌표 값을 비엔트로피, y좌표 값을 비엔탈피로 하여 h_2를 구한다.

$$A(-0.9006, -35.93),\ C(-0.8937, h_2),\ B(-0.8518, -18.47)$$

$$h_2 = y = \frac{y_2 - y_1}{x_2 - x_1} \times (x - x_1) + y_1$$

$$= \frac{-18.47 - (-35.93)}{-0.8518 - (-0.9006)} \times [-0.8937 - (-0.9006)] + (-35.93)$$

$$= -33.46[kJ/kg]$$

(3) 사이클의 난방 성적계수(COP_H) : 난방이 목적이므로 가스 냉각기에서 외부로 방출하는 열량(q_H)이 얻고자 하는 열량이다. 압축기와 가스 냉각기에서 열역학 제 1법칙을 적용하면 단위질량당 압축기 일(w_c)과 q_H는

$$w_c = h_2 - h_1$$

$$q_H = h_2 - h_3$$

이고, 사이클의 난방 성적계수(COP_H)는 다음과 같다.

$$COP_H = \frac{q_H}{w_c} = \frac{h_2 - h_3}{h_2 - h_1}$$

$$= \frac{-33.46 - (-235.2)}{-33.46 - (-75.88)} = 4.76$$

[문제 10.4] 다음 그림과 같은 열펌프의 증발기에서 습공기 중 수분이 응축되어 제거된다. 건공기의 질량유량은 1.0kg/s, 건공기의 기체상수는 0.287kJ/kg·K, 수증기의 기체상수는 0.4615kJ/kg·K 이다. 증발기 입구 (1)과 출구 (2)의 상태가 그림과 같을 때 단위시간당 제거되는 수분의 양[kg/s]을 구하시오. (단, 건공기와 수증기는 이상기체로 생각한다) (10점) [5급(기술) 공채 제2차시험(2011)]

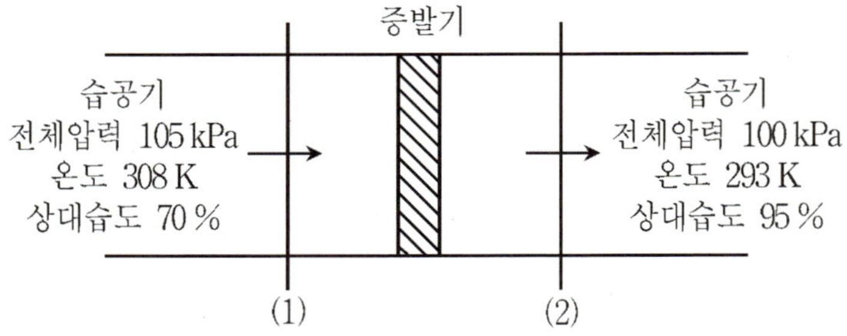

포화수증기 표	
온도(K)	포화증기압(kPa)
293	2.339
308	5.629

풀이 여기에서 첨자 a, v, g는 각각 건공기, 수증기, 포화공기를 나타내고, 1과 2는 입구와 출구를 나타낸다. 주어진 값은 다음과 같다.

- $P_1 = 105\,\text{kPa}$, $T_1 = 308\,\text{K}$, $\phi_1 = 0.7$, $P_{g,1} = P_{sat,1} = 5.629\,\text{kPa}$
- $P_2 = 100\,\text{kPa}$, $T_2 = 293\,\text{K}$, $\phi_2 = 0.95$, $P_{g,2} = P_{sat,2} = 2.339\,\text{kPa}$
- 건공기 질량유량 $\dot{m}_a = 1.0\,\text{kg/s}$
- 기체상수 $R_a = 0.287\,\text{kJ/kg}\cdot\text{K}$, $R_v = 0.4615\,\text{kJ/kg}\cdot\text{K}$

먼저 건공기와 수증기의 기체상수(R_a, R_v)로부터 절대습도(ω)는 다음과 같이 표현된다.

$$w=\frac{m_v}{m_a}=\frac{P_vV/R_vT}{P_aV/R_aT}=\left(\frac{R_a}{R_v}\right)\frac{P_v}{P_a}$$

$$=\left(\frac{0.287}{0.4615}\right)\frac{P_v}{P_a}=\frac{0.622P_v}{P_a}=\frac{0.622P_v}{P-P_v}$$

상대습도 ϕ일 때 수증기 분압 $P_v=\phi P_g$이므로 입구에서 절대습도(w_1)는

$$P_{v,1}=\phi_1P_{g,1}=0.7(5.629)=3.94[\mathrm{kPa}]$$

$$\therefore\ \ w_1=\frac{0.622P_{v,1}}{P_1-P_{v,1}}=\frac{0.622(3.94)}{105-3.94}$$

$$=0.0242[\mathrm{kg}수증기/\mathrm{kg}건공기]$$

이고, 출구에서 절대습도(w_2)는

$$P_{v,2}=\phi_2P_{g,2}=0.95(2.339)=2.22[\mathrm{kPa}]$$

$$\therefore\ \ w_2=\frac{0.622P_{v,2}}{P_2-P_{v,2}}=\frac{0.622(2.22)}{100-2.22}$$

$$=0.0141[\mathrm{kg}수증기/\mathrm{kg}건공기]$$

이다. 이때 입구와 출구에서 수분에 대한 질량 보존을 적용하면 다음과 같이 단위시간당 제거되는 수분의 양 $\dot{m}_w$[kg/s]가 구해진다.

$$\dot{m}_aw_1=\dot{m}_aw_2+\dot{m}_w$$

$$\therefore\ \ \dot{m}_w=\dot{m}_a(w_1-w_2)=1\times(0.0242-0.0141)=0.0101[\mathrm{kg/s}]$$

[Note] 원문에는 수증기의 기체상수를 $R_v=0.462\,\mathrm{kJ/kg\cdot K}$로 제시하였다. 이때는

$$w=\frac{m_v}{m_a}=\left(\frac{R_a}{R_v}\right)\frac{P_v}{P_a}=\left(\frac{0.287}{0.462}\right)\frac{P_v}{P_a}=\frac{0.621P_v}{P_a}$$

가 된다. 일반적으로 수증기의 기체상수 $R_v=0.4615\,\mathrm{kJ/kg\cdot K}$로 하고 계산된

$$w = \frac{m_v}{m_a} = \frac{0.622P_v}{P_a} \quad \cdots\cdots\cdots (\bigstar)$$

를 곧바로 사용한다. 또는 분자량(M)을 사용하면 $R = \overline{R}/M$이므로

$$w = \frac{m_v}{m_a} = \left(\frac{R_a}{R_v}\right)\frac{P_v}{P_a} = \left(\frac{M_v}{M_a}\right)\frac{P_v}{P_a} = \left(\frac{18.015}{28.97}\right)\frac{P_v}{P_a} = \frac{0.622P_v}{P_a}$$

이다.

[문제 10.5] **체적이 0.003m^3인 압력밥솥이 있다. 초기상태는 170kPa이고, 포화액체와 포화증기가 각각 절반씩의 체적을 차지하고 있다. 압력을 170kPa로 유지한 상태에서 1kW의 비율로 열을 가할 때 물이 완전히 증발하는 데 걸리는 시간을 다음 표를 이용하여 구하시오. (10점)**

[5급(기술) 공채 제2차시험(2011)]

포화수증기 표(P=170kPa)		
	포화액체	포화증기
비체적[m^3/kg]	0.001056	1.032
내부에너지[kJ/kg]	483.0	2,524
엔탈피[kJ/kg]	483.2	2,699

풀이 포화액체의 체적(V_f)은

$$V_f = \frac{0.003}{2} = 0.0015\,[\text{m}^3]$$

이고, 표로부터 포화액체와 포화증기의 엔탈피(h_f, h_g) 및 포화액체의 비체적(v_f)은 다음과 같다.

$$h_f = 483.2\,[\text{kJ/kg}], \quad h_g = 2,699\,[\text{kJ/kg}]$$

$$v_f = 0.001056\,[\text{m}^3/\text{kg}]$$

따라서 포화액체의 질량 $m_f = \dfrac{V_f}{v_f}$ 이고, 압력이 일정할 때 단위질량의 포화액체를 기화시키는 데 필요한 에너지는 증발잠열 $(h_g - h_f)$와 크기가 같으므로 다음과 같이 물이 완전히 증발하는 데 걸리는 시간(t)이 구해진다.

$$m_f(h_g - h_f) = (1\text{kW}) \times t$$

$$\frac{V_f}{v_f}(h_g - h_f) = (1\text{kW}) \times t$$

$$\therefore \ t = \frac{0.0015}{0.001056}(2,699 - 483.2) = 3147.4[\text{s}] = 52.47[\text{min}]$$

† 주어진 온도나 압력에서 단위 질량의 포화액체를 증발시키는 데 필요한 에너지의 양을 증발엔탈피(enthalpy of vaporization) 또는 증발잠열이(latent heat of vaporization)라 한다. [그림]의 온도-비체적 선도에서 단위질량의 포화액체를 포화증기로 변환하는 데 필요한 열량은 $h_g - h_f$ 라는 것을 쉽게 알 수 있다.

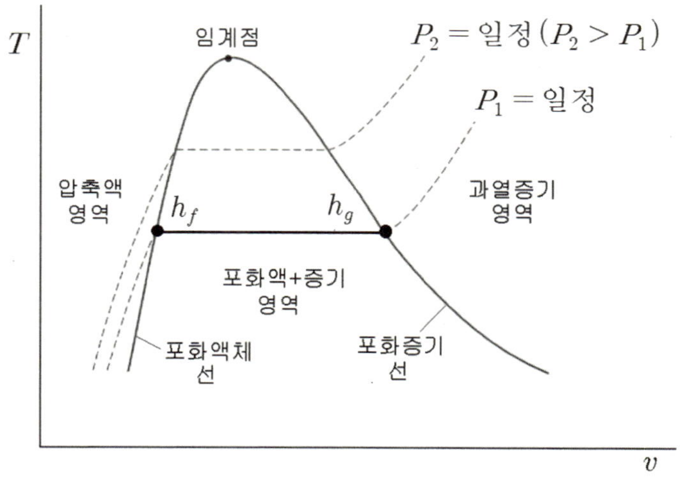

[그림] 순수 물질의 온도(T)-비체적(v) 선도

[문제 10.6] **온도 0℃, 포화액상태의 R-12가 10m/s 속도로 원관에 들어간다. 50℃ 열원으로부터 관으로 열이 전달되고 R-12는 온도 20℃, 속도 150m/s로 관의 출구를 나간다. 원관 직경이 0.00675m일 때, 다음 물음에 답하시오. (총 16점)** [행정고등고시(기술직) 제2차시험(2007)]

(1) 관 출구에서 R-12의 엔탈피를 구하시오. (5점)
(2) 열원으로부터 관에 전달된 열전달량(kW)을 구하시오. (4점)
(3) 관 입구와 출구사이에서 R-12의 엔트로피 변화를 구하시오. (3점)
(4) 이 과정이 가역적인지 비가역적인지 또는 불가능한지 판단하시오. (4점)

〈R-12 포화증기표〉

T ℃	P kPa	v_f m^3/kg	v_g m^3/kg	h_f kJ/kg	h_g kJ/kg	s_f kJ/kg·K	s_g kJ/kg·K
0	308.6	0.000716	0.05539	36.05	187.53	0.1420	0.6965
10	423.3	0.000733	0.04091	45.37	191.74	0.1752	0.6921
20	567.3	0.000752	0.03078	54.87	195.78	0.2078	0.6884

풀이 관의 입구와 출구를 각각 1, 2로 나타낸다. 주어진 값은 다음과 같다.

- $T_1 = 0℃,\ V_1 = 10\text{m/s},\ v_1 = v_f = 0.000716\,\text{m}^3/\text{kg}$
  $h_1 = h_f = 36.05\,\text{kJ/kg},\ s_1 = s_f = 0.142\,\text{kJ/kg}\cdot\text{K}$
- $T_2 = 20℃,\ V_2 = 150\text{m/s}$
- 열원 온도 $T_0 = 50℃ = 323\text{K}$
- 관 지름 $D = 0.00675\text{m}$

(1) 관 출구에서 R-12의 엔탈피 h_2 : 연속방정식으로부터 관 출구에서의 비체적(v_2)을 구하면

$$\dot{m} = \rho A V = \frac{AV}{v} = \frac{AV_1}{v_1} = \frac{AV_2}{v_2}$$

$$\therefore\ v_2 = \left(\frac{V_2}{V_1}\right)v_1 = \left(\frac{150}{10}\right)(0.000716) = 0.01074[\text{m}^3/\text{kg}]$$

이므로 관 출구에서 건도(x)는

$$v_2 = v_{2f} + x(v_{2g} - v_{2f})$$

$$\therefore\ x = \frac{v_2 - v_{2f}}{v_{2g} - v_{2f}} = \frac{0.01074 - 0.000752}{0.03078 - 0.000752} = 0.3326$$

이고, 출구에서 엔탈피(h_2)는 다음과 같다.

$$h_2 = h_{2f} + x(h_{2g} - h_{2f})$$
$$= 54.87 + 0.3326(195.78 - 54.87) = 101.74[\text{kJ/kg}]$$

(2) **열원으로부터 관에 전달된 열전달량 $\dot{Q}$** : 열역학 제1법칙으로부터 단위 질량당 전달 열량(q)은 다음과 같다.

$$q + h_1 + \frac{1}{2}V_1^2 = h_2 + \frac{1}{2}V_2^2$$

$$\therefore\ q = h_2 - h_1 + \frac{1}{2}(V_2^2 - V_1^2)$$
$$= 101.74 - 36.05 + \frac{1}{2}(150^2 - 10^2) \times \frac{1}{1000} = 76.89[\text{kJ/kg}]$$

여기에서 질량유량($\dot{m}$)은

$$\dot{m} = \frac{AV_1}{v_1} = \frac{\pi D^2}{4} \times \frac{V_1}{v_1}$$
$$= \frac{\pi(0.00675)^2}{4} \times \frac{10}{0.000716} = 0.4998[\text{kg/s}]$$

이므로 관에 전달된 총 열전달량($\dot{Q}$)은

$$\dot{Q} = \dot{m}q = 0.4998(76.89) = 38.43[\text{kW}]$$

이다.

(3) 관 입구와 출구사이에서 R-12의 엔트로피 변화 $\Delta\dot{S}$: 출구에서 단위 질량당 엔트로피(s_2)는

$$s_2 = s_{2f} + x(s_{2g} - s_{2f})$$
$$= 0.2078 + 0.3326(0.6884 - 0.2078) = 0.3676[\text{kJ/kg} \cdot \text{K}]$$

이고, 입구와 출구사이에서 총 엔트로피 변화($\Delta\dot{S}$)는 다음과 같다.

$$\Delta\dot{S} = \dot{m}(s_2 - s_1) = 0.4998(0.3676 - 0.142) = 0.1128[\text{kW/K}]$$

(4) 정상상태 정상유동에서 엔트로피 평형으로부터 단위 질량당 엔트로피 생성(s_{gen})을 구하면

$$\frac{q}{T_0} + s_1 - s_2 + s_{gen} = 0$$

$$\therefore \ s_{gen} = s_2 - s_1 - \frac{q}{T_0}$$
$$= 0.3676 - 0.142 - \frac{76.89}{323}$$
$$= -0.0124[\text{kJ/kg} \cdot \text{K}]$$

이다. 여기에서 엔트로피 생성 $s_{gen} < 0$이므로 이 과정은 열역학 2법칙에 어긋난다. 따라서 이 과정은 불가능한 과정이다.

[문제 10.7] 증기 터빈의 출력을 조절하는 방법의 하나는 증기가 터빈에 들어가기 전에 스로틀(throttle)장치에 의하여 증기의 압력을 조절하는 것이다. 증기 배관(스로틀 장치 입구)의 상태는 1MPa, 300℃ 이고 터빈 출구의 압력은 10kPa로 고정되어 있다. 스로틀 장치를 이용하여 전부하출력(스로틀 장치가 없는 경우)의 90%를 얻으려고 할 때, 다음 물음에 답하시오. (총 14점) (단, 터빈 내에서의 팽창은 가역단열적이라고 가정한다) [행정고등고시(기술직) 제2차시험(2007)]

(1) 스로틀 장치 입구를 ①, 스로틀 장치 출구 및 터빈 입구를 ②, 터빈 출구를 ③으로 하여 이 과정을 $h-s$ 선도에 도시하시오. (4점)

(2) 터빈의 단위 질량당 출력을 구하시오. (4점)

(3) 터빈 입구(스로틀 장치 출구)의 비엔탈피를 구하시오. (3점)

(4) 터빈 출구의 건도를 구하시오. (3점)

〈포화증기표〉

P kPa	v_f m^3/kg	v_g m^3/kg	h_f kJ/kg	h_g kJ/kg	s_f kJ/kg · K	s_g kJ/kg · K
10	0.001	14.674	192	2585	0.649	8.150

〈과열증기표〉

T ℃	P MPa	v m^3/kg	h kJ/kg	s kJ/kg · K
300	1	0.258	3051	7.123

풀이 표로부터

- $s_1 = 7.123[\text{kJ/kg} \cdot \text{K}]$, $h_1 = 3051[\text{kJ/kg}]$
- $s_{f,3} = 0.649[\text{kJ/kg} \cdot \text{K}]$, $s_{g,3} = 8.150[\text{kJ/kg} \cdot \text{K}]$

  $h_{f,3} = 192[\text{kJ/kg}]$, $h_{g,3} = 2585[\text{kJ/kg}]$

  $h_3 =$ (미지수)

(1) 과정의 $h-s$ 선도는 [그림]과 같다. 스로틀 장치를 이용할 때 얻는 터빈 동력이 전부하출력(스로틀 장치가 없는 경우)의 90%이므로 스로틀 장치에서 10%의 손실이 발생하였다. 즉, 과정 1→2는 등엔탈피 과정이 아니고 엔탈피가 감소한다. 그리고 터빈 내에서의 팽창은 가역단열적이므로 과정 2→3은 등엔트로피 과정($s_3 = s_2$)이다.

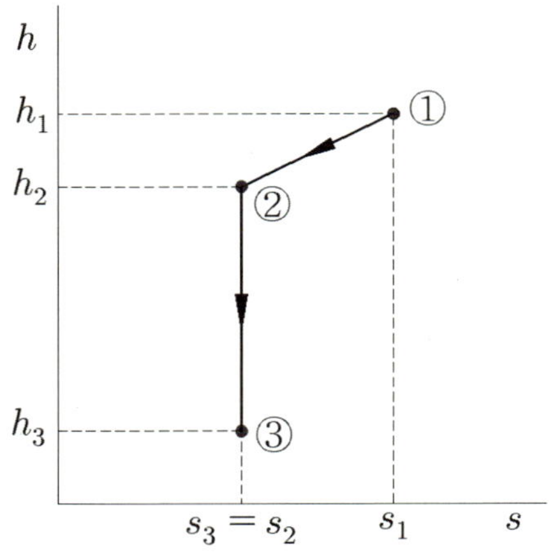

[그림] $h-s$ 선도

(2) **터빈의 단위 질량당 출력 w_t** : 스로틀 장치가 없을 때 터빈출구(③) 상태를 0으로 표시한다. 과정 1→0은 등엔트로피 과정이므로

$$s_0 = s_1 = 7.123[\text{kJ/kg}\cdot\text{K}]$$

이다. 이 값으로부터 터빈출구의 건도(x_0)를 구하면

$$s_0 = s_{f,3} + x_0(s_{g,3} - s_{f,3})$$

$$\therefore\ x_0 = \frac{s_0 - s_{f,3}}{s_{g,3} - s_{f,3}} = \frac{7.123 - 0.649}{8.15 - 0.649} = 0.863$$

이고, 터빈출구의 비엔탈피(h_0)는

$$h_0 = h_{f,3} + x_0(h_{g,3} - h_{f,3})$$
$$= 192 + 0.863(2585 - 192) = 2257[\text{kJ/kg}]$$

이다. 이때 터빈에서 열역학 제1법칙을 적용하여 단위 질량당 전부하 출력(w_0, 스로틀 장치가 없는 경우)을 구하면

$$w_0 = h_1 - h_0 = 3051 - 2257 = 794[\text{kJ/kg}]$$

이고, 전부하출력(스로틀 장치가 없는 경우)의 90%를 얻는 터빈의 단위 질량당 출력(w_t)은 다음과 같다.

$$w_t = 0.9w_0 = 0.9(794) = 715[\text{kJ/kg}]$$

(3) 터빈 입구(스로틀 장치 출구)의 비엔탈피 h_2 : 스로틀 장치가 없을 때 터빈 출구의 비엔탈피(h_0)를 이용한다. 스로틀 장치에서 10%의 손실이 발생하였으므로

$$h_1 - h_2 = 0.1(h_1 - h_0)$$
$$\therefore\ h_2 = h_1 - 0.1(h_1 - h_0)$$
$$= 3051 - 0.1(3051 - 2257) = 2972[\text{kJ/kg}]$$

(4) 터빈 출구의 건도 x_3 : 터빈에서 열역학 제1법칙을 적용하면

$$h_2 = h_3 + w_t$$
$$\therefore\ h_3 = h_2 - w_t$$
$$= 2972 - 715 = 2257[\text{kJ/kg}]$$

이고, 이 값으로부터 건도(x_3)가 구해진다.

$$h_3 = h_{f,3} + x_3(h_{g,3} - h_{f,3})$$
$$\therefore\ x_3 = \frac{h_3 - h_{f,3}}{h_{g,3} - h_{f,3}} = \frac{2257 - 192}{2585 - 192} = 0.863$$
$$x_3 = x_0$$

[문제 10.8] R-12를 사용하는 냉동 사이클에서 냉매의 유량은 0.2kg/s이다. 냉매증기는 압축기 입구에서 100kPa, −10℃, 출구에서 1.0MPa, 80℃ 이다. 압축과정은 단열이 아니며 소요동력이 10.5kW로 측정되었다. 냉매는 팽창밸브 입구에서 0.96MPa, 35℃ 이고, 출구에서 100kPa이다. 증발기 출구는 100kPa, −15℃ 이며 주위온도는 15℃ 이다. 운동에너지는 무시하고 다음 증기표를 참고하여 아래의 값을 구하시오. (총 35점) [행정고등고시(기술직) 제2차시험(2004)]

상 태	h(kJ/kg)	s(kJ/kg·K)
100kPa, −15℃ 과열증기	182.92	0.7520
100kPa, −10℃ 과열증기	185.84	0.7633
1.0MPa, 80℃ 과열증기	232.91	0.7695
0.85MPa, 35℃ 포화액	69.55	0.2559
0.96MPa, 40℃ 포화액	74.59	0.2718

(1) 냉동능력 (10점)

(2) 성능계수 (5점)

(3) 압축기에서 주위로의 열전달률 (10점)

(4) 압축기에서 엔트로피 생성률 (단, 열전달에 의한 엔트로피 변화 계산 시 주위 온도를 이용하시오) (10점)

풀이 주어진 값과 냉동사이클의 구성은 [그림]과 같다. 냉매유량 $\dot{m}=0.2\text{kg/s}$ 이다.

(1) 냉동능력 $\dot{Q}_L$: 팽창밸브 입구 3에서 상태가 (0.96MPa, 35℃)이다. 그런데 주어진 증기표에는 이 상태의 값이 없고, 이에 가장 가까운 두 상태는 (0.85MPa, 35℃)와 (0.96MPa, 40℃)이다. 순수물질의 상태량에서 압축액체의 비체적과 비엔탈피 등은 같은 온도에서 포화액체의 비체적과 비엔탈피에 가깝다. 따라서 여기에서 상태 (0.85MPa, 35℃)의 비엔탈피 값을 취하여

$$h_3 = 69.55\,[\text{kJ/kg}]$$

로 가정한다. 이때 팽창밸브에서 등엔탈피 과정이므로 팽창밸브 출구 4에서 비엔탈피는

$$h_4 = h_3 = 69.55[\text{kJ/kg}]$$

이고, 증발기 출구 5(100kPa, −15℃)에서 비엔탈피는 증기표에서

$$h_5 = 182.92[\text{kJ/kg}]$$

이다. 따라서 열역학 제1법칙으로부터 증발기에서 단위질량당 냉각열량(q_L)은

$$q_L = h_5 - h_4 = 182.92 - 69.55 = 113.37[\text{kJ/kg}]$$

이고, 냉동능력($\dot{Q}_L$)은 다음과 같다.

$$\dot{Q}_L = \dot{m}q_L = 0.2(113.37) = 22.674[\text{kW}]$$

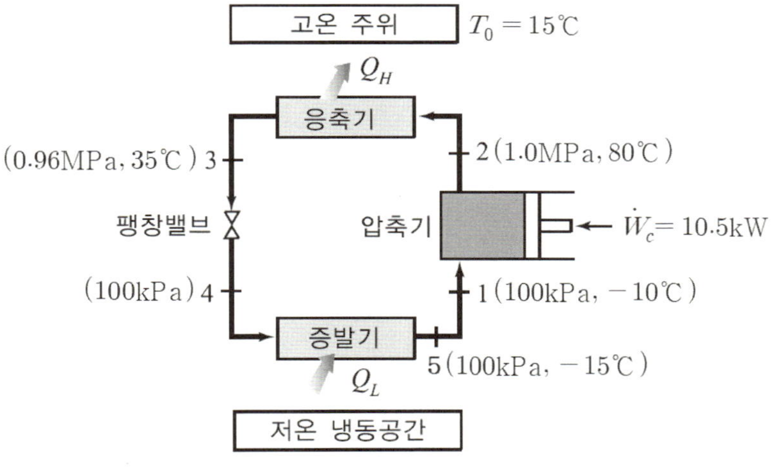

[그림] 증기압축 냉동사이클의 구성

(2) **성능계수** COP_R : 압축기 소요동력 $\dot{W}_c$=10.5kW이므로 냉동사이클의 성능계수는

$$\mathrm{COP_R} = \frac{\dot{Q}_L}{\dot{W}_c} = \frac{22.674}{10.5} = 2.16$$

이다.

(3) **압축기에서 주위로의 열전달률** $\dot{Q}_0$: 압축기 입구와 출구 1, 2에서 냉매의 엔탈피는 증기표에서

$$h_1 = 185.84\,[\mathrm{kJ/kg}], \quad h_2 = 232.91\,[\mathrm{kJ/kg}]$$

이고, 단위 질량당 압축기 일(w_c)은

$$w_c = \frac{\dot{W}_c}{\dot{m}} = \frac{10.5}{0.2} = 52.5\,[\mathrm{kJ/kg}]$$

이다. 따라서 열역학 제1법칙으로부터 압축기에서 주위로의 단위질량당 전달열량(q_0)은

$$h_1 + w_c = h_2 + q_0$$
$$\therefore \quad q_0 = h_1 + w_c - h_2 = 185.84 + 52.5 - 232.91 = 5.43\,[\mathrm{kJ/kg}]$$

이고, 총 열전달률($\dot{Q}_0$)은 다음과 같다.

$$\dot{Q}_0 = \dot{m}q_0 = 0.2(5.43) = 1.086\,[\mathrm{kW}]$$

(4) **압축기에서 엔트로피 생성률** $\dot{S}_{gen}$: 증기표로부터 압축기 입구와 출구 1, 2에서 냉매의 엔트로피는

$$s_1 = 0.7633\,[\mathrm{kJ/kg \cdot K}], \quad s_2 = 0.7695\,[\mathrm{kJ/kg \cdot K}]$$

이다. 정상상태라 가정하고 압축기를 계로 선택하여 엔트로피 평형을 적용하면 단위질량당 엔트로피 생성(s_{gen})은

$$s_1 - s_2 - \frac{q_0}{T_0} + s_{gen} = ds_{\text{압축기}}/dt = 0$$

$$\therefore \ s_{gen} = s_2 - s_1 + \frac{q_0}{T_0}$$

$$= 0.7695 - 0.7633 + \frac{5.43}{15+273} = 0.025\,[\text{kJ/kg}\cdot\text{K}]$$

이고, 엔트로피 생성률($\dot{S}$)은 다음과 같다.

$$\dot{S}_{gen} = \dot{m}\,s_{gen} = 0.2 \times 0.025 = 0.005\,[\text{kW/K}]$$

[Note] [그림]의 온도-비체적 선도에서 점 A의 비체적은 동일한 압력 C보다 동일한 온도 B의 비체적에 가깝다는 것을 알 수 있다. 압축액의 상태량들은 압력보다 온도에 더 크게 의존하므로 압축액 자료가 없는 경우에는 일반적으로 '**압축액을 같은 온도에서 포화액체로 취급한다.**'

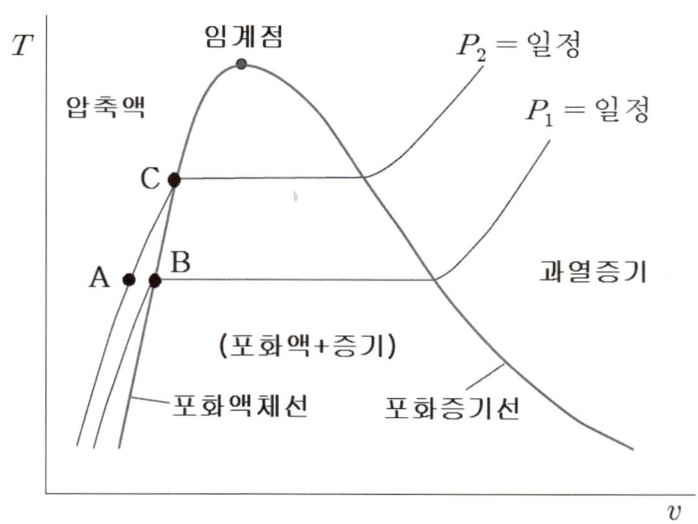

[그림] 순수 물질의 온도(T)-비체적(v) 선도

[문제 10.9] **이슬점온도의 정의를 기술하고 $T-s$ 선도를 이용하여 설명하시오. 또한 습공기 선도를 이용할 때 임의의 공기 온도(T_1)에서 이슬점온도(T_{dp})를 구하는 과정을 설명하시오. (15점)**

[행정고등고시(기술직) 제2차시험(2004)]

풀이 (1) 이슬점온도(dew-point temperature, 노점온도, T_{dp})는 공기가 일정한 압력에서 냉각될 때 응축이 시작되는 온도이다. 다른 표현으로 이슬점온도는 증기압력에서 물의 포화온도이다.

$$T_{dp} = T_{sat\,@\,P_v}$$

[그림(1)]은 물의 $T-s$ 선도이다. 증기는 혼합물의 온도와 분압(수증기압)으로 정해지는 상태 1의 과열증기이다. 일정한 압력에서 증기가 냉각되면 점 2에 도달할 때까지 수증기압 P_v는 일정하게 유지되고 그 후에는 응축이 시작된다. 상태 2의 온도가 이슬점온도이다. 즉, 공기 중의 증기(상태 1)는 포화증기선(상태 2)과 만나기 전까지 정압 냉각과정을 이행하고, 온도가 더욱더 내려가면(이슬점 이하로) 수증기 일부가 응축된다. 이에 따라 공기 중 수증기압 P_v가 감소한다. 응축과정 중인 공기는 포화상태이므로 100% 상대습도(포화증기선)의 경로를 따른다. 포화공기의 일반적인 온도와 이슬점 온도는 같다.

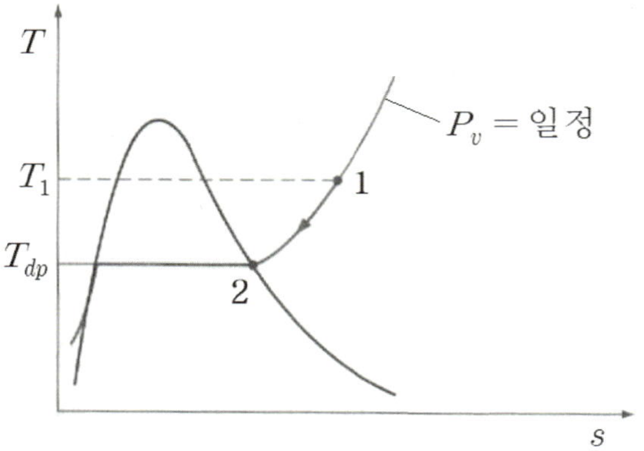

[그림(1)] 물의 $T-s$ 선도에서 습공기의 정압냉각과 이슬점 온도

(2) [그림(2)]는 가로축에 건구온도(T), 세로축에 절대습도(w)를 나타낸 습공기선도이다. 이 습공기선도에서 주어진 공기 온도(건구온도) T_1에서 위로 수직선을 그어 주어진 비체적, 상대습도, 절대습도 등과 만나는 점을 찾는다. 그리고 이 점에서 왼쪽으로 수평선을 그었을 때 포화선과 만나는 점의 온도가 이슬점온도(T_{dp})이다.

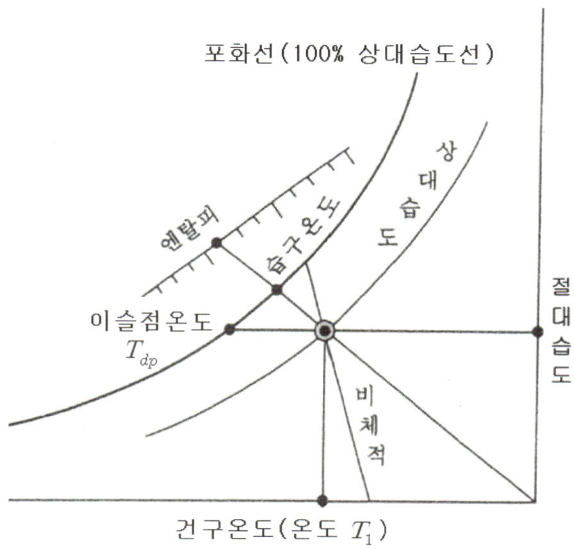

[그림(2)] 습공기선도($T-w$ 선도)

설명 •• 습공기선도, 절대습도, 상대습도

(1) **습공기선도** : 습공기의 절대습도(비습도), 상대습도, 엔탈피, 노점온도, 비체적, 건구온도, 습구온도 등 열역학적 성질을 선도로 나타낸 것을 습공기선도(psychrometric chart)라 한다. 습공기선도에는 세로축에 엔탈피 h, 가로축에 절대습도 w를 나타내는 $h-w$선도와 세로축에 절대습도 w, 가로축에 건구온도 T를 나타내는 $w-T$선도 등이 있다.

(2) **절대습도(absolute humidity)** : 비습도(specific humidity) 또는 습도비라고도 하며 단위 질량당 건공기 중의 수증기의 질량을 나타낸다. 대기는 건공기(dry air)라 부르는 질소, 산소 등의 혼합물에 수증기가 포함된 혼합기체로 존재하며 이것을 습공기라 한다. 습공기 m(kg) 중의 건공기와 수

증기의 질량을 각각 m_a(kg), m_v(kg)라 하면 절대습도 w는 다음과 같이 정의된다.

$$w = \frac{m_v}{m_a}$$

(3) **상대습도(relative humidity)** : 보통 대기 중의 수증기는 과열 상태에 있지만 수증기의 분압이 그 습공기의 온도에 대한 포화수증기압과 같게 되면 습공기는 포화상태가 되어 더 이상 수증기를 함유할 수 없게 된다(포화수증기). 이러한 상태에서 공기는 수분으로 포화되었다고 하고 이 공기를 포화공기(saturated air)라 한다. 이때는 어떤 수분도 포화공기에 유입되면 응축되어 물이 된다.
공기 중 수분의 양은 환경에서 느끼는 쾌적함에 큰 영향을 미친다. 이 쾌적함의 정도는 공기가 포함할 수 있는 최대 수분의 양 m_g(kg)에 대한 동일 온도에서 공기가 가지고 있는 수분의 양 m_v(kg)에 좌우된다. 이 두 양의 비를 상대습도(ϕ)라 한다.

$$\phi = \frac{m_v}{m_g} = \frac{P_v}{P_g}$$

여기에서 P_v는 수증기의 분압이고, P_g는 그 온도에서의 물의 포화압력이다 : $P_g = P_{sat\,@\,T}$.

[문제 10.10] **체적이 500L인 탱크에 200℃의 물이 체적비로 50%의 포화액체와 50%의 포화증기로 차 있다. 탱크의 바닥에 있는 밸브를 열어 물을 서서히 배출한다. 배출하는 동안 온도를 일정하게 유지하기 위해 열을 가한다. 초기 질량의 절반이 빠져나갈 때까지 가한 열량을 구하시오. 단, 200℃ 포화수증기의 상태량은 다음과 같다. (20점)**

[기술고등고시 제2차시험(2003)]

- 포화액 비체적 $0.001156\text{m}^3/\text{kg}$
- 포화증기 비체적 $0.1273\text{m}^3/\text{kg}$
- 포화액 내부에너지 850.6kJ/kg
- 포화증기 내부에너지 2,595kJ/kg
- 포화액 엔탈피 852.4kJ/kg
- 포화증기 엔탈피 2,793kJ/kg

풀이 초기상태를 1, 최종상태를 2, 출구상태를 e로 표시한다. 일정한 탱크의 부피 $V = 500\text{L} = 0.5\text{m}^3$이다. 먼저 초기상태에서 포화액체($m_f$)와 포화증기($m_g$)의 질량 및 총 질량($m_1$)을 구하면

$$m_f = \frac{V/2}{v_f} = \frac{0.5/2}{0.001156} = 216.3[\text{kg}]$$

$$m_g = \frac{V/2}{v_g} = \frac{0.5/2}{0.1273} = 1.964[\text{kg}]$$

$$m_1 = m_f + m_g = 216.3 + 1.964 = 218.26[\text{kg}]$$

이고, 초기상태의 총 내부에너지(U_1)는

$$U_1 = m_f u_f + m_g u_g$$
$$= 216.3(850.6) + 1.964(2595) = 189,081[\text{kJ}]$$

이다. 이때 주어진 조건으로부터 탱크를 빠져나가는 질량(m_e)과 최종상태 질량(m_2)은 다음과 같다.

$$m_e = \frac{m_1}{2} = \frac{218.26}{2} = 109.13[\text{kg}]$$

$$m_2 = m_1 - m_e = \frac{m_1}{2} = 109.13\,[\text{kg}]$$

그리고 최종상태 질량과 부피로부터 최종상태 건도(x)를 구하면

$$v_2 = \frac{V}{m_2} = v_f + x(v_g - v_f)$$

$$\therefore \quad x = \frac{V/m_2 - v_f}{v_g - v_f} = \frac{0.5/109.13 - 0.001156}{0.1273 - 0.001156} = 0.0272$$

이므로 최종상태 비내부에너지(u_2)는

$$\begin{aligned} u_2 &= u_f + x(u_g - u_f) \\ &= 850.6 + 0.0272(2595 - 850.6) = 898\,[\text{kJ/kg}] \end{aligned}$$

이고, 열역학 제 1법칙으로부터 다음과 같이 초기 질량의 절반이 빠져나갈 때까지 가한 열량(Q)이 구해진다.

$$U_1 + Q = m_e h_e + m_2 u_2$$

$$\begin{aligned} \therefore \quad Q &= m_e h_e + m_2 u_2 - U_1 \\ &= 109.13(852.4 + 898) - 189{,}081 = 1940\,[\text{kJ}] \end{aligned}$$

이상에서 빠져나가는 물의 엔탈피 $h_e = h_f$이다.

제11장 화학반응과 화학평형

[문제 11.1] 정상 상태로 작동되는 개질기에 이산화탄소(CO_2)와 메탄(CH_4)이 7 : 3의 몰(mol)비로 유입된다. 입구온도는 298K이며 개질기 전체가 1.013bar의 압력으로 일정하게 유지된다. 반응물의 부피 유량은 20L/min이고, 개질기에서 배출되는 생성물의 성분은 다음 표와 같으며 출구온도는 1,000K으로 유지된다. 물음에 답하시오. (단, 모든 기체는 이상기체로 가정할 수 있고, 기체상수는 8.314kJ/kmol · K이다) (총 15점)

[국가공무원 5급(기술) 제2차시험(2017)]

분자	출구조성 [mol%]	분자량 [kg/kmol]	생성 엔탈피, $\overline{h}_f^0$(298K) [kJ/kmol]	엔탈피 차이, $\overline{h}$(1,000K)− $\overline{h}^0$(298K) [kJ/kmol]
CO_2	30.4	44.01	−393,522	33,397
CH_4	8.2	16.04	−74,873	38,179
CO	34.2	28.01	−110,530	21,690
H_2	20.3	2.02	0	20,680
H_2O	6.9	18.02	−241,826	26,000

(1) 반응물의 질량 유량[kg/min]을 구하시오. (4점)

(2) 출구에서 부피 유량[L/min]을 구하시오. (5점)

(3) 개질기로 공급되는 에너지가 1.5kW일 때 개질기의 열역학적 효율을 구하시오. (6점)

풀이 개질기 입구와 출구를 각각 i, e로 나타내고, CO_2, CH_4, CO, H_2, H_2O를 순서대로 각각 첨자 1, 2, 3, 4, 5로 표시한다. $y_{i,k}$와 $y_{e,k}$는 몰분율이다.

- 입구 : $y_{i,1}=0.7$, $y_{i,2}=0.3$
  $T_i=298\text{K}$, $P_i=1.013\text{bar}=101.3\text{kPa}$
  (부피 유량 $\dot{V}_i=20\text{L/min}=0.02\text{m}^3/\text{min}$)
- 출구 : $y_{e,1}=0.304$, $y_{e,2}=0.082$, $y_{e,3}=0.342$,
  $y_{e,4}=0.203$, $y_{e,5}=0.069$
  $T_e=1000\text{K}$, $P_e=1.013\text{bar}=101.3\text{kPa}$
- 개질기로 공급되는 에너지 $\dot{W}_{in}=1.5\text{kW}$
- 일반기체상수 $\overline{R}=8.314\text{kJ/kmol}\cdot\text{K}$

(1) **반응물의 질량 유량 $\dot{m}_i$[kg/min]** : 이상기체 상태방정식 $PV=n\overline{R}T$와 입구 조건으로부터 몰 유량($\dot{n}_i$)을 구하면

$$\dot{n}_i=\frac{P_i\dot{V}_i}{\overline{R}T_i}=\frac{101.3(0.02)}{8.314(298)}=8.177\times10^{-4}[\text{kmol/min}]$$

이고, 질량 유량($\dot{m}_i$)은 다음과 같다.

$$\begin{aligned}\dot{m}_i&=\dot{n}_i(y_{i,1}M_1+y_{i,2}M_2)\\&=(8.177\times10^{-4})\times(0.7\times44.01+0.3\times16.04)\\&=2.913\times10^{-2}[\text{kg/min}]\end{aligned}$$

이상에서 몰수 $n=m/M$, 질량 $m=nM$이다.

(2) **출구에서 부피 유량 $\dot{V}_e$[L/min]** : 출구에서 혼합기체의 총 몰 유량을 $\dot{n}_e$라 하고, 질량 보존 법칙을 적용하면

$$\dot{m}_i = \dot{m}_e = \dot{n}_e(y_{e,1}M_1 + y_{e,2}M_2 + y_{e,3}M_3 + y_{e,4}M_4 + y_{e,5}M_5)$$

$$\therefore \ \dot{n}_e = \frac{\dot{m}_i}{y_{e,1}M_1 + y_{e,2}M_2 + y_{e,3}M_3 + y_{e,4}M_4 + y_{e,5}M_5}$$

$$= \frac{2.913 \times 10^{-2}}{0.304(44.01) + 0.082(16.04) + 0.342(28.01) + 0.203(2.02) + 0.069(18.02)}$$

$$= 1.124 \times 10^{-3}[\text{kmol/min}]$$

이고, 부피 유량($\dot{V}_e$)은

$$\dot{V}_e = \frac{\dot{n}_e \overline{R} T_e}{P_e} = \frac{(1.124 \times 10^{-3})(8.314)(1000)}{101.3}$$

$$= 92.25 \times 10^{-3}[\text{m}^3/\text{min}] = 92.25[\text{L/min}]$$

이다. 여기에서 $1\text{L} = 1000\text{cm}^3 = 10^{-3}\text{m}^3$이다.

(3) 개질기의 열역학적 효율 η_{th} : 정상유동에 대한 에너지 보존 법칙으로부터

$$\dot{W}_{in} + \dot{n}_i \sum_{k=1}^{2} y_{i,k}\left(\overline{h_f^0} + \overline{h} - \overline{h^0}\right)_{i,k} = \dot{Q}_{out} + \dot{n}_e \sum_{k=1}^{5} y_{e,k}\left(\overline{h_f^0} + \overline{h} - \overline{h^0}\right)_{e,k}$$

이다. 여기에서

$$\dot{H}_{in} = \dot{n}_i \sum_{k=1}^{2} y_{i,k}\left(\overline{h_f^0} + \overline{h} - \overline{h^0}\right)_{i,k}$$

$$= 8.177 \times 10^{-4}[0.7(-393{,}522 + 0) + 0.3(-74{,}873 + 0)]$$

$$= -243.6[\text{kJ/min}] = -\frac{243.6}{60}[\text{kW}] = -4.060[\text{kW}]$$

$$\dot{H}_{out} = \dot{n}_e \sum_{k=1}^{5} y_{e,k}\left(\overline{h_f^0} + \overline{h} - \overline{h^0}\right)_{e,k}$$

$$= 1.124 \times 10^{-3}[0.304(-393{,}522 + 33{,}397) + 0.082(-74{,}873 + 38{,}179) + 0.342(-110{,}530 + 21{,}690) + 0.203(0 + 20{,}680)$$

$$+0.069(-241,826+26,000)]$$

$$=-172.6[\text{kJ/min}]=-\frac{172.6}{60}[\text{kW}]=-2.877[\text{kW}]$$

이므로, 방출열량($\dot{Q}_{out}$)은

$$\dot{Q}_{out}=\dot{W}_{in}+\dot{H}_{in}-\dot{H}_{out}$$
$$=1.5-4.06-(-2.877)=0.317[\text{kW}]$$

이다. 따라서 개질기의 열역학적 효율(η_{th})은 다음과 같다.

$$\eta_{th}=\frac{\dot{Q}_{out}}{\dot{W}_{in}}=\frac{0.317}{1.5}=0.211=21.1\%$$

† **개질기** : 천연가스, 메탄올, 석탄, 석유 등과 같은 화석연료를 수소연료로 변환시키는 장치이다. 연료 개질기의 효율은 가열기 열량과 연료의 열량(연료의 저위발열량+공급된 열량)에 대한 생성되는 수소의 열량(수소의 저위 발열량)의 비로 나타낸다.

설명 •• 몰분율과 질량

혼합물의 총질량과 몰수를 각각 m_0, n_0라 하면 몰수 n_i인 혼합물 성분의 몰분율(y_i)은

$$y_i=\frac{n_i}{n_0} \quad \cdots\cdots ①$$

이다. 따라서 몰수의 정의 $n=\frac{m}{M}$으로부터 질량 $m=nM$이므로 몰수 n_i인 혼합물 성분의 질량(m_i)과 몰분율(y_i)의 관계는 다음과 같다.

$$m_i=n_iM_i=n_0y_iM_i \quad \cdots\cdots ②$$

여기에서 M_i는 혼합물 성분의 분자량이다. 식 ②로부터 k개의 성분으로 구성

된 혼합물의 총질량(m_0)은 다음 식으로 표현된다.

$$m_0 = \sum_{i=1}^{k}(n_0 y_i M_i) = n_0(y_1 M_1 + y_2 M_2 + \cdots y_k M_k) \cdots\cdots\cdots\cdots ③$$

화학반응이 일어나도 질량은 보존된다. 그러나 반응물의 전체 몰수는 생성물의 전체 몰수와 같지 않다. 즉, 화학반응이 일어나면 몰수는 보존되지 않는다는 것에 주의한다. 몰수가 보존된다면 위 문제에서 압력이 일정하므로 (2)에서 부피유량은

$$\dot{V}_e = \left(\frac{T_e}{T_i}\right)\dot{V}_i = \left(\frac{1000}{298}\right)(20) = 67.1\,[\mathrm{L/min}]$$

이다. 이것은 (2)의 값과 차이가 크다.

설명 ·· 반응계의 열역학 제1법칙

(1) 정상 유동 계

계를 구성하는 요소의 엔탈피(h)는 단위 몰 기준으로 다음과 같다.

$$h = \overline{h_f^0} + (\overline{h} - \overline{h^0})\ \ [\mathrm{kJ/kmol}] \cdots\cdots\cdots\cdots ①$$

여기에서 괄호 안의 항은 표준기준 상태에 대한 현열 엔탈피, 즉 주어진 상태에서 현열 엔탈피 $\overline{h}$와 25℃ (298K), 1기압의 표준상태 현열 엔탈피 $\overline{h^0}$의 차이이고, $\overline{h_f^0}$는 표준기준 상태에서 형성엔탈피(enthalpy of formation)이다. 이하에서 상첨자 0는 표준 기준상태[25℃ (298K), 1기압]에서 상태량을 나타낸다.

운동에너지와 위치에너지를 무시하면 화학반응이 있는 정상 유동 계의 에너지 보존 식은 다음과 같다.

$$\begin{aligned}&\dot{Q}_{in} + \dot{W}_{in} + \sum \dot{n}_r(\overline{h_f^0} + \overline{h} - \overline{h^0})_r \\ &\quad = \dot{Q}_{out} + \dot{W}_{out} + \sum \dot{n}_p(\overline{h_f^0} + \overline{h} - \overline{h^0})_p \cdots\cdots\cdots\cdots ②\end{aligned}$$

식 ②에서 $\dot{n}_r$과 $\dot{n}_p$는 각각 반응물(r, reaction)과 생성물(p, production)의 몰 유동률이다.

일반적인 연소에서는 연료의 단위 몰 기준으로 반응계를 해석하는 것이 편리하다. 따라서 연료의 몰 유동률로 식 ②의 각 항을 나눠주면

$$Q_{in} + W_{in} + \sum N_r(\overline{h_f^0} + \overline{h} - \overline{h^0})_r$$
$$= Q_{out} + W_{out} + \sum N_p(\overline{h_f^0} + \overline{h} - \overline{h^0})_p \quad \cdots\cdots ③$$

가 된다. 여기에서 N_r과 N_p는 각각 연료의 단위 몰당 반응물(r)과 생성물(p)의 몰수이다. 연료에 대해서는 $N_r = 1$이고, 연료가 아닌 원소에 대해서는 연소식으로부터 N_r과 N_p를 구할 수 있다.

계로 유입되는 열(Q)과 계가 수행하는 일(W)을 양(+)으로 잡으면 식 ③의 에너지 평형 식을 다음과 같이 간단하게 나타낼 수 있다.

$$Q + \sum N_r(\overline{h_f^0} + \overline{h} - \overline{h^0})_r = W + \sum N_p(\overline{h_f^0} + \overline{h} - \overline{h^0})_p \quad \cdots\cdots ④$$

$$Q + H_r = W + H_p \ \ [\text{kJ/kmol fuel}] \quad \cdots\cdots ⑤$$

식 ⑤에서

$$H_r = \sum N_r(\overline{h_f^0} + \overline{h} - \overline{h^0})_r \ \ [\text{kJ/kmol fuel}] \quad \cdots\cdots ⑥$$

$$H_p = \sum N_p(\overline{h_f^0} + \overline{h} - \overline{h^0})_p \ \ [\text{kJ/kmol fuel}] \quad \cdots\cdots ⑦$$

이다. 어떤 화학반응에 대해 연소엔탈피 $\overline{h_C^0}$가 주어진다면 단위 몰당 정상유동 에너지 식은 다음과 같다.

$$Q + \sum N_r(\overline{h} - \overline{h^0})_r$$
$$= \overline{h_C^0} + W + \sum N_p(\overline{h} - \overline{h^0})_p \ \ [\text{kJ/kmol}] \quad \cdots\cdots ⑧$$

일반적으로 대부분의 정상유동 연소과정은 일을 동반하지 않으므로 위 식에서 일은 제외된다($W = 0$). 또한 연소실에서 열을 주위로 방출하지만 흡수하지 않으므로 연소과정의 에너지 평형 식은 다음과 같이 표현된다.

$$Q_{out} = \sum N_r(\overline{h_f^0} + \overline{h} - \overline{h^0})_r - \sum N_p(\overline{h_f^0} + \overline{h} - \overline{h^0})_p \cdots\cdots\cdots\cdots ⑨$$

식 ⑨는 연소실에서 방출되는 열량은 연소실에 들어가는 반응물과 나가는 생성물의 에너지 차이와 같다는 것을 나타낸다.

이상의 식은 복잡해 보이지만 $h = \overline{h_f^0} + (\overline{h} - \overline{h^0})$[kJ/kmol]이고 열역학 제1법칙으로부터

$$Q_{in} + W_{in} + \sum N_{in} h_{in} = Q_{out} + W_{out} + \sum N_{out} h_{out}$$

일 뿐이다. 여기에서 주의해야 할 점은 몰수는 보존되지 않으므로

$$N_{in,\,total} \neq N_{out,\,total}$$

위 식을 단위 몰에 대한 식으로 표현하기가 어렵다는 것이다.

(2) 밀폐계

밀폐계의 에너지 평형식($E_{in} = E_{out} + \Delta E_{system}$)을 화학반응이 있는 밀폐계에 적용하면 다음과 같다.

$$Q_{in} + W_{in} + U_r = Q_{out} + W_{out} + U_p \cdots\cdots\cdots\cdots\cdots\cdots\cdots\cdots ⑩$$

여기에서 U_r과 U_p는 각각 반응물과 생성물의 내부에너지이다. 식 ⑩에서 계로 유입되는 순 열량과 계가 수행하는 순 일을 각각 Q, W라고 하면 식 ⑩은 다음과 같이 표현된다.

$$Q + U_r = W + U_p \cdots\cdots\cdots\cdots\cdots\cdots\cdots\cdots\cdots\cdots\cdots\cdots ⑪$$

식 ⑪에서 형성 내부에너지 $\overline{u_f^0}$와 같은 또 다른 상태량을 사용하지 않기 위해 엔탈피(h)의 정의를 이용하여 내부에너지(u)를 구한다.

$$h = \overline{h_f^0} + (\overline{h} - \overline{h^0}) = u + P\overline{v}$$

$$\therefore\ u = \overline{h_f^0} + (\overline{h} - \overline{h^0}) - P\overline{v}\ \ [\text{kJ/kmol}] \cdots\cdots\cdots\cdots\cdots\cdots ⑫$$

식 ⑫를 사용하면 ⑪은 다음과 같이 표현된다.

$$Q+\sum N_r(\overline{h_f^0}+\bar{h}-\overline{h^0}-P\bar{v})_r = W+\sum N_p(\overline{h_f^0}+\bar{h}-\overline{h^0}-P\bar{v})_p \quad \cdots\cdots ⑬$$

식 ⑬에서 계로 유입되는 열(Q)과 계가 수행하는 일(W)의 부호가 양(+)이다. 액체와 고체에서 $P\bar{v}$ 값은 매우 작고, 기체인 경우에는 이상기체로 간주하여 $P\bar{v}=\bar{R}T$로 대체하여

$$Q+\sum N_r(\overline{h_f^0}+\bar{h}-\overline{h^0}-\bar{R}T)_r = W+\sum N_p(\overline{h_f^0}+\bar{h}-\overline{h^0}-\bar{R}T)_p \quad \cdots\cdots ⑭$$

가 된다.

[문제 11.2] 석탄가스화는 석탄으로부터 수소(H_2)와 일산화탄소(CO)를 얻어내는 과정이며, 아래와 같은 화학반응이 일어나는 전환반응기를 사용하면 생성되는 수소의 농도를 높일 수 있다.

$$CO+H_2O=H_2+CO_2 \quad \Delta H=-41.1\text{kJ/mol of CO}$$

위의 반응은 전환반응기에서 일어나는 유일한 화학반응으로 가정할 수 있고, 이 반응의 평형상수는 다음 식으로부터 구할 수 있다.

$$K_p=\exp(-4.2939+4546/T[\text{K}])$$

전환반응기를 통과한 기체혼합물에 포함된 수증기의 일부는 제습기에서 액체로 배출되며, 최종 출구에서 기체혼합물은 25°C의 포화상태로 나오게 된다. 모든 과정은 대기압(100kPa)에서 이루어지며, 전환반응기에 공급되는 건조기체 혼합물의 공급량은 100mol/min이다. 이러한 과정의 구성 및 구성물질이 아래와 같을 때, 다음 물음에 답하시오. (총 15점) [5급(기술) 공채 제2차시험(2015)]

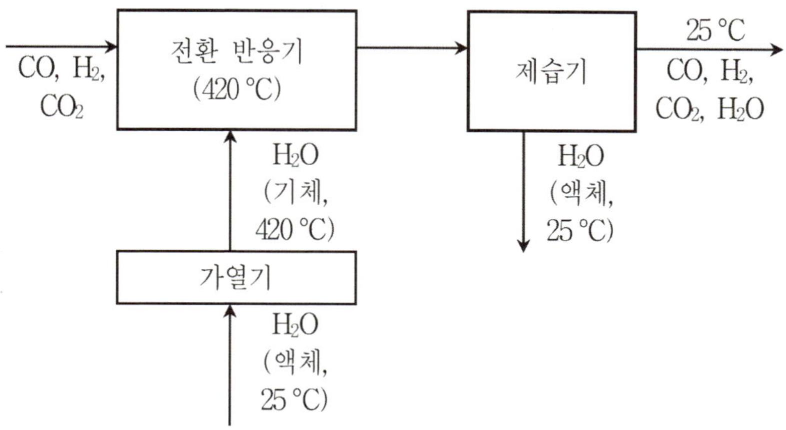

(1) 전환반응기로 공급되는 기체의 구성몰비는 CO : H_2 : CO_2 = 52:24: 4이고, 투입되는 수증기의 양은 H_2O와 CO의 비율에 의해 결정된다. $H_2O/CO = 3$(몰비)이고, 전환반응기가 420°C에서 작동되어 화학반응이 평형에 도달한다고 가정할 때, 최종 출구에서 CO의 분압을 구하시오. (10점)

(2) 제습기에서 회수한 열에너지의 90%를 가열기에 공급할 때, 25°C의 물을 420°C의 수증기로 만들기 위해 가열기에 추가로 공급하여야 하는 열에너지를 구하시오. (단, 모든 기체는 이상기체로 가정하며, H_2O를 제외한 기체의 에너지 변화와 모든 과정에서의 위치에너지와 운동에너지 변화는 무시한다) (5점)

〈H_2O (분자량=18kg/kmol)의 물성〉

온도(°C)	압력(kPa)	엔탈피(kJ/kg)	
25	3.1698 (포화압력)	104.83 (포화액)	2546.5 (포화증기)
400	100	3278.6	
500	100	3488.7	

풀이 (1) **최종 출구에서 CO의 분압(P_{CO})** : 먼저 전환반응기 출구에서 기체혼합물의 구성 몰비를 구한다. 전환반응기로 공급되는 기체(CO, H_2, CO_2)의 구성몰비가 주어졌고, 이 조건에 의해 건조기체 1kmol을 고려하면 다음과 같은 반응식을 쓸 수 있다.

$$\frac{1}{80}(52CO + 24H_2 + 4CO_2) + 3 \times \left(\frac{52}{80}\right)H_2O$$
$$\rightarrow \underbrace{xCO + yH_2O}_{(\text{반응물})} + \underbrace{zH_2 + wCO_2}_{(\text{생성물})}$$
$$\therefore\ 0.65CO + 0.3H_2 + 0.05CO_2 + 1.95H_2O$$
$$\rightarrow xCO + yH_2O + zH_2 + wCO_2 \cdots\cdots ①$$

식 ①에서 양변의 원자와 분자 수를 비교하면

$$[C] : 0.65 + 0.05 = x + w$$
$$\therefore\ w = 0.7 - x \cdots\cdots ②$$
$$[O] : 0.65 + 0.1 + 1.95 = x + y + 2w$$
$$\therefore\ y = 2.7 - x - 2w = 1.3 + x \cdots\cdots ③$$
$$[H_2] : 0.3 + 1.95 = y + z$$
$$\therefore\ z = 2.25 - y = 0.95 - x \cdots\cdots ④$$

이다. 전환반응기 작동온도 T_0 =693K에서 평형상수(K_P) 값은

$$K_P = \exp(-4.2939 + 4546/T_0[K])$$
$$= \exp(-4.2939 + 4546/693) = 9.6$$

이고, 주어진 양론반응식에서 $\nu_{CO} = 1$, $\nu_{H_2O} = 1$, $\nu_{H_2} = 1$, $\nu_{CO_2} = 1$이므로

$$\Delta\nu = \nu_{H_2} + \nu_{CO_2} - \nu_{CO} - \nu_{H_2O} = 1 + 1 - 1 - 1 = 0$$

이다. 따라서 평형상수(K_p)의 정의에 의해

$$K_P = \frac{N_{H_2}N_{CO_2}}{N_{CO}N_{H_2O}}\left(\frac{P_{total}}{N_{total}}\right)^{\Delta\nu} = \frac{N_{H_2}N_{CO_2}}{N_{CO}N_{H_2O}} = 9.6 \cdots\cdots ⑤$$

이고, 식 ①~⑤로부터

$$K_P = \frac{zw}{xy} = \frac{(0.95-x)(0.7-x)}{x(1.3+x)} = 9.6 \cdots\cdots ⑥$$

의 관계식이 얻어진다. 식 ⑥을 풀어서 x를 구하면

$$(0.95-x)(0.7-x) = 9.6x(1.3+x)$$
$$x^2 - 1.65x + 0.665 = 9.6x^2 + 12.48x$$
$$8.6x^2 + 14.13x - 0.665 = 0$$
$$\therefore\ x = \frac{-14.13 + \sqrt{14.13^2 + 4(8.6)(0.665)}}{2(8.6)} = 0.05$$

이고,

$$y = 1.3 + x = 1.3 + 0.05 = 1.35$$
$$z = 0.95 - x = 0.95 - 0.05 = 0.9$$
$$w = 0.7 - x = 0.7 - 0.05 = 0.65$$

이다. 이 값들을 식 ①의 우변에 대입하면 다음과 같은 전환반응기 유입물과 생성물의 관계식이 구해진다.

$$\underline{0.65CO + 0.3H_2 + 0.05CO_2 + 1.95H_2O}$$
$$\underline{\rightarrow 0.05CO + 1.35H_2O + 0.9H_2 + 0.65CO_2} \cdots\cdots ⑦$$

제습기에서 물(액체 H_2O)이 제거되고 최종 출구에서 남은 수증기(기체 H_2O)의 몰수를 X라고 하면 식 ⑦의 우변으로부터 최종 출구에서 수증기의 분압(P_{H_2O})은

$$P_{H_2O} = y_{H_2O}P_{total} = \left(\frac{X}{0.05 + X + 0.9 + 0.65}\right) \times P_{total}$$
$$= \left(\frac{X}{X + 1.6}\right) \times P_{total} \cdots\cdots ⑧$$

이다. y_{H_2O}는 H_2O의 몰비이다. 여기에서 기체혼합물의 총압력

$$P_{total} = 100\text{kPa}$$

이고, [표]로부터 최종 출구 온도(25℃)에서 포화증기압

$$P_{sat} = 3.1698\text{kPa}$$

이다. 이 값들을 식 ⑧에 대입하면 수증기 몰수(X) 구해진다.

$$P_{sat} = \left(\frac{X}{X+1.6}\right) \times P_{total}$$

$$P_{sat}(X+1.6) = XP_{total}$$

$$\therefore \; X = \frac{1.6P_{sat}}{P_{total} - P_{sat}} = \frac{1.6(3.1698)}{100 - 3.1698} = 0.05$$

따라서 최종 출구에서 기체혼합물의 조성은

$$0.05\text{CO} + 0.05\text{H}_2\text{O} + 0.9\text{H}_2 + 0.65\text{CO}_2 \quad \cdots\cdots ⑨$$

이고, CO의 분압(P_{CO})은 다음과 같다.

$$P_{CO} = y_{CO}\,P_{total} = \left(\frac{0.05}{0.05 + 0.05 + 0.9 + 0.65}\right) \times 100$$

$$= 3.03[\text{kPa}]$$

y_{CO}는 CO의 몰비이다.

(2) 주어진 조건에서 H_2O를 제외한 기체의 에너지 변화와 모든 과정에서의 위치에너지와 운동에너지 변화는 무시하므로 H_2O의 상태변화에 따른 에너지만 고려한다.
[표]에서 400℃와 500℃의 엔탈피 값으로부터 420℃에서 H_2O의 엔탈피(h_1)를 선형보간법으로 구한다.

$$h_1 = \frac{(3488.7 - 3278.6)}{(500 - 400)}(420 - 400) + 3278.6 = 3320.6[\text{kJ/kg}]$$

편의상 식 ⑦과 ⑧에서 각 성분의 양을 kmol로 잡는다.

(a) 식 ⑦과 ⑧로부터 제습기에서 물로 변환된 수증기(H_2O)의 몰수는

$$n_w = 1.35 - 0.05 = 1.3[\text{kmol}]$$

이고, 질량 $m = nM$이므로 제습기에서 회수되는 열에너지의 크기는

$$\begin{aligned} Q_R &= m_w(h_1 - h_f) + m_v(h_1 - h_g) \\ &= 1.3(18)(3320.6 - 104.83) + 0.05(18)(3320.6 - 2546.5) \\ &= 75{,}946[\text{kJ}] \end{aligned}$$

이다. 이상에서 m_v는 최종 출구에서 몰수 0.05kmol인 수증기의 질량이고, h_f와 h_g는 각각 25℃ 에서 물(H_2O)의 포화액과 포화증기의 엔탈피이다.

(b) 식 ⑦에서 전환반응기로 공급되는 물의 몰수는 1.95kmol이고, 가열기에 유입되는 물을 포화액체로 가정하면 25℃ 물을 420℃ 수증기로 만드는데 필요한 열량은

$$Q_1 = m(h_1 - h_f) = 1.95(18)(3320.6 - 104.83) = 112{,}874[\text{kJ}]$$

이다.

(c) (a), (b)로부터 회수한 열에너지(Q_R)의 90%가 가열기에 공급될 때 가열기에 추가로 공급해야 할 열량(Q)은 다음과 같다.

$$Q = Q_1 - 0.9Q_R = 112{,}874 - 0.9(75{,}946) = 44{,}523[\text{kJ}]$$

이상에서 구한 열량 Q는 공급기체(CO, H_2, CO_2) 1kmol에 대한 것이고, 1mol에 대해서는

$$Q_{mol} = 44{,}523[\text{J}]$$

이 된다. 따라서 여기에서 건조기체 혼합물 공급량이

$$\dot{N}_S = 100\text{mol/min}$$

일 때 가열기에 추가로 공급해야 하는 열에너지($\dot{Q}_S$)는 다음과 같다.

$$\dot{Q}_S = Q_{mol}\dot{N}_S = 44,523 \times \left(\frac{100}{60}\right) = 74,205[\text{W}] = 74.2[\text{kW}]$$

† 제습기에서 수증기의 일부는 액체인 물로 변환되고 일부는 기체상태로 나온다. 초기상태 수증기(과열증기)의 엔탈피가 h_1일 때 물로 변하는 수증기는 $h_1 - h_f$을 열을 방출하고, 기체상태로 나오는 수증기는 $h_1 - h_g$의 열을 방출한다. h_f와 h_g는 각각 포화액과 포화증기의 엔탈피이다.

설명 ••• 화학평형

[그림]의 용기에는 4개의 혼합물 A, B, C, D가 화학평형을 유지하고 있다. 이 성분들 사이에 일어나는 화학 반응은 다음과 같다고 하자.

$$\nu_A A + \nu_B B \Leftrightarrow \nu_C C + \nu_D D \quad \cdots\cdots \text{①}$$

평형방정식에는 양방향 화살표(⇔)가 사용된다. 이것은 화학평형이 이루어질 때까지 반응의 멈추지 않는다는 것을 의미한다. 즉, 동일한 속도로 양방향으로 진행된다. 이와 같은 반응을 양론반응이라 하고, 식 ①에서 ν를 양론계수라 한다. 반응이 결정되면 ν를 쉽게 구할 수 있다. 성분들의 몰수는 양론계수에 비례한다.

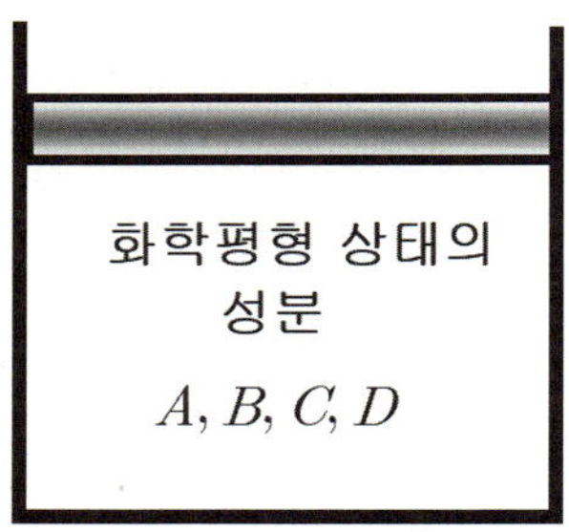

[그림] 화학평형에 대한 설명도

식 ①과 같은 이상기체 혼합물의 화학평형에 대한 평형상수(K_P)를 다음과 같이 정의한다.

$$K_P = \frac{P_C^{\nu_C} P_D^{\nu_D}}{P_A^{\nu_A} P_B^{\nu_B}} \quad \cdots\cdots ②$$

여기에서 P_i는 성분 i의 분압이다. 특정 온도에서 이상기체 혼합물의 평형상수 값은 같은 온도에서 Gibbs 함수 변화를 구하여 결정된다.

다음과 같이 성분의 분압을 성분의 몰분율의 항으로 나태냄으로써 반응하는 이상기체의 평형조성을 결정하는 데 평형상수를 이용할 수 있다.

$$P_i = y_i P = \left(\frac{N_i}{N_{total}}\right) P \quad \cdots\cdots ③$$

여기에서 P는 총압력이고, N_{total}은 비활성 기체를 포함한 반응실 내의 전체 몰수이다. 식 ②의 분압 대신에 식 ③을 대입하고 정리하면 평형상수는 다음과 같이 표현된다.

$$K_P = \frac{N_C^{\nu_C} N_D^{\nu_D}}{N_A^{\nu_A} N_B^{\nu_B}} \left(\frac{P}{N_{total}}\right)^{\Delta\nu} \quad \cdots\cdots ④$$

여기에서

$$\Delta\nu = \Delta\nu_C + \Delta\nu_D - \Delta\nu_A - \Delta\nu_B$$

이다. 식 ①~④는 두 개의 반응물과 두 개의 생성물을 포함하는 반응에 대한 것이지만, 임의 개수의 반응물과 생성물을 포함하는 반응에 대해 확장할 수 있다.

[문제 11.3] **메탄(CH_4)을 연료로 사용하는 보일러의 정격 난방용량은 30,000kcal/h이며, 난방효율은 85%(고위 발열량 기준)이다. 공기를 120% 이론공기량으로 공급할 때, 다음 물음에 답하시오. (단, 메탄의 고위 발열량은 212kcal/mol이며, 공기는 21mol% 산소와 79mol% 질소로 구성되고 모든 기체는 이상기체이다) (총 12점)**

[5급(기술) 공채 제2차시험(2012)]

(1) 위 작동조건에 해당하는 연소반응식을 메탄 1mol을 기준으로 나타내시오. (4점)

(2) 정격 난방용량으로 운전될 때, 단위 시간당 필요한 표준상태 공기량[m^3/h]을 구하시오. (단, 표준상태는 0°C, 1.013bar이다) (4점)

(3) 메탄이 완전연소 될 때, 배기가스 중 수분의 몰분율(mole fraction)을 구하고, 다음 표를 이용하여 이슬점 온도를 구하시오. (단, 배기가스의 압력은 1bar이다) (4점)

〈물의 포화 상태량〉

온도(°C)	40	45	50	55	60	65	70
압력(bar)	0.07384	0.09593	0.1235	0.1576	0.1994	0.2503	0.3119

풀이 공기가 21mol% 산소와 79mol% 질소로 구성되어 있으므로 1mol의 산소에 대해 질소는 79/21 = 3.76[mol] 포함된다. 이론공기량으로 완전연소를 했을 때 생성물에는 산소가 포함되지 않는다. 따라서 반응식 좌우의 탄소(C)와 수소(H) 및 산소(O)의 원자수를 살펴보면 메탄의 이론연소 식은 다음과 같다.

$$CH_4 + 2(O_2 + 3.76N_2) \rightarrow CO_2 + 2H_2O + 7.52N_2 \quad \cdots\cdots\cdots\cdots ①$$

(1) 메탄 1mol을 기준으로 한 연소반응식 : 공기(산소+ 질소)를 120% 이론공기량으로 공급할 때 식 ①로부터 연소반응식은

$$CH_4 + 1.2 \times 2(O_2 + 3.76N_2)$$
$$\rightarrow CO_2 + 2H_2O + (0.2 \times 2)O_2 + (1.2 \times 7.52)N_2$$

$$\therefore\ CH_4 + 2.4(O_2 + 3.76N_2)$$
$$\rightarrow CO_2 + 2H_2O + 0.4O_2 + 9.024N_2 \cdots\cdots\cdots\cdots ②$$

이다.

(2) 단위 시간당 필요한 공기량 $\dot{V}_{공기}$: 난방용량 $\dot{Q}=30,000\text{kcal/h}$, 난방효율 $\eta=0.85$, 메탄의 고위 발열량 $H_h=212\text{kcal/mol}$일 때 필요한 메탄의 몰수($\dot{n}_{메탄}$)는

$$\dot{n}_{메탄} = \frac{\dot{Q}}{\eta H_h} = \frac{30,000}{0.85(212)} = 166.5[\text{mol/h}]$$

이므로, 연소반응식 ②로부터 필요한 공기의 몰수($\dot{n}_{공기}$)는

$$\dot{n}_{공기} = 2.4\dot{n}_{메탄} = 2.4\times(166.5) = 399.6[\text{mol/h}]$$
$$= 0.3996[\text{kmol/h}]$$

이다. 표준상태 온도 $T=0°\text{C}=273\text{K}$, 압력 $P=1.013\text{bar}=101.3\text{kPa}$일 때, 이상기체 상태방정식 $PV=n\overline{R}T$로부터 다음과 같이 단위 시간당 필요한 공기량($\dot{V}_{공기}$)이 구해진다.

$$\dot{V}_{공기} = \frac{\dot{n}_{공기}\overline{R}T}{P} = \frac{0.3996(8.314)(273)}{101.3} = 8.953[\text{m}^3/\text{h}]$$

(3) 배기가스 중 수분의 몰분율(y_v)과 이슬점 온도(T_{dp}) : 식 ②의 우변으로부터 배기가스 중 수분(H_2O)의 몰분율(y_v)은

$$y_v = \frac{n_{H_2O}}{n_{p,total}} = \frac{2}{1+2+0.4+9.024} = 0.161$$

이고, 배기가스 압력이 1bar일 때 수분의 분압(P_v)은

$$P_v = y_v P_{배기가스} = 0.161\times 1 = 0.161[\text{bar}]$$

이다. 가스-수증기 혼합물의 이슬점 온도는 수증기의 분압(P_v)에 대

응하는 물의 포화온도($T_{dp} = T_{sat@P_v}$)이다. 주어진 표에서 $P_v = 0.161$ bar는 55℃와 60℃ 사이에 있으므로 보간법으로 이슬점 온도(T_{dp})를 구한다. 압력을 x, 온도를 y값으로 하여 다음과 같은 세 점이 한 직선 상에 있을 때 이슬점 온도 T_{dp}를 구한다.

A(0.1576, 55), B(0.161, y), C(0.1994, 60)

$$T_{dp} = y = \frac{y_2 - y_1}{x_2 - x_1} \times (x - x_1) + y_1$$
$$= \frac{60-55}{0.1994 - 0.1576} \times (0.161 - 0.1576) + 55$$
$$= 55.4[℃]$$

설명 •• 이론 공기량

연료 중의 모든 탄소(C), 수소(H), 황(S)이 타서 CO_2, H_2O, SO_2가 되면 연소 과정이 완전하다고 한다. 즉, 완전연소에서는 연료에 있는 연소가능한 모든 원소가 연소 과정 중에 연소된다. 이와 달리 연소 생성물 중에 연소되지 않은 연료나 C, H_2, CO, OH와 같은 물질이 남아있으면 연소과정은 불완전하다고 한다.

연료를 완전 연소시키기 위해 필요한 최소 공기량을 양론공기 또는 이론공기라 한다. 연료를 이론공기로 연소하면 생성물 가스(배기가스) 내에 다른 원소와 결합하지 않은 산소는 존재하지 않는다. 이론공기는 화학적으로 적합한 공기량, 또는 100% 이론공기라고도 한다. 이론공기로 연료를 이상적으로 연소하는 것을 양론연소 또는 **이론연소**라고 한다. 예를 들어 메탄(CH_4)과 에탄(C_2H_6)의 이론연소는 다음과 같다.

$$CH_4 + 2(O_2 + 3.76N_2) \rightarrow CO_2 + 2H_2O + 7.52N_2$$
$$C_2H_6 + 3.5(O_2 + 3.76N_2) \rightarrow 2CO_2 + 3H_2O + 13.16N_2$$

이론연소 생성물 중에는 연소되지 않은 메탄(CH_4), 에탄(C_2H_6), C, H_2, CO, OH, O_2가 없다. 이것은 이론 연소 식을 구할 때 중요한 사실이다. 반응물의 질소(N_2)는 아무 변화 없이 생성물에 그대로 나타난다.

실제로 연료를 연소시킬 때는 완전연소가 이루어질 가능성을 높이거나 연소실

내 온도를 조절하기 위해 이론공기보다 더 많은 공기를 사용하는 것이 보통이다. 이론공기를 초과한 공기를 **과잉공기**라 한다. 과잉공기량은 이론공기에 비교한 **백분율 과잉공기** 또는 **백분율 이론공기**로 표시한다. 예를 들어 50% 과잉공기는 150% 이론공기와 같고, 100% 과잉공기는 200% 이론공기와 같다. 한편 이론공기보다 적은 공기를 결핍공기라 하고 백분율 결핍공기로 표시한다. 90% 이론공기는 10% 결핍공기를 의미한다.

[문제 11.4] **연료인 옥탄(C_8H_{18})을 250% 이론공기로 연소했을 때 질량기준 공연비와 생성물(배기가스)의 이슬점온도를 구하여라. (단, 공기는 21mol% 산소와 79mol% 질소로 구성되며, 모든 기체는 이상기체이고, 배기가스 압력은 101.3kPa이다)**

〈물의 포화 상태량〉

온도(°C)	20	25	30	35	40	45
압력(kPa)	2.3392	3.1698	4.2469	5.6291	7.3851	9.5953

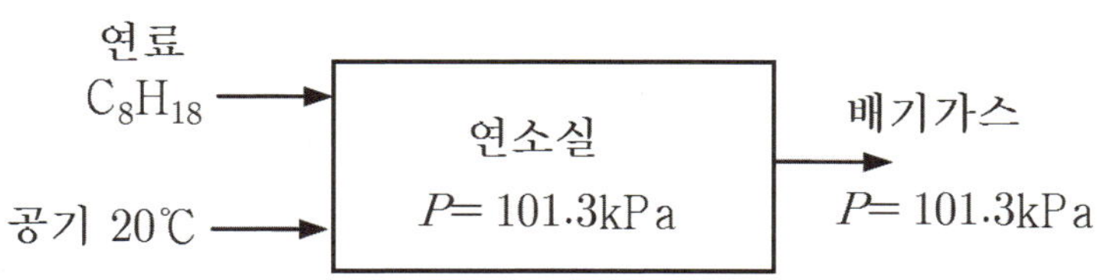

[그림] 옥탄 연소

풀이 이론공기량으로 완전연소 했을 때 생성물에는 산소(O_2)가 포함되지 않으므로 반응식 좌우의 탄소(C)와 수소(H)의 원자수를 살펴보면 옥탄(C_8H_{18})의 이론연소 식은 다음과 같이 쓸 수 있다.

$$C_8H_{18} + a_{th}(O_2 + 3.76N_2) \rightarrow 8CO_2 + 9H_2O + 3.76a_{th}N_2$$

위 식의 좌우에서 산소(O)의 원자수를 비교하면

$$2a_{th} = 8 \times 2 + 9$$

$$\therefore \; a_{th} = \frac{25}{2} = 12.5$$

이고, 옥탄의 이론연소 식은 다음과 같다.

$$C_8H_{18} + 12.5(O_2 + 3.76N_2) \rightarrow 8CO_2 + 9H_2O + 47N_2 \; \cdots\cdots \text{①}$$

(1) 질량기준 공연비 AF_{mass} : 식 ①로부터 공기를 250% 이론공기량으로 공급할 때 옥탄 1mol을 기준으로 한 연소반응식은

$$C_8H_{18} + 2.5 \times 12.5(O_2 + 3.76N_2)$$
$$\rightarrow 8CO_2 + 9H_2O + (2.5 \times 12.5 - 12.5)O_2 + (2.5 \times 47)N_2$$
$$\therefore \; C_8H_{18} + 31.25(O_2 + 3.76N_2)$$
$$\rightarrow 8CO_2 + 9H_2O + 18.75O_2 + 117.5N_2 \; \cdots\cdots\cdots\cdots\cdots \text{②}$$

이고, 이 식의 좌변으로부터 공연비가 구해진다.

$$AF_{mass} = \frac{m_{air}}{m_{fuel}} = \frac{n_{air}M_{air}}{n_{fuel}M_{fuel}}$$
$$= \frac{31.25[16(2) + 3.76(14)(2)]}{1(8 \times 12 + 18)} = 37.6$$

(2) 이슬점 온도(T_{dp}) : 식 ②의 우변으로부터 생성물 중 수분(H_2O)의 몰분율(y_v)은

$$y_v = \frac{n_v}{n_{p,total}} = \frac{9}{8 + 9 + 18.75 + 117.5} = 0.0587$$

이고, 배기가스 압력이 101.3kPa일 때 수분의 분압(P_v)은

$$P_v = y_v P_{배기가스} = 0.0587 \times 101.3 = 5.946\,[\text{kPa}]$$

이다. 가스-수증기 혼합물의 이슬점 온도는 수증기의 분압(P_v)에 대응하는 물의 포화온도($T_{dp} = T_{sat@P_v}$)이다. 주어진 표에서 $P_v = 5.946$

kPa은 35℃와 40℃ 사이에 있으므로 보간법으로 이슬점 온도(T_{dp})를 구한다. 다음과 같은 세 점이 한 직선상에 있을 때

A(5.6291, 35), B(5.946, y), C(7.3851, 40)

$$T_{dp} = y = \frac{y_2 - y_1}{x_2 - x_1} \times (x - x_1) + y_1$$

$$= \frac{40 - 35}{7.3851 - 5.6291} \times (5.946 - 5.6291) + 35$$

$$= 35.9[℃]$$

이다.

설명 •• 공연비

연소에서 연료와 산소의 양을 정량적으로 나타내기 위해 공연비(또는 공기 연료비, air-fuel ratio, AF)를 주로 사용한다. 일반적으로 공연비를 질량 기준으로 나타내고, 연소과정동안 사용된 연료질량에 대한 공기 질량의 비로 정의한다.

$$AF = \frac{m_{air}}{m_{fuel}} = \frac{n_{air} M_{air}}{n_{fuel} M_{fuel}}$$

이상에서 m, n, M은 각각 질량, 몰수, 분자량을 나타낸다. 공연비의 역수를 연료공기비(또는 연공비, fuel-air ratio)라고 한다.

[문제 11.5] **탄소(C)를 건공기로 연소시켰을 때 배기가스 조성이 표와 같다. 다음을 구하여라. (단, 공기는 21mol% 산소와 79mol% 질소로 구성되며, 모든 기체는 이상기체이다)**

(1) 질량기준 공연비

(2) 이론공기 백분율 : 이론공기에 대한 사용된 공기의 백분율

〈배기가스 조성〉

분자	CO_2	CO	O_2	N_2
부피(%)	10.06	0.42	10.69	78.83

풀이 (1) 질량기준 공연비 AF_{mass} : 배기가스 100kmol을 고려하면 다음과 같이 연소반응식을 쓸 수 있다.

$$xC + y(O_2 + 3.76N_2) \rightarrow 10.06CO_2 + 0.42CO + 10.69O_2 + 78.83N_2$$

이 식에서 좌변과 우변의 탄소(C)와 산소(O_2)를 비교하면

- [C] : $x = 10.06 + 0.42 = 10.48$
- [O_2] : $y = 10.06 + \dfrac{0.42}{2} + 10.69 = 20.96$

이므로 연소 식은 다음과 같다.

$$10.48C + 20.96(O_2 + 3.76N_2) \rightarrow 10.06CO_2 + 0.42CO + 10.69O_2 + 78.83N_2 \quad \cdots\cdots ①$$

식 ①의 좌변으로부터 공연비를 구한다.

$$AF_{mass} = \frac{m_{air}}{m_{fuel}} = \frac{n_{air}M_{air}}{n_{fuel}M_{fuel}} = \frac{20.96[16(2) + 3.76(14)(2)]}{10.48(12)} = 22.88$$

(2) 이론공기 백분율 : 이론공기량으로 완전연소 했을 때 생성물에는 산소가 포함되지 않으므로 탄소(C) 1kmol에 대한 이론연소 식은 다음과 같다.

$$C + 1(O_2 + 3.76N_2) \rightarrow CO_2 + 3.76N_2 \quad \cdots\cdots ②$$

탄소 1kmol 당 소비한 실제 공기량은 식 ①에서 20.96/10.48kmol이고, 이론공기량은 식 ②에서 1kmol이므로 이론공기에 대한 사용된 공기의 백분율은 다음과 같다.

$$(\text{이론공기 백분율}) = \frac{m_{a,\,act}}{m_{a,\,the}} = \frac{n_{a,\,act}}{n_{a,\,the}} = \frac{20.96/10.48}{1}$$
$$= 2 = 200\%$$

[문제 11.6] 연료인 에탄(C_2H_6)과 공기가 각각 5kg/h, 125kg/h로 연소실에 유입되어 완전연소하고 있다. 이 과정에서 사용된 과잉공기의 백분율을 구하여라. (단, 공기는 21mol% 산소와 79mol% 질소로 구성되며, 모든 기체는 이상기체이다)

풀이 이 연소 과정에 대한 이론연소 식은 다음과 같이 쓸 수 있다.

$$C_2H_6 + a_{th}(O_2 + 3.76N_2) \rightarrow 2CO_2 + 3H_2O + 3.76a_{th}N_2$$

위 식의 좌우에서 산소(O)의 원자수를 비교하면

$$2a_{th} = 2 \times 2 + 3$$
$$\therefore \ a_{th} = \frac{7}{2} = 3.5$$

이고, 에탄의 이론연소 식은 다음과 같다.

$$C_2H_6 + 3.5(O_2 + 3.76N_2) \rightarrow 2CO_2 + 3H_2O + 13.16N_2$$

이 식의 좌변으로부터 이론연소에 대한 공연비(AF_{th})는

$$AF_{th} = \frac{m_{a,th}}{m_{fuel}} = \frac{n_{a,th}M_{air}}{n_{fuel}M_{fuel}}$$
$$= \frac{3.5[16(2)+3.76(14)(2)]}{1[2(12)+6]} = 16.02$$

이고, 실제 연소에서 공연비(AF_{re})는

$$AF_{re} = \frac{\dot{m}_{a,re}}{\dot{m}_{fuel}} = \frac{125}{5} = 25$$

이므로 이론공기에 대한 사용된 공기의 백분율은

$$(\text{이론공기 백분율}) = \frac{AF_{re}}{AF_{th}} = \frac{25}{16.02} = 1.56 = 156\%$$

이다. 따라서 사용된 과잉공기의 백분율은 56%이다.

[문제 11.7] **어떤 기체연료의 조성이 표와 같다. 이 연료를 130% 이론공기로써 완전 연소 하였을 때 다음을 구하여라. (단, 공기는 21mol% 산소와 79mol% 질소로 구성되며, 수증기를 포함한 모든 기체는 이상기체이다)**

(1) 질량기준 공연비

(2) 생성물 가스 압력이 110kPa일 때 이슬점 온도(T_{dp})

(3) 생성물 가스를 100kPa, 20℃로 냉각할 때 응축되는 수증기의 비율. (단 20℃에서 물의 포화압력은 2.3392kPa이다)

〈기체연료 조성〉

분자	CH_4	H_2	N_2
부피(%)	60	30	10

〈물의 포화 상태량〉

온도(°C)	35	40	45	50	55	60
압력(kPa)	5.6291	7.3851	9.5953	12.352	15.763	19.947

풀이 (1) 질량기준 공연비 AF_{mass} : 기체연료 1kmol을 고려하면 다음과 같이 연소반응식을 쓸 수 있다.

$$(0.6CH_4 + 0.3H_2 + 0.1N_2) + 1.3a_{th}(O_2 + 3.76N_2)$$
$$\rightarrow xCO_2 + yH_2O + 0.3a_{th}O_2 + zN_2$$

이 식에서 좌변과 우변의 원소를 비교하면

- [C] : $0.6 = x$
- [H] : $0.6(4) + 0.3(2) = 2y \quad \therefore \ y = 1.5$
- [O_2] : $1.3a_{th} = x + \dfrac{y}{2} + 0.3a_{th}$

$$\therefore \ a_{th} = x + \frac{y}{2} = 0.6 + \frac{1.5}{2} = 1.35$$

- [N_2] : $0.1 + 1.3a_{th} \times 3.76 = z \quad \therefore \ z = 6.6988 \approx 6.7$

이므로 연소 식은 다음과 같다.

$$(0.6CH_4 + 0.3H_2 + 0.1N_2) + 1.755(O_2 + 3.76N_2)$$
$$\rightarrow 0.6CO_2 + 1.5H_2O + 0.405O_2 + 6.7N_2 \cdots\cdots\cdots\cdots (\bigstar)$$

식 (★)의 좌변으로부터 공연비를 구한다.

$$AF_{mass} = \frac{m_{air}}{m_{fuel}} = \frac{n_{air}M_{air}}{n_{fuel}M_{fuel}}$$
$$= \frac{1.755[16(2) + 3.76(14)(2)]}{0.6(12+4) + 0.3(2) + 0.1(28)} = 18.5$$

(2) 이슬점 온도(T_{dp}) : 식 (★)의 우변으로부터 생성물 중 수분(H_2O)의 몰분율(y_v)은

$$y_v = \frac{n_v}{n_{p,total}} = \frac{1.5}{0.6 + 1.5 + 0.405 + 6.7} = 0.163$$

이고, 배기가스 압력이 110kPa일 때 수분의 분압(P_v)은

$$P_v = y_v P_{배기가스} = 0.163 \times 110 = 17.93[\text{kPa}]$$

이다. 가스-수증기 혼합물의 이슬점 온도는 수증기의 분압(P_v)에 대응하는 물의 포화온도($T_{dp} = T_{sat@P_v}$)이다. 주어진 표에서 $P_v = 17.93$ kPa은 55℃ 와 60℃ 사이에 있으므로 보간법으로 이슬점 온도(T_{dp})를 구한다. 다음과 같은 세 점이 한 직선상에 있을 때

A(15.763, 55), B(17.93, y), C(19.947, 60)

$$\begin{aligned} T_{dp} = y &= \frac{y_2 - y_1}{x_2 - x_1} \times (x - x_1) + y_1 \\ &= \frac{60 - 55}{19.947 - 15.763} \times (17.93 - 15.763) + 55 \\ &= 57.6[℃] \end{aligned}$$

(3) **생성물 가스를 100kPa, 20℃ 로 냉각할 때 응축되는 수증기의 비율** : 배기가스의 총 몰수는 $(0.6 + 1.5 + 0.405 + 6.7 = 9.205)[\text{kmol}]$이고, 이 중 수증기의 몰수는 1.5[kmol]이다. 생성물 가스의 이슬점온도가 20℃ 보다 높으므로 가스를 냉각하면 수증기 중 일부가 응축된다. 여기에서 20℃ 까지 온도가 내려갈 때 응축된 물의 양을 n_w[kmol]이라 하면 남아있는 수증기의 양은 $1.5 - n_w$[kmol]이고, 기체상태 배기가스의 양은 $9.205 - n_w$[kmol]가 된다. 이상기체 혼합물에서

$$\frac{n_v}{n_{p,gas}} = \frac{P_v}{P_{gas}} = \frac{P_{sat@20℃}}{P_{gas}}$$

$$\frac{1.5 - n_w}{9.205 - n_w} = \frac{2.3392}{100}$$

$$100(1.5 - n_w) = 2.3392(9.205 - n_w)$$

$$\therefore \; n_w = \frac{100 \times 1.5 - 2.3392 \times 9.205}{100 - 2.3392} = 1.315[\text{kmol}]$$

이므로 응축되는 수증기의 비율은 $\frac{1.315}{1.5} = 0.877 = 87.7\%$ 이다.

† 이상기체 혼합물에서 몰분율(y_i)은 압력분율, 부피분율과 같다.

$$y_i = \frac{n_i}{n_0} = \frac{P_i}{P_0} = \frac{V_i}{V_0}$$

n_0, P_0, V_0는 각각 혼합물 전체의 몰수, 압력, 부피이다.

[문제 11.8] 옥탄(C_8H_{18})을 건공기로 연소하였을 때 물을 제외한 생성물(건조 연소가스)의 부피비가 표와 같다. 다음을 구하여라. (단, 공기는 21mol% 산소와 79mol% 질소로 구성되며, 모든 기체는 이상기체이고, 생성물 압력은 100kPa이다)

(1) 질량기준 공연비. (단, 공기의 분자량은 29kg/kmol이다)

(2) 사용된 이론 공기의 백분율(%) :

$$\frac{(\text{실제 사용된 공기})}{(\text{이론 공기})} \times 100\%$$

(3) 과잉공기 백분율(%)

(4) 생성물의 이슬점온도(℃)

(5) 생성물을 100kPa, 20℃ 까지 냉각했을 때 응축되는 물(H_2O)의 비율. (단, 20℃ 에서 물의 포화압력은 2.3392kPa이다)

〈연소가스 조성〉

분자	CO_2	CO	O_2	N_2
부피(%)	10.02	0.88	5.62	83.48

〈물의 포화 상태량〉

온도(°C)	35	40	45	50	55	60
압력(kPa)	5.6291	7.3851	9.5953	12.352	15.763	19.947

풀이 이상기체의 부피분율은 몰분율과 같다.

(1) **질량기준 공연비** AF_{mass} : 100kmol의 배기가스를 고려하면 연소방정식은 다음과 같이 표현된다.

$$xC_8H_{18} + a(O_2 + 3.76N_2) \rightarrow 10.02CO_2 + 0.88CO + 5.62O_2 + 83.48N_2 + yH_2O$$

이 식에서 좌변과 우변의 원소를 비교하면

- [C] : $8x = 10.02 + 0.88 \quad \therefore \ x = 1.36$
- [N_2] : $3.76a = 83.48 \quad \therefore \ a = 22.2$
- [H] : $18x = 2y \quad \therefore \ y = 9x = 9(1.36) = 12.24$

이므로 연소방정식은 다음과 같다.

$$1.36C_8H_{18} + 22.2(O_2 + 3.76N_2) \rightarrow 10.02CO_2 + 0.88CO + 5.62O_2 + 83.48N_2 + 12.24H_2O$$

이 식의 양변을 1.36으로 나누면 다음과 같은 연료(C_8H_{18}) 1kmol에 연소방정식이 얻어진다.

$$C_8H_{18} + 16.32(O_2 + 3.76N_2) \rightarrow 7.37CO_2 + 0.65CO + 4.13O_2 + 61.38N_2 + 9H_2O \ \cdots\cdots ①$$

식 ①의 좌변으로부터 공연비를 구한다.

$$AF_{mass} = \frac{m_{air}}{m_{fuel}} = \frac{n_{air}M_{air}}{n_{fuel}M_{fuel}} = \frac{16.32(4.76)(29)}{1(8 \times 12 + 18)} = 19.76$$

(2) **이론 공기 백분율** : 이론공기량으로 완전연소 했을 때 생성물에는 산소가 포함되지 않으므로 반응식 좌우의 탄소(C)와 수소(H)의 원자수를 살펴보면 옥탄(C_8H_{18})의 이론연소 식은 다음과 같이 쓸 수 있다.

$$C_8H_{18} + a_{th}(O_2 + 3.76N_2) \rightarrow 8CO_2 + 9H_2O + 3.76a_{th}N_2$$

위 식의 좌우에서 산소(O)의 원자수를 비교하면

$$2a_{th} = 8 \times 2 + 9$$

$$\therefore \ a_{th} = \frac{25}{2} = 12.5$$

이고, 옥탄의 이론연소 식은 다음과 같다.

$$C_8H_{18} + 12.5(O_2 + 3.76N_2) \rightarrow 8CO_2 + 9H_2O + 47N_2 \cdots\cdots ②$$

식 ①, ②의 좌변 공기량으로부터 이론 공기 백분율을 구한다.

$$(\text{이론공기 백분율}) = \frac{m_{a,re}}{m_{a,th}} = \frac{16.32}{12.5} = 1.31 = 131\%$$

(3) 과잉공기 백분율 : 이론공기 백분율이 131%이므로 과잉공기백분율은 31%이다. 즉, 31%의 과잉공기가 연소에 사용되었다.

(4) 이슬점 온도(T_{dp}) : 식 ①의 우변으로부터 생성물 중 수분(H_2O)의 몰분율(y_v)은

$$y_v = \frac{n_v}{n_{p,total}} = \frac{9}{7.37 + 0.65 + 4.13 + 61.38 + 9} = 0.109$$

이고, 생성물 압력이 100kPa일 때 수분의 분압(P_v)은

$$P_v = y_v P_{\text{생성물}} = 0.109 \times 100 = 10.9[\text{kPa}]$$

이다. 가스-수증기 혼합물의 이슬점 온도는 수증기의 분압(P_v)에 대응하는 물의 포화온도($T_{dp} = T_{sat@P_v}$)이다. 주어진 표에서 $P_v = 10.9$ kPa은 45℃와 50℃ 사이에 있으므로 보간법으로 이슬점 온도(T_{dp})를 구한다. 다음과 같은 세 점이 한 직선상에 있을 때

A(9.5953, 45), B(10.9, y), C(12.352, 50)

$$T_{dp} = y = \frac{y_2 - y_1}{x_2 - x_1} \times (x - x_1) + y_1$$
$$= \frac{50 - 45}{12.352 - 9.5953} \times (10.9 - 9.5953) + 45$$
$$= 47.4[℃]$$

(5) **생성물을 20℃까지 냉각했을 때 응축되는 물(H_2O)의 비율** : 생성물의 총 몰수는 $(7.37 + 0.65 + 4.13 + 61.38 + 9 = 82.53)$[kmol]이고, 이 중 수증기의 몰수는 9[kmol]이다. 20℃까지 온도가 내려갈 때 응축된 물의 양을 n_w[kmol]이라 하면 남아있는 수증기의 양은 $9 - n_w$[kmol]이고, 기체상태 생성물의 양은 $82.53 - n_w$[kmol]가 된다. 이상기체에서

$$\frac{n_v}{n_{p,gas}} = \frac{P_v}{P_{gas}} = \frac{P_{sat@20℃}}{P_{gas}}$$
$$\frac{9 - n_w}{82.53 - n_w} = \frac{2.3392}{100}$$
$$100(9 - n_w) = 2.3392(82.53 - n_w)$$
$$\therefore \; n_w = \frac{100 \times 9 - 2.3392 \times 82.53}{100 - 2.3392} = 7.24[\text{kmol}]$$

이므로 응축되는 수증기의 비율은 $\frac{7.24}{9} = 0.804 = 80.4\%$ 이다.

† 이상기체의 부피분율(volume fraction)은 몰분율과 같다. 연소실로 유입되는 산소 1몰은 3.76몰의 질소를 동반한다.

$$1\text{kmol } O_2 + 3.76\text{kmol } N_2 = 4.76\text{kmol air}$$

질소는 아주 적은 양의 질소산화물을 형성하는 것 외에는 연소 중에 다른 성분과 반응하지 않는다. 즉, 이론적인 연소 식에서 반응물의 질소는 아무 변화 없이 생성물에 그대로 나타난다.

[문제 11.9] **79%의 질소(N_2)와 21%의 산소(O_2)로 구성된 공기를 일정한 압력에서 가열하였다. 가열 후 질소(N_2)와 산소(O_2) 및 일산화질소(NO)로 구성된 평형 혼합물을 형성할 때 가열 전 공기 1mol에 대한 평형 조성을 구하여라. 단, 양론 반응 $\frac{1}{2}N_2 + \frac{1}{2}O_2 \Leftrightarrow NO$에 대한 평형상수 $K_P = 0.5$이다.**

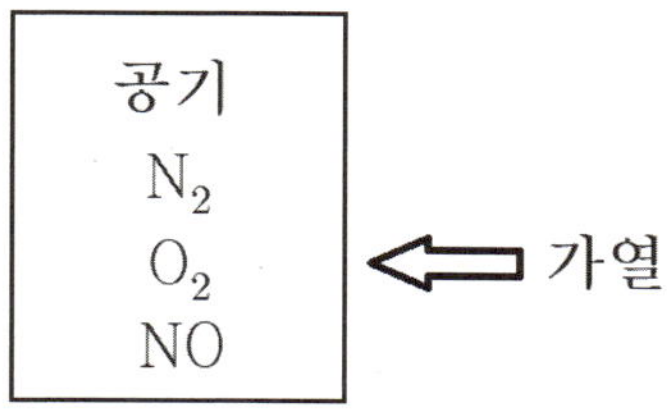

풀이 질소(N_2)와 산소(O_2)의 양론(이론) 반응식은 다음과 같다.

$$\bullet \ \frac{1}{2}N_2 + \frac{1}{2}O_2 \Leftrightarrow NO \quad \cdots\cdots ①$$

여기에서

$$\nu_{N_2} = \frac{1}{2}, \ \nu_{O_2} = \frac{1}{2}, \ \nu_{NO} = 1$$

$$\Delta\nu = \nu_{NO} - \nu_{N_2} - \nu_{O_2} = 1 - \frac{1}{2} - \frac{1}{2} = 0$$

이다. 79%의 질소(N_2)와 21%의 산소(O_2)로 구성된 공기 1mol에 대한 실제 반응식은 다음과 같이 쓸 수 있다.

$$\bullet \ 0.79N_2 + 0.21O_2 \rightarrow \underset{(\text{생성물})}{\underline{2xNO}} + \underset{(\text{반응물})}{\underline{yN_2 + zO_2}} \quad \cdots\cdots ②$$

식 ②에서 양변의 분자 수를 비교하면

$$[N_2] : 0.79 = x + y \quad \therefore \ y = 0.79 - x \quad \cdots\cdots ③$$

$$[O_2] : 0.21 = x + z \quad \therefore \ z = 0.21 - x \quad \cdots\cdots ④$$

이다. 평형상수(K_p)의 정의로부터

$$K_P = \frac{N_{\mathrm{NO}}^{\nu_{\mathrm{NO}}}}{N_{\mathrm{N_2}}^{\nu_{\mathrm{N_2}}} N_{\mathrm{O_2}}^{\nu_{\mathrm{O_2}}}} \left(\frac{P_{total}}{N_{total}} \right)^{\Delta\nu} = \frac{2x}{y^{1/2} z^{1/2}} \left(\frac{P_{total}}{N_{total}} \right)^{0}$$

$$= \frac{2x}{\sqrt{yz}} \quad \cdots\cdots\cdots\cdots \text{⑤}$$

이다. 여기에서 $K_P = 0.5$이고, 식 ③, ④를 ⑤에 대입하여 x를 구하면

$$\frac{2x}{\sqrt{(0.79 - x)(0.21 - x)}} = 0.5$$

$$16x^2 = (0.79 - x)(0.21 - x)$$

$$15x^2 + x - 0.1659 = 0$$

$$\therefore \quad x = \frac{-1 + \sqrt{1 + 4(15)(0.1659)}}{2(15)} = 0.077$$

이고,

$$y = 0.79 - x = 0.79 - 0.077 = 0.713$$

$$z = 0.21 - x = 0.21 - 0.077 = 0.133$$

이다. 이들 값을 식 ②에 대입하면 다음과 같은 평형 조성이 얻어진다.

$$0.154\mathrm{NO} + 0.713\mathrm{N_2} + 0.133\mathrm{O_2}$$

[문제 11.10] [개방계] 아세틸렌(C_2H_2) 가스가 120% 이론공기와 함께 연소실에 유입되어 연소된다. 유입되는 아세틸렌과 공기는 표준상태(25℃, 1atm)이고 연소 후 배출되는 생성물의 온도는 1500K이다. [표]의 값을 이용하여 다음을 구하여라. (단, 정상상태 정상유동이고, 공기의 분자량은 29kg/kmol이다)

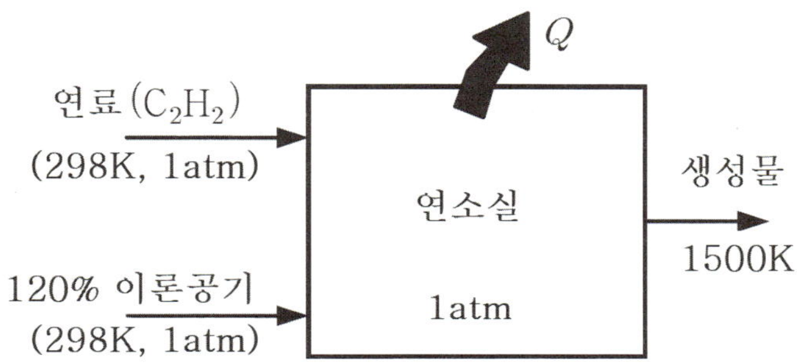

(1) 질량기준 공연비

(2) 연료(C_2H_2) 1kmol당 연소실에서 방출되는 열량[kJ/kmol]

분자	$\overline{h}_f^0$(298K) [kJ/kmol]	$\overline{h}$(298K) [kJ/kmol]	$\overline{h}$(1500K) [kJ/kmol]
C_2H_2	226,730	---	---
O_2	0	8,682	49,292
N_2	0	8,669	47,073
H_2O (가스)	-241,820	9,904	57,999
CO_2	-393,520	9,364	71,078

풀이 120% 이론공기가 사용되는 이 연소 과정의 연소식은 다음과 같이 쓸 수 있다.

$$C_2H_2 + 1.2a_{th}(O_2 + 3.76N_2)$$
$$\rightarrow 2CO_2 + H_2O + 0.2a_{th}O_2 + 3.76 \times 1.2a_{th}N_2$$

위 식의 좌우에서 산소(O)의 원자수를 비교하면

$$1.2a_{th} \times 2 = 2 \times 2 + 1 + 0.2 \times 2a_{th}$$

$$\therefore \ a_{th} = \frac{4+1}{2} = 2.5$$

이고, 아세틸렌의 연소식은 다음과 같다.

$$C_2H_2 + 3(O_2 + 3.76N_2)$$
$$\rightarrow 2CO_2 + H_2O + 0.5O_2 + 11.28N_2 \quad \cdots\cdots\cdots ①$$

(1) 식 ①의 좌변으로부터 공연비(AF)는

$$AF = \frac{m_{air}}{m_{fuel}} = \frac{n_{air}M_{air}}{n_{fuel}M_{fuel}} = \frac{3(4.76)(29)}{1[2(12)+2]} = 15.9$$

이다.

(2) 연소실에서 방출되는 열량을 Q라 하고 연소실에 대해 에너지 보존 법칙을 적용하면

$$Q = \sum N_r(\overline{h_f^0} + \overline{h} - \overline{h^0})_r - \sum N_p(\overline{h_f^0} + \overline{h} - \overline{h^0})_p \quad \cdots\cdots\cdots ②$$

이다. 첨자 r과 p는 각각 반응물(유입)과 생성물(유출)을 나타낸다. 여기에서 유입되는 연료와 공기는 모두 표준상태에 있으므로($\overline{h} = \overline{h^0}$) 식 ②는 다음과 같이 변환된다.

$$Q = \sum N_r(\overline{h_f^0})_r - \sum N_p(\overline{h_f^0} + \overline{h} - \overline{h^0})_p \quad \cdots\cdots\cdots ③$$

식 ③에 주어진 표의 값을 대입하여 연소실에서 방출되는 열량(Q)을 구한다.

$$H_r = \sum N_r(\overline{h_f^0})_r = 1(226{,}730) + 3(0+0)$$
$$= 226{,}730[\mathrm{kJ/kmol}C_2H_2]$$

$$H_p = \sum N_p(\overline{h_f^0} + \overline{h} - \overline{h^0})_p = 2(-393,520 + 71,078 - 9,364)$$
$$+1(-241,820 + 57,999 - 9,904)$$
$$+0.5(0 + 49,292 - 8,682)$$
$$+11.28(0 + 47,073 - 8,669)$$
$$= -403,835[\text{kJ/kmolC}_2\text{H}_2]$$
$$Q = H_r - H_p = 226,730 - (-403,835)$$
$$= 630,565[\text{kJ/kmolC}_2\text{H}_2]$$

이상에서 몰 수 N_r과 N_p는 식 ①의 연소식에서 구한다.

[문제 11.11] **[밀폐계] 견고한 용기 내에 표준상태(25℃, 1atm)의 벤젠(C_6H_6) 가스와 130% 이론공기가 들어있다. 용기 안의 기체가 연소하여 용기 안의 수소(H_2)는 모두 물로 변했지만 탄소(C)는 92%만 이산화탄소(CO_2)로 변하고 나머지 8%는 일산화탄소(CO)로 변하였다. 용기의 최종온도가 1000K일 때 [표]의 값을 이용하여 연소과정에서 연소실로부터 외부로 방출되는 열량을 구하여라.**
(단, 모든 기체는 이상기체로 가정할 수 있고, 일반기체상수는 8.314kJ/kmol · K 이다))

분자	$\overline{h_f^0}$(298K) [kJ/kmol]	$\overline{h}$(298K) [kJ/kmol]	$\overline{h}$(1000K) [kJ/kmol]
C_6H_6(가스)	82,930	---	---
O_2	0	8,682	31,389
N_2	0	8,669	30,129
H_2O (가스)	-241,820	9,904	35,882
CO	-110,530	8,669	30,355
CO_2	-393,520	9,364	42,769

풀이 먼저 이론연소식을 구한다.

$$C_6H_6 + a_{th}(O_2 + 3.76N_2) \rightarrow 6CO_2 + 3H_2O + 3.76a_{th}N_2$$

이 식에서 좌변과 우변의 O_2 개수를 비교하면

$$a_{th} = 6 + \frac{3}{2} = 7.5$$

이므로 이론연소식은 다음과 같다.

$$C_6H_6 + 7.5(O_2 + 3.76N_2) \rightarrow 6CO_2 + 3H_2O + 28.2N_2$$

여기에서 130% 이론공기가 사용되었을 때 탄소(C)는 92%만 이산화탄소(CO_2)로 변하고 나머지 8%는 일산화탄소(CO)로 변하였으므로

$$6 \times (0.92CO_2 + 0.08CO) = 5.52CO_2 + 0.48CO$$

이고, 다음과 같이 연소식을 쓸 수 있다.

$$\begin{aligned} &C_6H_6 + 1.3 \times 7.5(O_2 + 3.76N_2) \\ &\quad \rightarrow (5.52CO_2 + 0.48CO) + 3H_2O + xO_2 + 1.3 \times 28.2N_2 \end{aligned}$$

이 식의 좌변과 우변의 O_2 개수를 비교하면

$$1.3 \times 7.5 = 5.52 + \frac{0.48}{2} + \frac{3}{2} + x$$

$$\therefore \ x = 2.49$$

이므로 연소식은 다음과 같다.

$$\begin{aligned} &C_6H_6 + 9.75(O_2 + 3.76N_2) \\ &\quad \rightarrow 5.52CO_2 + 0.48CO + 3H_2O + 2.49O_2 + 36.66N_2 \ \cdots \ ① \end{aligned}$$

연소실에서 방출되는 열량을 Q라 하고 연소실에 대해 에너지 보존 법칙을 적용하면 $U_r = U_p + Q + W = U_p + Q$에 의해

$$Q = \sum N_r(\overline{h_f^0} + \overline{h} - \overline{h^0} - P\overline{v})_r - \sum N_p(\overline{h_f^0} + \overline{h} - \overline{h^0} - P\overline{v})_p \cdots ②$$

이다. 첨자 r과 p는 각각 반응물과 생성물을 나타낸다. 여기에서 반응물은 모두 표준상태에 있으므로($\overline{h} = \overline{h^0}$)이고 이상기체에서 $P\overline{v} = \overline{R}T$를 적용하면 식 ②는 다음과 같이 변환된다.

$$Q = \sum N_r(\overline{h_f^0} - \overline{R}T)_r - \sum N_p(\overline{h_f^0} + \overline{h} - \overline{h^0} - \overline{R}T)_p \cdots\cdots\cdots ③$$

식 ③에 주어진 [표]의 값을 대입하여 연소실에서 방출되는 열량(Q)을 구한다.

$$\begin{aligned} H_r &= \sum N_r(\overline{h_f^0} - \overline{R}T)_r \\ &= 1(82{,}930 - 8.314 \times 298) + 9.75(4.76)(-8.314 \times 298) \\ &= -34{,}532 [\mathrm{kJ/kmol C_6H_6}] \end{aligned}$$

$$\begin{aligned} H_p &= \sum N_p(\overline{h_f^0} + \overline{h} - \overline{h^0} - \overline{R}T)_p \\ &= 5.52(-393{,}520 + 42{,}769 - 9{,}364 - 8.314 \times 1000) \\ &\quad + 0.48(-110{,}530 + 30{,}355 - 8{,}669 - 8.314 \times 1000) \\ &\quad + 3(-241{,}820 + 35{,}882 - 9{,}904 - 8.314 \times 1000) \\ &\quad + 2.49(0 + 31{,}389 - 8{,}682 - 8.314 \times 1000) \\ &\quad + 36.66(0 + 30{,}129 - 8{,}669 - 8.314 \times 1000) \\ &= -2{,}235{,}061 [\mathrm{kJ/kmol C_6H_6}] \end{aligned}$$

$$\begin{aligned} Q = H_r - H_p &= -34{,}532 - (-2{,}235{,}061) \\ &= 2{,}200{,}529 [\mathrm{kJ/kmol C_6H_6}] \end{aligned}$$

이상에서 몰 수 N_r과 N_p는 식 ①의 연소식에서 구한다.

부록

A.1 이상기체의 기체상수와 비열 : 300K

기체	분자식	분자량	R (kJ/kg·K)	C_p (kJ/kg·K)	C_v (kJ/kg·K)	비열비 k
공기		28.97	0.2870	1.0035	0.7165	1.400
헬륨	He	4.003	2.0770	5.1926	3.1156	1.667
네온	Ne	20.183	0.4120	1.0299	0.6179	1.667
아르곤	Ar	39.948	0.2081	0.5203	0.3122	1.667
수소	H_2	2.016	4.1242	14.209	10.085	1.409
질소	N_2	28.013	0.2968	1.0416	0.7448	1.400
산소	O_2	31.999	0.2598	0.9216	0.6618	1.393
일산화탄소	CO	28.011	0.2968	1.0413	0.7445	1.400
이산화탄소	CO_2	44.01	0.1889	0.8418	0.6529	1.289
메탄	CH_4	16.043	0.5184	2.2537	1.7354	1.299
아세틸렌	C_2H_2	26.038	0.3193	1.6986	1.3793	1.231
에탄	C_2H_6	30.07	0.2765	1.7662	1.4897	1.186
프로판	C_3H_8	44.097	0.1886	1.6794	1.4909	1.126
부탄	C_4H_{10}	58.124	0.1430	1.7164	1.5734	1.091
수증기	H_2O	18.015	0.4615	1.8723	1.4108	1.327

• 일반기체상수(universal gas constant, $\overline{R}$) : 기체상수 $R = \dfrac{\overline{R}}{M}$ (M은 분자량)

$$\overline{R} = 8.31447\,\text{kJ/kmol}\cdot\text{K}$$
$$= 8.31447\,\text{J/mol}\cdot\text{K}$$
$$= 8.31447\,\text{kPa}\cdot\text{m}^3\text{/kmol}\cdot\text{K}$$
$$= 8.31447\,\text{Pa}\cdot\text{m}^3\text{/mol}\cdot\text{K})$$
$$= 0.0831447\,\text{bar}\cdot\text{m}^3\text{/kmol}\cdot\text{K}$$
$$= 82.05\,\text{L}\cdot\text{atm/kmol}\cdot\text{K}$$
$$= 0.08205\,\text{L}\cdot\text{atm/mol}\cdot\text{K}$$

A.2 단위 변환

- 길이 : 1mm = 0.0394 inch ; 1m = 3.281 ft ; 1 km = 0.622 mile ; 1 mile = 5280 ft
  1 inch = 2.54 cm ; 1 ft = 12 inch = 0.3048 m ; 1 yard = 0.9144 m
- 면적 : $1m^2 = 10.76 ft^2$; $1mm^2 = 0.00155 inch^2$
- 체적 : $1m^3 = 10^3 L = 35.31 ft^3$; $1L = 10^3 cm^3 = 10^{-3} m^3$
- 질량 : 1kg = 0.0685 slug ; 1 slug = 14.59 kg ; 1 ton = 1000 kg
- 중력가속도 : $g = 9.80665 m/s^2 = 32.174 ft/s^2$
- 힘 : $1N = 10^5$ dyne ; 1N = 0.2248 lb ; 1kgf = 9.80665 N ; 1 lb = 4.448 N
- 밀도 : $1g/cm^3 = 1kg/L = 1000kg/m^3$; $1kg/m^3 = 0.00194 slug/ft^3$
- 에너지: 1J = 1N · m = 0.7375 ft · lb ; $1J = 10^7$ erg
  1cal = 4.1860 J (exactly)
- 체적유량 : $1 m^3/s = 10^6 cm^3/s = 1000L/s = 35.31 ft^3/s$; $1 L/s = 10^{-3} m^3/s$
- 동력 : 1W = 1J/s = 0.7375 ft · lb/s ; 1kW = 1.341 hp = 737.5 ft · lb/s
  1 PS = 75 kgf · m/s = 735.5 W ; 1 hp = 746 W ; 1hp = 550 lb · ft/s
- 압력 : $1 bar = 10^5 Pa = 100kPa = 0.987 atm$; $1kN/m^2 = 1 kPa = 0.145 psi$
  $1mm H_2O = 9.807 Pa$; 1mmHg = 0.0394 inch Hg = 133.3 Pa
- 표준 대기압력 : 1 atm = 760 mmHg = 101.325 kPa = 1.01325 bar = 14.70 psi
- 비열, 기체상수 : 1 J/kg · K = 5.98 ft · lb/slug · R
- 비체적 : $1 m^3/kg = 515.5 ft^3/slug$
- 비중량 : $1 N/m^3 = 0.006365 lb/ft^3$
- 온도 : $T(K) = T(℃) + 273.15$
  $T(R) = T(°F) + 459.67 = 1.8\,T(K)$
  $T(°F) = 1.8\,T(℃) + 32$
- 온도 차이 : $\Delta T(K) = \Delta T(℃)$
  $\Delta T(°F) = \Delta T(R) = 1.8 \Delta T(K)$
- 속도 : 1 m/s = 3.281 ft/s = 3.60 km/h = 2.28 mile/h ; 1knot = 0.5155 m/s

[L = liter = 1000 cc = $1000 cm^3$; ft = foot ; lb = pound force ; psi = $lb/inch^2$]

참고문헌

[1] 김광선 외 공역, M. J. Moran & H. N. Shapiro 공저, 공업열역학, 텍스트북스, 2008.

[2] 노승탁, 공업열역학, 문운당, 2010.

[3] 박영무 외 공역, J. Van Wylen, R. E. Sonntag, C. Borgnakke 공저, 열역학, 희중당, 1995.

[4] 박영무 외 공역, C. Borgnakke & R. E. Sonntag 공저, 열역학, 텍스트북스, 2010.

[5] 부준홍 외 공역, Y. A. Cengel & M. A. Boles 공저, 열역학, (주)한국맥그로힐, 2009.

[6] 유주식, 쉽게 배우는 기본 열역학, 홍릉과학 출판사, 2013.

[7] 유주식, 열역학·내연기관 문제연습, 교육과학사, 2016.

[8] 사이버국가고시센터 (www.gosi.go.kr)

[9] 한국교육과정평가원 (www.kice.re.kr)

저자약력

유주식

서울대학교 공과대학 기계공학과 졸업
한국과학기술원 기계공학과 석·박사
(현재) 안동대학교 기계교육과 교수

고형종

서울대학교 공과대학 기계공학과 졸업
한국과학기술원 기계공학과 석·박사
(현재) 금오공과대학교 기계공학과 교수

고급 열역학 문제연습

2020년 3월 20일 1판 1쇄 인쇄
2020년 3월 25일 1판 1쇄 발행

저자와의 협의하에 인지생략

저　자 : 유주식 · 고형종
발행자 : 한　정　주
발행처 : 교육과학사

경기도 파주시 광인사길 71
전화 (031)955-6956~8/팩스 (031)955-6037
Home-page : www.kyoyookbook.co.kr
E-mail : kyoyook@chol.com
등록 : 1970년 5월 18일 제2-73호

낙장 · 파본은 교환해 드립니다.
Printed in Korea.

정가 17,000 원
ISBN 978-89-254-1474-4